Maik Stamm

Erkennung geometrischer Eigenschaften virtueller Objekte auf Basis eines Einpunkt-Kontakts und daraus generiertem kinästhetischen, taktilen und auditiven Feedback

TUDpress

Maik Stamm

Erkennung geometrischer Eigenschaften virtueller Objekte auf Basis eines Einpunkt-Kontakts und daraus generiertem kinästhetischen, taktilen und auditiven Feedback

TUD*press*
2013

Die vorliegende Arbeit wurde unter dem Titel „Erkennung geometrischer Eigenschaften virtueller Objekte auf Basis eines Einpunkt-Kontakts und daraus generiertem kinästhetischen, taktilen und auditiven Feedback" am 26. März 2013 an der Fakultät Elektrotechnik und Informationstechnik der Technischen Universität Dresden als Dissertation eingereicht und am 01. Oktober 2013 verteidigt.

Vorsitzender der Promotionskommission:
Prof. Dr.-Ing. habil. Hagen Malberg

Gutachter:
Dr.-Ing. Ercan Altinsoy
Prof. Dr.-Ing. habil. Sebastian Möller

Bibliografische Information der Deutschen Nationalbibliothek
Die Deutsche Nationalbibliothek verzeichnet diese Publikation in der Deutschen Nationalbibliografie; detaillierte bibliografische Daten sind im Internet über http://dnb.d-nb.de abrufbar.

Bibliographic information published by the Deutsche Nationalbibliothek
The Deutsche Nationalbibliothek lists this publication in the Deutsche Nationalbibliografie; detailed bibliographic data are available in the Internet at http://dnb.d-nb.de.

ISBN 978-3-944331-32-4

Verlag der Wissenschaften GmbH
Bergstr. 70 | D-01069 Dresden
Tel.: 0351/47 96 97 20 | Fax: 0351/47 96 08 19
http://www.tudpress.de

Gesetzt vom Autor.
Printed in Germany.

Vorwort

Die vorliegende Arbeit entstand im Rahmen meiner durch die Deutsche Forschungsgemeinschaft (DFG 156/1-1) geförderten Tätigkeit als wissenschaftlicher Mitarbeiter am Lehrstuhl für Kommunikationsakustik der Fakultät Elektrotechnik und Informationstechnik an der Technischen Universität Dresden. Bedanken möchte ich mich herzlich und in besonderem Maße bei Dr. Ercan Altinsoy für die wissenschaftliche Betreuung der Arbeit, einschließlich der zahlreichen hilfreichen Diskussionen und Anregungen, bei Prof. Ute Jekosch für das Wecken meines Interesses an der Forschungstätigkeit und die Möglichkeit zur Anfertigung dieser Arbeit, bei Prof. Sebastian Möller für seine zahlreichen konstruktiven Hinweise und die Übernahme des Zweitgutachtens, bei Sebastian Merchel, Jürgen Landgraf und Robert Rosenkranz für die fachlichen Diskussionen und ihr kritisches Hinterfragen, bei Margitta Lachmann und der studentischen Hilfskraft Alexander Manger für die Unterstützung bei der Bearbeitung von Abbildungen sowie bei Letzterem für die Unterstützung bei der Realisierung der Experimente. Desweiteren gilt mein Dank Sören König und Joachim Staib für die Hilfe bei Fragen zur Implementierung computergrafischer Algorithmen sowie Matthias Herold für die Hilfe bei schaltungstechnischen Fragen. Abschließend möchte ich mich zudem bei meiner Familie für den wichtigen Rückhalt sowie bei meiner Freundin für die fortwährende Unterstützung und ihr Verständnis bedanken.

Kurzfassung

Die virtuelle Objekterkennung mit haptischen Geräten wird für unterschiedlichste Anwendungen zukünftig von großer Bedeutung sein, u. a. für das Training und die Teleoperation im Bereich der Medizintechnik, für das Gebiet des E-Commerce oder im Bereich der Lernhilfsmittel. Entscheidende Voraussetzung für die Objekterkennung ist, dass beim Betasten eines virtuellen Objekts Informationen über dessen geometrische Eigenschaften gesammelt werden können. Hierfür wird ein haptisches Gerät benötigt, das als bidirektionale Schnittstelle zwischen der virtuellen Umgebung und dem Nutzer dient. Dem Stand der Technik entsprechende haptische Geräte, die das Abtasten gemäß der Strategie der Konturenverfolgung ermöglichen, werden als Kraftwiedergabegeräte bezeichnet und stellen lediglich einfaches kinästhetisches Feedback zur Verfügung. Wegen der großen technischen Komplexität ist es nicht möglich, den Finger bzw. die Hand vom Nutzer mit der Vielfalt an Reizen anzuregen, die beim Abtasten eines realen Objekts wahrgenommen wird. In der vorliegenden Arbeit wurde nun zunächst experimentell untersucht, ob sich die geometrischen Eigenschaften virtueller Objekte vom Nutzer eines Kraftwiedergabegeräts auch trotz der genannten Einschränkung erkennen lassen. Durch die Untersuchung wurde deutlich, dass das bereitgestellte kinästhetische Feedback zu wenige Informationen übermittelt, d. h., es sich hierbei um von der Realität zu stark abstrahiertes Feedback handelt. So zeigten die Probanden u. a. Schwierigkeiten bei der Unterscheidung ähnlicher Krümmungen, beim Erkennen von Objektkanten, aber auch bei der Orientierung in der virtuellen Szene. Um die genannten und im Rahmen der Arbeit quantitativ spezifizierten Schwierigkeiten überwinden zu können, müssen dem Nutzer zusätzliche Informationen übermittelt werden. Diesbezüglich lag der Fokus auf *Beyond Being There*-Ansätzen. Ziel dieser Ansätze ist es, während eines Explorationsvorgangs Feedback bereitzustellen, das anders ist und sogar besser sein kann als jenes, das während eines realen haptischen Abtastvorgangs genutzt wird. So wurde ein Verfahren entwickelt, durch welches die Krümmung einer virtuellen Oberfläche entlang der aktuellen Abtastrichtung berechnet und auralisiert werden kann. Des Weiteren wurde das eingesetzte Kraftwiedergabegerät erweitert, sodass die mittels geeigneter Algorithmen identifizierten Kanten eines virtuellen Objekts während der Exploration durch am Zeigefinger positionierte Unwuchtmotoren signalisiert werden können. Alternativ wird auch eine akustische Signalisierung ermöglicht. Außerdem sei auf eine in dieser Arbeit entwickelte Technik verwiesen, durch die sich für den Nutzer als Orientierungshilfe in der virtuellen Szene nutzbare räumliche Lokalisationsinformationen über eine Lautsprecheranordnung, unter Verwendung von Vector Base Amplitude Panning, oder über Kopfhörer, unter Verwendung von kopfbezogenen Übertragungsfunktionen, wiedergeben lassen. Die entwickelten Verfahren zur taktilen und auditiven Erweiterung des kinästhetischen Feedbacks wurden durch zahlreiche Evaluationsexperimente erforscht, sodass deren vielversprechende Leistungsfähigkeit demonstriert und somit die Chancen der multimodalen Wiedergabe für diesen Forschungsbereich aufgezeigt werden können.

Abstract

Enabling virtual object recognition with the help of haptic devices is of great importance for various future applications, among others, for medical training and teleoperation, e-commerce or multimodal learning methods. The key prerequisite for virtual object recognition is the ability to gain information about the geometrical properties of a corresponding virtual object during its haptic exploration. To obtain such information, a haptic device serving as a bidirectional interface between the virtual environment and the user is required. State-of-the-art haptic devices allowing to mimic the contour following exploratory procedure are called force-feedback devices and provide only basic kinesthetic feedback. Due to the enormous technical complexity, it is impossible to stimulate the finger or hand in the same way as if exploring real objects. Therefore, the present work experimentally investigated at first whether it is possible for the user of a force-feedback device to recognize geometrical properties of virtual objects despite the aforementioned restriction. Experiments revealed that the provided kinesthetic feedback is far too abstracted, thus insufficient. Test subjects showed difficulties discriminating between similar degrees of curvature, detecting the edges of a virtual object as well as with the orientation in the virtual scene. To overcome these at first identified and in the following quantitatively specified difficulties, additional information has to be provided to the user. In this work, the focus was set on developing solutions classified as *Beyond Being There*. These solutions aim to provide additional feedback which is different and could be used with even greater efficiency than the feedback available during the haptic exploration of real objects. To improve curvature discrimination, a technique was developed which enables calculation and auralization of the degree of curvature of a corresponding explored virtual surface, taking the current direction of movement into account. Apart from that, the utilized force-feedback device was enhanced with small unbalance motors positioned on different sites of the index finger to signal the algorithmically identified edges of a virtual object to the user. Alternatively, the virtual edges can also be signaled with acoustic signals. Another method developed in the present work helps to facilitate the orientation in the virtual scene by providing spatial sound reproduced via a speaker array using vector base amplitude panning, or via headphones using head-related transfer functions. The aforementioned solutions thought to extend kinesthetic with additional tactile and auditory feedback were investigated within numerous evaluation experiments. The results serve to demonstrate the promising performance of these solutions and, thus, the chances of multimodal feedback for the research field of virtual object recognition.

Inhaltsverzeichnis

Kapitel 1

Einführung*

Im Zeitraum der letzten 15 Jahre gewann die haptische Modalität für virtuelle Umgebungen zunehmend an Bedeutung. Das hat folgende Gründe: Zum einen bietet der haptische Sinn, im Gegensatz zum visuellen und auditiven Sinn, die Möglichkeit auf eine aktive und bidirektionale Interaktion. Zum anderen konnte die Entwicklung haptischer Geräte, die die aktive und bidirektionale Interaktion in virtuellen Umgebungen ermöglichen, entscheidend vorangetrieben werden. Diese Geräte können einerseits die Position der mit dem Gerät interagierenden Hand messen und andererseits entsprechende Kräfte auf sie übertragen. Somit wird eine Schnittstelle zwischen virtueller Umgebung und dem jeweiligen Nutzer geschaffen. Prinzipiell lassen sich mit solchen Schnittstellen unterschiedlichste Aufgaben bewältigen, insofern das zur Verfügung gestellte haptische Feedback den aufgabenspezifischen Anforderungen entspricht, d. h. alle benötigten Informationen bereitstellen kann. Eine besonders wichtige Aufgabe ist die virtuelle Objekterkennung, da sie für zahlreiche Nutzergruppen und zukünftige Anwendungen von Bedeutung ist. Im Folgenden soll zur näheren Erläuterung zunächst auf einige solcher Nutzergruppen und Anwendungen eingegangen werden.

Das Explorieren und Erkennen virtueller Objekte wird u. a. für sehbehinderte Menschen im Bereich der Ausbildung eine große Rolle spielen. Da diese nicht oder nur schwer mit Hilfe von Büchern durch Betrachten entsprechender Grafiken lernen können, sind sie in besonderem Maße auf ihren haptischen Sinn angewiesen. Die Entwicklung von digitalen dreidimensionalen Modellen basierend auf solchen Buchgrafiken oder basierend auf anderen Studienobjekten ermöglicht es ihnen, diese Modelle mit haptischen Geräten zu explorieren, d. h. mit Hilfe dieser virtuellen Repräsentationen zu lernen [Str06]. Eine ähnliche Idee besteht darin, sehbehinderten Menschen Museumsbesuche zu ermöglichen, indem Ausstellungsstücke und Skulpturen durch digitale Modelle nachgebildet und somit greifbar werden [JBF03]. Neue Möglichkeiten ergeben sich auch beim Kennenlernen mathematischer Funktionen, die sie mit Hilfe von haptischen Geräten explorieren können [VKDR01]. Dieses Anwendungsszenario ist natürlich auch für nicht sehbehinderte Nutzer von zukünftiger Bedeutung, da somit z. B. Schülern, neben der üblichen visuellen Darstellung mathematischer Funktionen, ein neuartiger Zugang zur Mathematik gewährt werden kann. Auch birgt das Explorieren von auf Buchgrafiken oder auf anderen Studienobjekten basierenden digitalen Modellen großes Potential für sehende Nutzer. Zahlreiche Studien haben gezeigt,

*Die einführenden Ausführungen in diesem Kapitel erfolgen in Anlehnung an die einleitenden Beschreibungen in den Publikationen [SAM10], [SAMR11], [SAM11a], [SAM11b], [SAM11c], [SAMR12] und [SA13] von Stamm et al.

dass die Lern- und Gedächtnisleistung erheblich gesteigert werden kann, wenn multimodale Lernmethoden zum Einsatz kommen [Jeo05; JMT+06; MLB+08; SCPVDR08]. Zusätzlich zu nennen sind Forschungsarbeiten im Gebiet der sogenannten *Haptifizierung* multidimensionaler Datensätze. Diese Arbeiten versuchen Daten, die visuell wegen ihres Umfangs und ihrer Komplexität nicht adäquat verarbeitet werden können, greifbar zu machen [DMW+98; FOH08]. Ein wichtiges Anwendungsfeld stellt zudem die Medizintechnik dar. Aufgrund unzureichender visueller Informationen während operativer Eingriffe im Bereich der minimal-invasiven Chirurgie müssen Ärzte ihre stabförmigen chirurgischen Instrumente nutzen, um anatomische Strukturen im Inneren des menschlichen Körpers zu erkennen [KL09]. Das ist eine sehr schwierige Aufgabe, die mit Hilfe von haptischen Geräten trainiert werden kann. Außerdem werden diese Geräte und das bereitgestellte Feedback von entscheidender Bedeutung für die medizinische Teleoperation sein. Durch die Telechirurgie würde es Ärzten ermöglicht, auch sich an entfernten Orten befindende Patienten zu operieren [MLG+01; HSB11]. Abschließend sei auf eine Zukunftsvision aus dem Gebiet des E-Commerce verwiesen. Nach dieser Vision könnten Produkte vor dem Kauf im Internet betastet werden [Sad07].

Die genannten Beispiele stellen nur einen kleinen Ausschnitt aus dem gesamten Spektrum möglicher Anwendungsgebiete dar. Anhand der beispielhaften Auswahl sollte jedoch deutlich werden, was unter virtueller Objekterkennung verstanden wird und wie wichtig diese Aufgabe für unterschiedlichste Nutzergruppen tatsächlich sein kann. In den interdisziplinär ausgerichteten Forschungsbereich, der sich mit der virtuellen Objekterkennung auseinandersetzt, ist auch die vorliegende Arbeit einzuordnen. Der Fokus liegt dabei allerdings nicht auf der Anwendungsforschung, d. h. auf der Untersuchung eines konkreten Anwendungsszenarios. Die vorliegende Grundlagenforschungsarbeit untersucht zunächst vielmehr eine für die virtuelle Objekterkennung grundlegende und bedeutende Fragestellung: Gelingt die Erkennung virtueller Objekte auch mit stark reduziertem haptischen Feedback? Diese Frage wird motiviert durch die Tatsache, dass dem Stand der Technik entsprechende haptische Geräte nur ein von der Realität stark abstrahiertes Feedback bereitstellen können. Diese sogenannten Kraftwiedergabegeräte sind nicht in der Lage und werden es in absehbarer Zukunft auch nicht sein, den Finger bzw. die Hand des Nutzers mit der Vielfalt an Reizen anzuregen, die normalerweise beim Abtasten eines realen Objekts auf den menschlichen Tastapparat einwirkt. In einem ersten Schritt ist nun zu erforschen, ob das zur Verfügung gestellte Feedback dennoch die aufgabenspezifischen Anforderungen erfüllen kann, d. h. die für die Bewältigung der Aufgabe notwendigen Informationen übermittelt. Diese Arbeit untersucht dabei bewusst die Auswirkungen des stark abstrahierten Feedbacks auf die Erkennung der geometrischen Eigenschaften virtueller Objekte, denn das Erkennen der Geometrie ist entscheidende Voraussetzung für die oben genannten Anwendungen bzw. für die virtuelle Objekterkennung im Allgemeinen. Ist es während eines Explorationsvorgangs nicht möglich, detaillierte Informationen über die Geometrie zu sammeln, kann die haptische virtuelle Objekterkennung nicht gelingen. In einem zweiten Schritt wird dann anschließend versucht, die im Rahmen der Untersuchung der obigen Fragestellung identifizierten Probleme, deren Auftreten auf das unzureichende Feedback zurückzuführen ist, zu lösen. Zu diesem Zweck werden grundlegende Ansätze erforscht, um das durch die Kraftwiedergabegeräte bereitgestellte kinästhetische Feedback taktil und auditiv zu erweitern und somit den während des Explorationsvorgangs auftretenden sensorischen Informationsmangel zu kompensieren.

Im Folgenden wird nun kurz auf die Gliederung und die Inhalte der vorliegenden Arbeit eingegangen. Nach der Einordnung der Arbeit und der einführenden Beschreibung der Problemstellung im **Kapitel 1** werden die wichtigsten Grundlagen, die für das tiefere Verständnis notwendig sind, im **Kapitel 2** betrachtet. In diesem Kontext wird auf die haptische Wahrnehmung, die haptische Objekterkennung sowie den Stand der Technik hinsichtlich haptischer Geräte und hinsichtlich des haptischen Renderings eingegangen. Anschließend werden dann im **Kapitel 3**, basierend auf diesen Grundlagen, das Forschungskonzept, die zu untersuchenden Fragestellungen sowie die für die Untersuchungen in dieser Arbeit geltenden Randbedingungen erläutert. **Kapitel 4** beschreibt die im Rahmen der Arbeit durchgeführte experimentelle Evaluation von einem, dem Stand der Technik entsprechenden haptischen Gerät und dem durch dieses Gerät zur Verfügung gestellten kinästhetischen Feedback. In diesem Zusammenhang wird zunächst eine systemtheoretische Formalisierung für Experimente im Gebiet der Mensch-Maschine-Interaktion mit aktiv explorierenden Versuchspersonen eingeführt. Anschließend erfolgt die Beschreibung der entwickelten Experimentierumgebung hinsichtlich der verwendeten Hard- und Software. Nach der Erläuterung des Experiments werden dann die Ergebnisse präsentiert, die aus dem unzureichenden kinästhetischen Feedback resultierenden Problemstellungen identifiziert und somit die drei Schwerpunktgebiete abgeleitet. Damit die im Rahmen der vorliegenden Arbeit zur Erweiterung des kinästhetischen Feedbacks entwickelten sowie in der Literatur beschriebenen Lösungsansätze sinnvoll klassifiziert werden können, wird abschließend mit Hilfe der aus dem Bereich der Telekommunikation adaptierten Begriffe *Being There* und *Beyond Being There* eine Unterscheidungsmöglichkeit geschaffen. **Kapitel 5** setzt sich mit dem ersten Schwerpunktgebiet, der Krümmungsdiskrimination, auseinander. Zu Beginn dieses Kapitels steht die quantitative Spezifizierung des Problems der Unterscheidung ähnlicher Oberflächenkrümmungen durch psychophysikalische Experimente im Vordergrund. Unter Berücksichtigung der experimentellen Ergebnisse sowie bestehender Literaturdaten wird ein Lösungsansatz zur auditiven Erweiterung kinästhetischen Feedbacks, d. h. zur Krümmungsauralisation, verfolgt. Diesbezüglich ist beschrieben, wie geeignete akustische Parameter zur Auralisation der geometrischen Eigenschaft der Krümmung ermittelt wurden. Zudem wird die Entwicklung eines Berechnungsalgorithmus erläutert, mit dessen Hilfe die Krümmung der Oberfläche eines beliebigen virtuellen Objekts entlang des Abtastpfads des Nutzers in Echtzeit ermittelt werden kann. Um die berechneten Krümmungswerte in geeigneter Weise auf den für die Auralisation genutzten akustischen Parameter übertragen zu können, ist es abschließend notwendig, eine psychoakustisch motivierte Abbildungsfunktion zu entwerfen. Die Evaluation der Leistungsfähigkeit des entwickelten Ansatzes erfolgt anhand experimenteller Ergebnisse. **Kapitel 6** beschäftigt sich mit dem zweiten Schwerpunktgebiet der Arbeit, der Orientierung in der virtuellen Szene. Zu Beginn dieses Kapitels steht erneut die quantitative Spezifizierung des Problems im Vordergrund. Zu diesem Zweck wird ein Experiment vorgestellt, welches das Messen der Orientierungs- bzw. Lokalisationsfähigkeit in haptischen virtuellen Umgebungen ermöglicht. Nach der Auswertung der experimentellen Ergebnisse und dem Betrachten von Erkenntnissen aus der Literatur sind die entwickelten Lösungsansätze beschrieben, durch die zusätzliches, als Orientierungshilfe nutzbares auditives Feedback bereitgestellt werden soll. Da es zur Umsetzung dieser Ansätze u. a. erforderlich ist, räumliche Lokalisationsinformationen zur Verfügung zu stellen, werden zudem die verwendeten akustischen Wiedergabeverfahren näher betrachtet. Die Leistungsfähigkeit der einzelnen Ansätze wird schließlich anhand experimenteller Ergebnisse evaluiert. Auf Basis der gesammelten Erkenntnisse sind zudem wichtige Richtlinien aufgeführt, unter deren Berücksichtigung eine Verbesserung der Orientierungsfähigkeit in virtuellen Szenen möglich ist. **Kapitel 7** setzt sich mit dem dritten und letzten Schwerpunktgebiet der Arbeit, der Kantenerkennung, auseinander. Zunächst wird das Problem des unzureichenden haptischen Feedbacks zur Erkennung von Objektkanten mittels eines Experiments quantitativ untersucht. In einem zweiten Schritt werden zwei Lösungsansätze vorgestellt. Das durch das haptische Gerät bereitgestellte kinästhetische Feedback soll durch den Einsatz von Unwuchtmotoren einerseits taktil und durch die Wiedergabe akustischer Signale andererseits auditiv erweitert werden, um die Position von Kanten während eines Abtastvorgangs signalisieren zu können. In diesem Zusammenhang wird die Entwicklung einer Vorrichtung zur Erzeugung vibratorischer Reize sowie die zur Erzeugung der akustischen Signale genutzte Lautsprecheranordnung beschrieben. Nachfolgend werden die entwickelten Softwarealgorithmen, die gleichermaßen für die vibratorische und akustische Wiedergabe zum Einsatz kommen, betrachtet. Um die Leistungsfähigkeit der Lösungsansätze gegenüberstellen zu können, werden abschließend zur Evaluation geeignete experimentelle Ergebnisse präsentiert und diskutiert. Im **Kapitel 8** erfolgt eine Zusammenfassung der im Rahmen der vorliegenden Arbeit geleisteten Beiträge und gesammelten Erkenntnisse. Am Ende des Kapitels wird ein Ausblick gegeben.

Kapitel 2

Grundlagen

In diesem Kapitel erfolgt zunächst die Erläuterung wichtiger Grundlagen, die für das Verständnis der Arbeit erforderlich sind. So werden die haptische Wahrnehmung, die haptische Objekterkennung, der Stand der Technik hinsichtlich haptischer Geräte und das haptische Rendering näher betrachtet.

2.1 Haptische Wahrnehmung

Die haptische Wahrnehmung bezeichnet die Fähigkeit des Menschen, ein Objekt mit der Hand aktiv betasten und dabei zahlreiche Informationen über dieses sammeln zu können. Grundlage hierfür ist der menschliche Tastsinn, der auf der Funktion des somatosensorischen und somatomotorischen Systems beruht [Gib62]. Die Somatosensorik ermöglicht die Exterozeption, d. h. die Wahrnehmung von außen auf den Körper einwirkenden Reizen, und die Interozeption, d. h. die Wahrnehmung von Reizen aus dem Inneren des Körpers [Sti02, S. 56]. Die aus dem Tastvorgang resultierenden äußeren Reize wirken direkt auf die Hautoberfläche ein und werden mit Hilfe unterschiedlicher Rezeptoren der Haut erfasst. Hierbei handelt es sich um die zur Oberflächensensibilität gehörenden Mechano- und Thermorezeptoren [Gol09, S. 477]. Letztgenannter Rezeptortyp wird zur Realisierung der für die vorliegende Arbeit nicht relevanten Temperaturwahrnehmung benötigt. Wichtig für diese Arbeit ist jedoch die auf den Mechanorezeptoren basierende taktile Wahrnehmung, die das Detektieren von Druck, Dehnung, Geschwindigkeit und Richtung eines sich bewegenden Reizes sowie das Detektieren von Vibrationen ermöglicht [BC03, S. 94; SLT05, S. 283]. Mit Hilfe der Somatosensorik lassen sich, wie bereits zuvor erwähnt, auch Reize aus dem Inneren des Körpers verarbeiten. Die als Interozeption benannte Fähigkeit wird weiter in die kinästhetische Wahrnehmung (Propriozeption) und die Viszerozeption unterteilt. Die Viszerozeption spielt für die vorliegende Arbeit keine Rolle, da sie die Wahrnehmung der körpereigenen Organe bezeichnet [Sch09, S. 18f]. Wichtig ist jedoch die kinästhetische Wahrnehmung, deren Funktion auf die im Körperinneren liegenden und damit der Tiefensensibilität zuzuordnenden Rezeptoren zurückzuführen ist. Diese Rezeptoren in den Muskeln, Sehnen und Gelenken ermöglichen es, die Stellung der Arme, Hände und Finger, deren Bewegungsrichtung und -geschwindigkeit sowie die von ihnen aufgewendeten Kräfte während eines Abtastvorgangs zu messen [Jon00]. Die für die vorliegende Arbeit wichtigen Wahrnehmungsbereiche der Somatosensorik sind zur Veranschaulichung in Abbildung 2.1 dargestellt und im Abschnitt 2.1.1 näher erläutert.

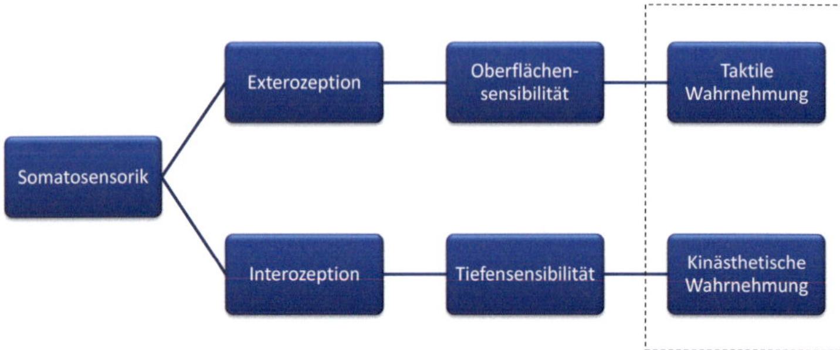

Abbildung 2.1: Ausgewählte Wahrnehmungsbereiche der Somatosensorik.

Das für die haptische Wahrnehmung ebenfalls bedeutende somatomotorische System dient u. a. der Steuerung der Bewegungen der Arme, der Hände sowie der Finger und ermöglicht somit das aktive Betasten eines Objekts [Gib62]. Nähere Erläuterungen hierzu sind im Abschnitt 2.1.2 vorzufinden.

2.1.1 Somatosensorisches System

Taktile Wahrnehmung Voraussetzung für ein taktiles Wahrnehmungsereignis ist ein physikalischer Reiz, der auf die Hautoberfläche einwirkt und zu einer mechanischen Deformation dieser führt. Als Folge der Deformation können die sich in unterschiedlichen Hautschichten befindlichen Mechanorezeptoren angeregt und somit Nervenimpulse zum Gehirn gesendet werden [SOEC11, S. 51]. Die genaue Lage und Struktur der Mechanorezeptoren ist in Abbildung 2.2 dargestellt.

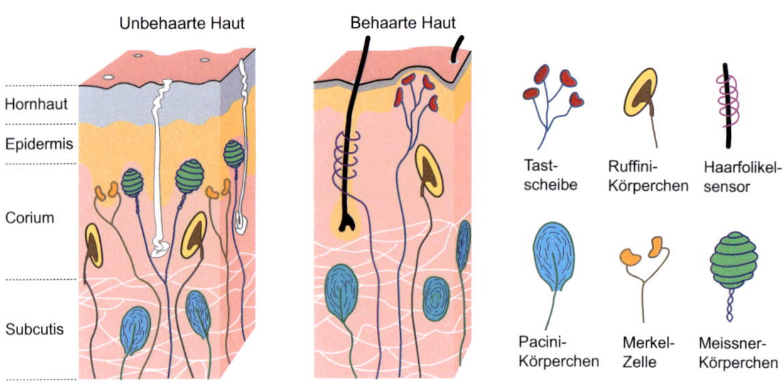

Abbildung 2.2: Lage und Struktur der Mechanorezeptoren (adaptiert von [SLT05, S. 284]).

In der unbehaarten Haut existieren vier Typen von Mechanorezeptoren. Dabei handelt es sich um Merkel-Zellen, Ruffini-Körperchen, Meißner-Körperchen und Pacini-Körperchen. In der behaarten Haut treten ebenso Ruffini-Körperchen und Pacini-Körperchen auf. Allerdings sind hier Haarfollikelsensoren anstatt der Meißner-Körperchen und Merkel-Tastscheiben anstatt der Merkel-Zellen vorzufinden [SLT05, S. 284].

Üblicherweise werden Mechanorezeptoren nach der Größe ihres rezeptiven Felds oder nach ihrem Adaptionsverhalten eingeteilt [SLT05, S. 283]. Die Größe des rezeptiven Felds gibt an, in welchem Bereich auf der Hautoberfläche ein entsprechender Rezeptor auf einen Reiz reagieren kann. Ein großes rezeptives Feld steht dabei mit einer schwachen räumlichen Auflösung, ein kleines rezeptives Feld mit einer hohen räumlichen Auflösung in Korrelation [BC03, S. 94]. Das Adaptionsverhalten gibt hingegen an, wie ein Rezeptor auf einen unveränderlichen Reiz reagiert. Es wird zwischen den langsam adaptierenden (SA, engl. *slowly adapting*) sowie den schnell adaptierenden Rezeptoren (FA, engl. *fast adapting*) unterschieden [BC03, S. 94]. Merkel-Zellen und Ruffini-Körperchen gehören zu den SA-Rezeptoren. Diese senden bei Einwirken eines zeitlich unveränderlichen Reizes kontinuierlich Nervenimpulse und signalisieren somit statischen Druck sowie die Dehnung bzw. Spannung der Haut. Meißner- und Pacini-Körperchen sind FA-Rezeptoren. Sie signalisieren die Geschwindigkeit eines sich bewegenden Stimulus sowie die entstehenden Beschleunigungen beim Ein- und Aussetzen von diesem (Vibrationen) [BC03, S. 94; SLT05, S. 283]. Die wichtigsten Informationen über die genannten Mechanorezeptoren sind zur Übersicht in den Tabellen 2.1 und 2.2 zusammengefasst.

Tabelle 2.1: Langsam adaptierende Mechanorezeptoren der Haut (adaptiert von [SLT05, S. 283; Alt06, S. 11])

	SA I Merkel-Zellen	***SA II*** Ruffini-Körperchen
Rezeptives Feld	klein	groß
Auflösung	gut	schwach
Frequenz	5 Hz – 15 Hz	0.4 Hz – 100 Hz
Reaktion auf	statischer Druck	statischer Druck, Dehnung

Tabelle 2.2: Schnell adaptierende Mechanorezeptoren der Haut (adaptiert von [SLT05, S. 283; Alt06, S. 11]

	FA I Meißner-Körperchen	***FA II*** Pacini-Körperchen
Rezeptives Feld	klein	sehr groß
Auflösung	gut	sehr schwach
Frequenz	10 Hz – 60 Hz	50 Hz – 1000 Hz
Reaktion auf	Geschwindigkeit	Beschleunigung

Die Dichte der Rezeptoren in der Haut variiert zwischen den einzelnen Körperteilen zum Teil sehr stark. Besonders hohe Rezeptordichten sind beispielsweise in der für die haptische Wahrnehmung bedeutsamen Hand und den Fingern vorzufinden [BC10, S. 17], weshalb in den entsprechenden Hautpartien eine sehr hohe räumliche Auflösung gewährleistet ist. An den Fingerspitzen liegt diese im Bereich von ca. 1 mm bis 2 mm [LK09].

Kinästhetische Wahrnehmung Das kinästhetische System dient dazu, die Stellung der Gliedmaßen, deren Bewegungsrichtung und -geschwindigkeit sowie die von den Gliedmaßen aufgebrachten Kräfte zu erfassen. Dabei helfen verschiedene Mechanorezeptoren in den Muskeln, Sehnen und Gelenken. Hierbei handelt es sich um die Muskelspindeln, die Golgi-Sehnenorgane und die Gelenksensoren [Jon00]. In Abbildung 2.3 ist die Lage der Muskelspindeln und Golgi-Sehnenorgane verdeutlicht.

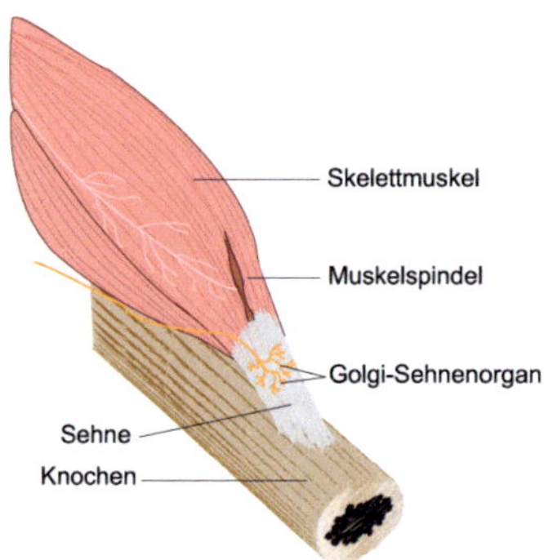

Abbildung 2.3: Lage der Muskelspindeln und Golgi-Sehnenorgane (adaptiert von [GFL97, S. 304]).

Die Muskelspindeln liegen parallel zu den Muskelfasern. Sie fungieren gleichzeitig als SA- und FA-Rezeptoren, da sie einerseits die Stärke der Dehnung (SA) und andererseits die Dehnungsgeschwindigkeit (FA) der Muskulatur signalisieren können [Jon00]*. Die Golgi-Sehnenorgane sind im Übergangsbereich von Muskel und Sehne zu finden und den SA-Rezeptoren zuzuordnen. Sie werden bei Muskelkontraktion aktiviert und können die Kraftentfaltung des Muskels messen [Jon00]*. Die Gelenksensoren befinden sich an unterschiedlichen Stellen der Gelenkkapsel. Sie arbeiten, wie die Muskelspindeln, gleichzeitig als SA- und FA-Rezeptoren, da sie die Bestimmung der Position (SA) und der Bewegung (FA) des jeweiligen Gelenks ermöglichen [PA98, S. 211]). Da die Bewegung eines Gelenks stets auch zu einer Deformation der darüberliegenden Hautpartien führt, tragen auch die Mechanorezeptoren der Haut zur kinästhetischen Wahrnehmung bei [Jon00]*. Die Messrate des kinästhetischen Systems liegt im Bereich von 20 Hz bis 30 Hz [Bro90].

*Jones verweist in Bezug auf ihre Erläuterungen auf zahlreiche Quellen, von denen nachfolgend die für die vorliegende Arbeit relevanten aufgeführt sind: Funktion der Muskelspindeln [Hul84; Pro96], Funktion der Golgi-Sehnenorgane [Jam92] und Funktion der Mechanorezeptoren der Haut [Edi92; CP96].

Afferente Reizweiterleitung und Verarbeitung im Gehirn Aufgrund der während eines Abtastvorgangs auftretenden adäquaten Reizung der Mechanorezeptoren in der Haut, den Muskeln, Sehnen und Gelenken bilden sich Nervenimpulse aus, die über entsprechende afferente Nervenzellen von der Peripherie zum Rückenmark geleitet werden. Vom Rückenmark gelangen diese dann über aufsteigende Nervenbahnen, den Hintersträngen, zum hintersten Gehirnteil, der Medulla oblongata [AT12, S. 270]. Dort kreuzen die Nervenbahnen zur gegenüberliegenden Seite und verlaufen als Lemniscus medialis zum Thalamus. Vom Thalamus werden die Nervenimpulse schließlich zum primär-somatosensorischen Kortex (SI) des menschlichen Gehirns weitergeleitet [AT12, S. 270]. Der beschriebene Zusammenhang der Reizweiterleitung wird anhand von Abbildung 2.4a veranschaulicht.

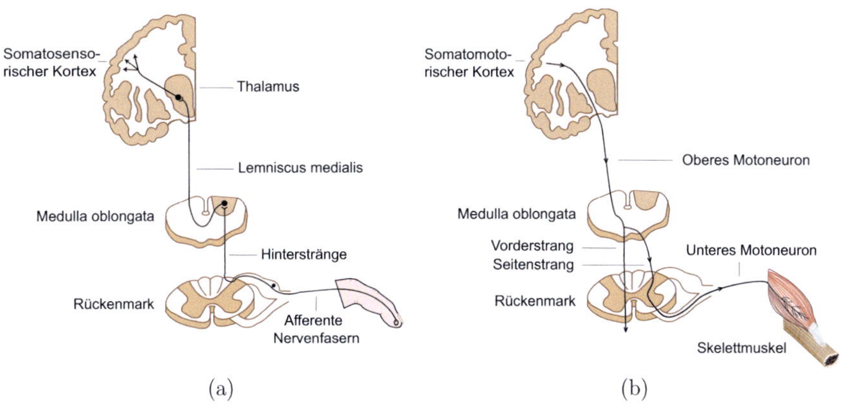

Abbildung 2.4: (a) Afferente Nervenbahn im somatosensorischen System. (b) Efferente Nervenbahn im somatomotorischen System. *Anmerkung:* In den Abbildungen werden die für die haptische Wahrnehmung relevanten Nervenbahnen vereinfacht illustriert. Es ist der afferente Pfad der taktilen und kinästhetischen Rezeptoren des Hand-Arm-Komplexes sowie der efferente Pfad zur bewussten Steuerung der Skelettmuskeln dargestellt (adaptiert von [SLT05, S. 273; Tri11, S. 469]).

Durch die zuvor erwähnte Kreuzung der Nervenbahnen in der Medulla oblongata gelangen die Nervenimpulse aus der linken Körperseite in die rechte Hälfte des SI und die Nervenimpulse aus der rechten Körperseite in die linke Hälfte von diesem [BC10, S. 19]. Im SI werden sie dann in verschiedenen Arealen, den sogenannten Brodmann-Arealen (BA), rezeptorspezifisch verarbeitet. Die BA 1 und 3b erhalten Informationen über die Reizung der Mechanorezeptoren der Haut, das BA 2 erhält Informationen über die Gelenke und das BA 3a verarbeitet Informationen über die Muskeln. Jedes BA ist dabei streng somatotopisch strukturiert, sodass sich die jeweiligen Rezeptorsignale den entsprechenden Körperstellen zuordnen lassen [PA98, S. 215]. Die somatotopische Struktur kann anhand des in Abbildung 2.5b dargestellten sensorischen Homunculus verdeutlicht werden. In der Darstellung ist vor allem auch zu erkennen, welche Körperteile im SI gegenüber ihrer tatsächlichen Größe überrepräsentiert (z. B. Hand und Finger) oder unterrepräsentiert (z. B.

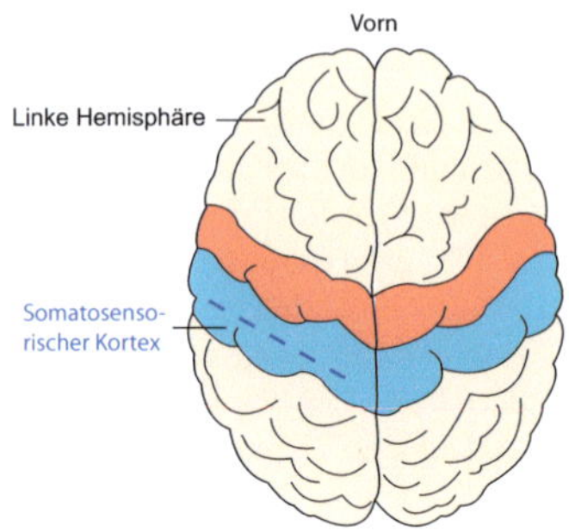

(a)

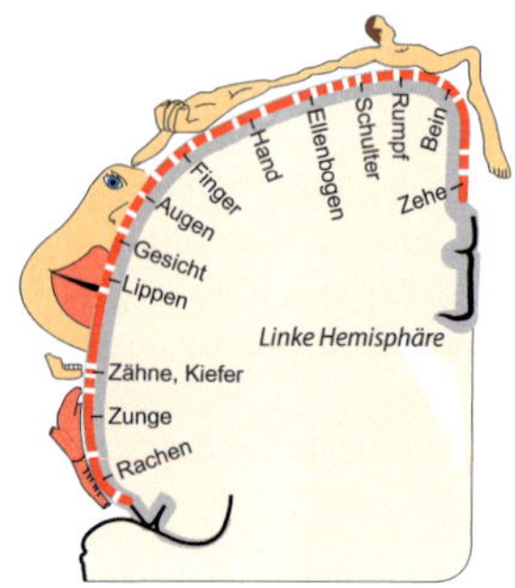

(b)

Abbildung 2.5: (a) Draufsicht des menschlichen Gehirns mit gekennzeichnetem somatosensorischen Kortex. (b) Sensorischer Homunculus (adaptiert von [BC10, S. 18]).

Rücken) abgebildet sind. Ausschlaggebend für die Größe der Repräsentation ist dabei stets die Rezeptordichte im jeweiligen Körperteil. Nach der Auswertung der Signale im SI werden diese zum sekundär-somatosensorischen Kortex (SII) übertragen. Dort erfolgen höhere Verarbeitungsprozesse. Es wird vermutet, dass der SII u. a. für die Bildung eines Speichers zuständig ist, um die aufgenommenen somatosensorischen Informationen abzugleichen und somit beispielsweise Oberflächen- oder Formeigenschaften von Objekten wiedererkennen zu können [PA98, S. 216f].

2.1.2 Somatomotorisches System

Das motorische System wird in das viszero- und somatomotorische System unterteilt. Während das viszeromotorische System unbewusste motorische Prozesse reguliert, ist das somatomotorische System für die Steuerung bewusster motorischer Abläufe zuständig [PA98, S. 346]. Letzteres kommt somit auch beim Ausführen willkürlicher Arm-, Hand- und Fingerbewegungen zum Einsatz und ist daher von entscheidender Bedeutung für das aktive Betasten eines Objekts. Die zentralen Steuerungsaufgaben des somatomotorischen Systems übernimmt das menschliche Gehirn. Während eines Abtastvorgangs muss es die schwierige Aufgabe bewältigen, die Bewegungen des aus 30 Knochen* und 19 Gelenken* bestehenden Hand-Arm-Komplexes (27-30 Freiheitsgrade, [RL05]) zu koordinieren. Dazu kann es efferente Steuerungssignale an die als Effektoren fungierenden 58 Skelettmuskeln* senden [Cos06, S. 105]. Diese Muskeln sind über Sehnen mit den Knochen verbunden und bestehen aus sogenannten Muskelfaserbündeln, die ihrerseits wiederum aus vielen Muskelfasern aufgebaut sind. Da die Muskelfasern die Fähigkeit zur Kontraktion bzw. zur Relaxation besitzen, können durch die Steuerungssignale Kräfte über die Muskulatur auf die Knochen übertragen und somit Bewegungen mittels der Gelenke als Drehpunkte

*Die Anzahl der im Hand-Arm-Komplex vorkommenden Knochen, Gelenke und Muskeln wurde anhand von [AAD10, S. 388ff] gezählt.

initiiert werden [Cla05, S. 155]. Da an unterschiedliche Skelettmuskeln des menschlichen Körpers unterschiedliche Anforderungen gestellt werden, sind mehrere Typen von Muskelfasern im Einsatz. Die Typ-I-Fasern kommen beispielsweise in der Haltungsmuskulatur vor. Sie kontrahieren sehr langsam, sind aber ermüdungsresistent. Die Fasern des Typs IIb sind u. a. in der Arm- und Beinmuskulatur vorzufinden. Sie kontrahieren sehr schnell, ermüden jedoch rasch. Bei den Fasern des Typs IIa handelt es sich um einen Intermediärtyp. Diese Fasern können schnell kontrahieren und sind gleichzeitig ermüdungsresistent [Cla05, S. 148].

Prozesssteuerung im Gehirn und efferente Reizweiterleitung Zentrales Steuerungsinstrument des somatomotorischen Systems ist der Motorkortex, der aus dem primärmotorischen Kortex (MI) im BA 4 sowie dem sekundär-motorischen Kortex (MII) und prä-motorischen Kortex (PM) im BA 6 besteht [PA98, S. 320ff]. Liegt die Motivation vor, eine bestimmte Bewegung auszuführen, informieren die assoziativen Areale des Gehirns zunächst den MII und PM. Diese entwerfen daraufhin einen motorischen Plan, der festlegt, welche Muskeln zur Ausführung der Bewegung notwendig sind. Außerdem wird festgelegt, wie stark und in welcher Reihenfolge die Muskelkontraktionen ablaufen sollen [Cos06, S. 105]. Der motorische Plan wird anschließend an den in Abbildung 2.6a dargestellten MI weitergeleitet, der für dessen Umsetzung verantwortlich ist. In diesem Zusammenhang sei jedoch angemerkt, dass beim Entwurf und der Durchführung des motorischen Plans auch das Kleinhirn und die Basalganglien beteiligt sind [Cos06, S. 105]. Der für die Umsetzung des Plans hauptverantwortliche MI im BA 4 ist streng somatotopisch strukturiert, d. h., bestimmte Kortexabschnitte senden Nervenimpulse zu ganz bestimmten Körperstellen aus. Die somatotopische Struktur kann mittels des in Abbildung 2.6b dargestellten motorischen Homunculus veranschaulicht werden. In der Abbildung ist auch zu erkennen, welche Körperteile im MI überrepräsentiert (z. B. Hand) oder unterrepräsentiert (z. B. Rumpf) abgebildet sind. Für die Größe der Repräsentation ist dabei die Präzision und Genauigkeit ausschlaggebend, mit der das jeweilige Körperteil

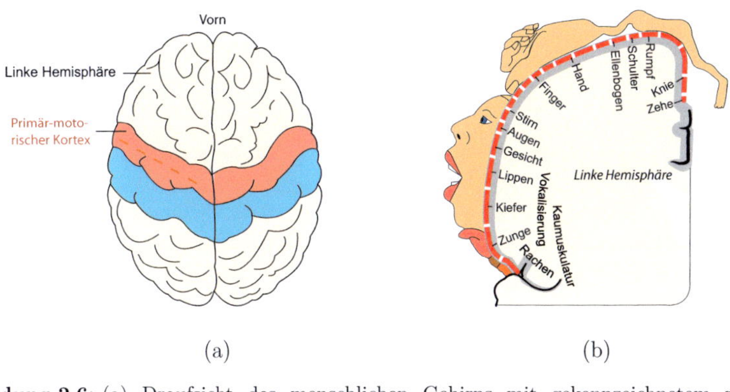

(a) (b)

Abbildung 2.6: (a) Draufsicht des menschlichen Gehirns mit gekennzeichnetem primärmotorischen Kortex. (b) Motorischer Homunculus (adaptiert von [BC10, S. 18]).

gesteuert werden kann [BC10, S. 17]. Die vom MI ausgesendeten Nervenimpulse gelangen zunächst in den als obere Motoneurone bezeichneten Nervenzellen über die sogenannte Pyramidenbahn zur Medulla oblongata. Dort kreuzt der Großteil der Nervenzellen auf die gegenüberliegende Seite und verläuft als Seitenstrang weiter zum Rückenmark. Die anderen ziehen im Vorderstrang zum Rückenmark und kreuzen erst im jeweiligen Zielsegment. Von den Zielsegmenten aus werden die Nervenimpulse dann über die unteren Motoneurone in die Peripherie zu den entsprechenden Muskeln geleitet [AT12, S. 272f]. Der Vorgang der Reizweiterleitung wird anhand von Abbildung 2.4b veranschaulicht. Aufgrund der zuvor beschriebenen Kreuzungen der Nervenzellen steuert der in der rechten Gehirnhälfte befindliche Teil des MI die Skelettmuskeln in der linken Körperseite und der in der linken Gehirnhälfte befindliche Teil des MI die Skelettmuskeln der rechten Körperseite [AT12, S. 272]. Die maximale Frequenz, mit der die durch die Muskeln initiierten Bewegungen gesteuert werden können, liegt zwischen 2 Hz bis 5 Hz für die Arme sowie zwischen 5 Hz bis 10 Hz für die Hände und Finger [Bro90]. Die weitere Kontrolle der Bewegungen erfolgt im Kleinhirn durch einen Vergleich zwischen der Kopie der an die Muskeln gesendeten Steuerungssignale, der sogenannten Efferenzkopie, und den Messsignalen der kinästhetischen Rezeptoren, d. h. durch einen Vergleich zwischen Soll- und Istzustand [SCW06, S. 75].

2.2 Haptische Objekterkennung

2.2.1 Geometrie- und Materialeigenschaften*

Wie im Abschnitt 2.1 dargelegt wurde, bezeichnet die haptische Wahrnehmung die Fähigkeit des Menschen, ein Objekt mit der Hand aktiv betasten und dabei zahlreiche Informationen über dieses sammeln zu können. Die gesammelten Informationen können dabei einerseits Aufschluss über die Geometrie und andererseits Aufschluss über die Materialeigenschaften des Objekts geben [LK09]. In Abbildung 2.7 ist die Kategorisierung in Geometrie- und Materialeigenschaften sowie die weitere Spezifizierung grafisch dargestellt.

Die Geometrie eines Objekts wird im Wesentlichen durch dessen Form und Größe bestimmt. Im Bereich der haptischen Wahrnehmung wird zunächst unterschieden, ob Form und Größe primär taktil oder kinästhetisch wahrgenommen werden [LK09]. Entspricht die Größe eines Objekts in etwa der Größe der Fingerkuppe, werden die geometrischen Eigenschaften hauptsächlich durch die Deformation der Haut am Finger, d. h. taktil, erkannt. Ist ein Objekt hingegen größer als die Fingerkuppe, muss die Stellung des Fingers, der Hand oder des Arms variiert und erfasst werden. In diesem Fall ist die kinästhetische Wahrnehmung von entscheidender Bedeutung [LK09]. Die absolute Größe eines Objekts kann auf verschiedene Weisen angegeben werden. Üblich ist die Verwendung der genauen Abmessungen oder des Volumens [LK09]. Zur Beschreibung der Form kann das Objekt in einzelne Teilflächen zerlegt werden. Die Form hängt nun davon ab, wie die Teilflächen absolut und relativ zueinander positioniert sind. Die Form einer Teilfläche wird wiederum vom Verlauf ihrer Begrenzungslinien, d. h. der Kanten, sowie der Krümmung der Fläche bestimmt.

*Die Ausführungen in diesem Abschnitt erfolgen in Anlehnung an einleitende Beschreibungen in den Publikationen [SAM10] und [SAMR11] von Stamm et al.

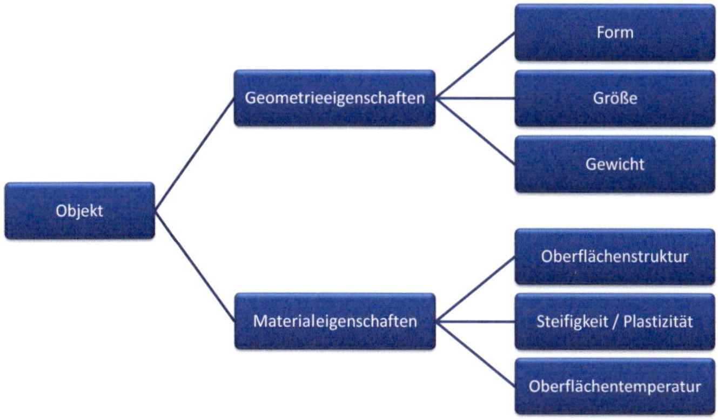

Abbildung 2.7: Geometrie- und Materialeigenschaften eines Objekts (angelehnt an [LK09]).

Die Materialeigenschaften lassen sich durch Angaben über die Oberflächenstruktur (z. B. Rauhigkeit und Klebrigkeit), die Oberflächensteifigkeit, die Plastizität sowie die Oberflächentemperatur näher beschreiben [LK09]. Abschließend sei angemerkt, dass in Abbildung 2.7 das Gewicht eines Objekts als Geometrieeigenschaft aufgeführt wird. Da das Gewicht aber nicht nur in Korrelation mit dem Objektvolumen, sondern auch mit der Materialdichte steht, könnte es ebenso den Materialeigenschaften zugeordnet werden [LK09].

2.2.2 Explorationsstrategien

Im vorherigen Abschnitt wurde erläutert, dass beim aktiven Betasten eines Objekts Informationen über dessen Geometrie und Material gesammelt werden. Lederman und Klatzky untersuchten nun, welche haptischen Explorationsstrategien (EPs, engl. *exploratory procedures*) beim Sammeln dieser Informationen typischerweise zur Anwendung kommen [LK87]. Zu diesem Zweck führten sie haptische Experimente durch, in denen die teilnehmenden Probanden aufgefordert wurden, eine zuvor genannte Eigenschaft des jeweiligen zu explorierenden Objekts zu beschreiben. Dabei handelte es sich um Eigenschaften wie die allgemeine Form, die exakte Form, das Volumen, das Gewicht, die Oberflächenstruktur, die Steifigkeit oder die Oberflächentemperatur. Im Rahmen der Untersuchungen wurde schließlich festgestellt, dass zur Erkennung einer bestimmten Objekteigenschaft immer auch eine ganz spezielle EP verwendet wird [LK87]. Dieser Zusammenhang ist in Abbildung 2.8 dargestellt.

Wenn die Probanden beispielsweise aufgefordert wurden, die exakte Form eines Objekts zu erkennen, nutzten sie intuitiv ihren Zeigefinger und tasteten entlang der Kontur des Objekts ab. Wurden sie aufgefordert, die Oberflächenstruktur zu beschreiben, führten sie seitliche Handbewegungen entlang der Oberfläche des Objekts aus. Sollten sie die Oberflächentemperatur beschreiben, legten sie die gesamte Handfläche auf das Objekt [LK87]. Die genannten Beispiele zeigen stellvertretend, dass eine eindeutige Zuordnung zwischen Objekteigenschaft und EP existiert. Die von den Probanden intuitiv verwendeten EPs sind

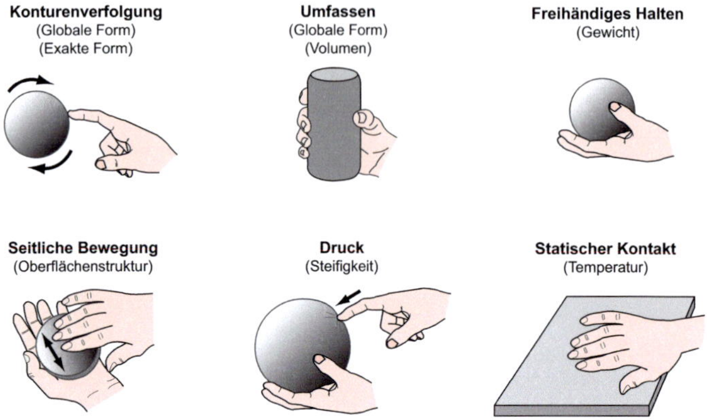

Abbildung 2.8: Haptische Explorationsstrategien (adaptiert von [LK09]).

nach den Untersuchungen von Lederman und Klatzky dabei optimal zur differenzierten Beschreibung der jeweiligen Objekteigenschaft geeignet [LK87].

2.2.3 Relevante Literaturdaten

Die menschliche Fähigkeit der haptischen Objekterkennung wurde in unterschiedlichen Studien quantitativ erforscht. Die zwei bekanntesten und umfangreichsten Studien in diesem Forschungsbereich untersuchten, wie präzise und schnell der Mensch reale Alltagsobjekte unter variierenden Bedingungen erkennen kann [KLL+93; LK04]. Die Ergebnisse der Studien sind in Tabelle 2.3 zusammengefasst.

Tabelle 2.3: Haptische Erkennung von Alltagsobjekten (adaptiert von [LK04])

Studie	*Tastapparat*	*Einschränkung*	*Genauigkeit (%)*	*Zeit (s)*
[KLL+93]	gesamte Hand	ohne Einschränkung	95	6
	gesamte Hand	Handschuh (freie Fingerspitzen)	93	10
	gesamte Hand	Handschuh	93	16
	fünf Finger	Fingerschienen	90	18
	fünf Finger	Handschuh, Fingerschienen	90	25
	ein Finger	Fingerschiene	85	23
	ein Finger	Handschuh, Fingerschiene	74	45
[LK04]	ein Finger	ohne Einschränkung	92	31
	ein Finger	starrer Fingerhut	42	83
	Tastfühler		41	86

Wenn der Mensch beim Abtasten mit der Hand nicht eingeschränkt wird, kann er verschiedene EPs kombinieren und somit die Geometrie- und Materialeigenschaften des betasteten Objekts effizient erkennen. Aus diesem Grund wird es ihm möglich, Alltagsobjekte wie z. B. Hammer, Brille, Tasse oder Schüssel mit einer hohen Genauigkeit von 95% und in 6 s sehr schnell zu identifizieren [KLL+93]. Bei einer Beschränkung des freien Explorationsvorgangs durch das Tragen eines Handschuhs, das Schienen der Finger oder eine Reduktion der Kontaktpunkte wird die taktile und/oder kinästhetische Wahrnehmung und somit das Erkennen der Material- und Geometrieeigenschaften beeinträchtigt. In der Folge sinkt die Erkennungsgenauigkeit auf bis zu 74% und die benötigte Explorationszeit steigt auf 45 s [KLL+93]. Die stärkste Beeinträchtigung der haptischen Objekterkennung wird gemessen, wenn Alltagsobjekte mit dem in einem starren Fingerhut steckenden Zeigefinger oder mit einem starren Tastfühler, z. B. einem Stift, abgetastet werden. In diesem Fall können nur noch 41% bis 42% der Objekte innerhalb von 83 s bis 86 s erkannt werden [LK04]. Die geringe Erkennungsrate ist jedoch nicht auf die Reduktion der Kontaktpunkte zurückzuführen, da beim freien Betasten mit dem Zeigefinger und beim freien Betasten mit der gesamten Hand eine ähnlich hohe Genauigkeit von 92% und 95% erreicht wird [KLL+93; LK04]. Als Grund für die Schwierigkeiten bei der haptischen Objekterkennung sind vielmehr der starre Fingerhut und Tastfühler zu nennen, durch deren Verwendung die haptische Wahrnehmung erheblich beeinträchtigt und somit die Erkennung von Geometrie- und Materialeigenschaften deutlich erschwert wird [LK04].

Wichtig zu berücksichtigen ist, dass die Geometrieeigenschaften im Hinblick auf die haptische Objekterkennung höher als die Materialeigenschaften zu gewichten sind [LK04]. Selbst wenn das Material eines Objekts stets zweifelsfrei erkannt werden kann, lässt dies allein keinen eindeutigen Rückschluss auf die Identität des jeweiligen Objekts zu. Wird beim Betasten beispielsweise das Material Porzellan erkannt, könnte eine Vase oder ein Geschirrteil vorliegen. Ob es sich jedoch tatsächlich um eine Vase oder um eine Schüssel, eine Tasse oder einen Teller handelt, ist nicht feststellbar. Dieses einfache Beispiel zeigt deutlich, dass das Vorliegen von Informationen über die Geometrie die entscheidende Voraussetzung für die haptische Objekterkennung darstellt. Das Identifizieren eines Objekts ist bei bekannter Geometrie prinzipiell sogar ohne Informationen über die Materialeigenschaften möglich. Letztere leisten jedoch einen wichtigen Beitrag zur sicheren und schnellen Identifizierung, wenn sie für das betastete Alltagsobjekt charakteristisch, d. h. *diagnostisch*, sind [LK04].

2.3 Erzeugung von haptischem Feedback in virtuellen Umgebungen

2.3.1 Haptische Geräte

Die haptische Objekterkennung ist für die in der Einführung im ersten Kapitel erwähnten Anwendungsbeispiele von zentraler Bedeutung. Der Fokus liegt bei diesen Anwendungen allerdings nicht auf der Erkennung realer, sondern auf der Erkennung virtueller Objekte. Da die menschliche Hand ein auf dem Computerbildschirm dargestelltes virtuelles Objekt natürlich nicht direkt betasten kann, wird zur Umsetzung der virtuellen Objekterkennung ein sogenanntes haptisches Gerät benötigt, das als Schnittstelle zwischen der jeweiligen Anwendung und dem Nutzer dient. Dieses Gerät muss dabei Eingabe- und Ausgabefunktionen realisieren. Die Eingabe erfolgt direkt durch den Nutzer, der das haptische Gerät mit der eigenen Hand steuert und somit die Bewegungen der virtuellen Hand während des Abtastvorgangs kontrollieren kann. Bei einer Berührung zwischen virtueller Hand und virtuellem Objekt ist die Ausgabefunktionalität des Geräts gefragt. Unbedingt notwendig ist hier die Wiedergabe von Kräften, damit der Bewegung des Nutzers bei Berührung des Objekts ein Widerstand entgegengesetzt werden kann. Auf diese Weise lässt sich der vollständige Umriss des Objekts abtasten. Haptische Geräte, die Kräfte ausgeben können, werden als Kraftwiedergabegeräte bezeichnet. In Abbildung 2.9 sind drei Stellvertreter dargestellt. Hierbei handelt es sich um das Novint Falcon, das PHANToM Omni von SensAble Technologies und der CyberGrasp von VRLOGIC. Das von ihnen bereitgestellte Feedback wird kinästhetisches Feedback genannt, da die ausgegebenen Kräfte primär von den kinästhetischen Rezeptoren des Hand-Arm-Komplexes wahrgenommen werden. Im Folgenden wird nun aufgezeigt, wie die Kraftwiedergabegeräte in der Literatur, beispielhaft seien [SB97; SCB04; Ker09, S. 97f; SOEC11, S. 82f] genannt, eingeordnet und nach welchen Kriterien sie im Allgemeinen klassifiziert werden. Anschließend sind die wichtigsten, an sie gestellten Anforderungen aufgeführt.

Feedback Hinsichtlich der Einordnung ist es zunächst wichtig zu erwähnen, dass dem Stand der Technik entsprechende haptische Geräte entweder adäquates kinästhetisches oder taktiles Feedback bereitstellen können [SOEC11, S.82]. Wie zuvor erwähnt, resultiert das kinästhetische Feedback aus denen von den Kraftwiedergabegeräten erzeugten Kräften, die primär von den kinästhetischen Rezeptoren des Hand-Arm-Komplexes wahrgenommen werden. Taktiles Feedback resultiert beispielsweise aus erzeugten Vibrationen oder dem Druck der erhobenen Pins eines Pin-Arrays. Die entsprechenden Reize wirken direkt auf die Hautflächen der Hand bzw. der Finger ein. Demnach werden sie von den dort lokalisierten taktilen Rezeptoren wahrgenommen. Geräte, die sowohl adäquates kinästhetisches als auch taktiles Feedback bereitstellen und somit den menschlichen Tastapparat mit einer ähnlichen Vielfalt an Reizen stimulieren können wie es beim Betasten eines realen Objekts erfolgt, sind nach derzeitigem Forschungsstand nicht verfügbar.

Funktionsprinzip Die für das Abtasten von virtuellen Objekten benötigten Kraftwiedergabegeräte gehören zu den sogenannten impedanzgesteuerten Geräten. Diese können die aktuelle Position bzw. die Bewegung des Nutzers (Eingang) erfassen und eine entsprechende Kraft ausgeben (Ausgang). Das Funktionsprinzip dieser Geräte entspricht demnach dem Transferverhalten der mechanischen Impedanz, weshalb der Begriff *impedanzgesteuert* verwendet wird [Ker09, S. 95]. Die mechanische Impedanz $\underline{Z}_{\mathrm{M}}$ ergibt sich aus dem Quotienten der Kraft $\underline{F}$ und der Geschwindigkeit $\underline{v}$:

$$\underline{Z}_{\mathrm{M}} = \frac{\underline{F}}{\underline{v}} . \tag{2.1}$$

Die sogenannten admittanzgesteuerten Geräte funktionieren in umgekehrter Weise. Sie messen die vom Nutzer aufgewendete Kraft (Eingang) und führen eine Positionsänderung bzw. Bewegung aus (Ausgang). Das Funktionsprinzip dieser Geräte entspricht demnach dem Transferverhalten der mechanischen Admittanz $\underline{Y_{\mathrm{M}}}$ [Ker09, S. 95f]. Diese ergibt sich aus dem Quotienten der Geschwindigkeit $\underline{v}$ und der Kraft $\underline{F}$:

$$\underline{Y_{\mathrm{M}}} = \frac{\underline{v}}{\underline{F}}\,. \tag{2.2}$$

Freiheitsgrade Die Angabe der Freiheitsgrade (DOFs, engl. *degrees of freedom*) eines Geräts erfolgt einerseits in Bezug auf die Positionsbestimmung bzw. Bewegungserfassung und andererseits in Bezug auf die Kraftwiedergabe [SCB04]. Wird die Bewegung des Nutzers in 3 DOFs erfasst, erfolgt die Messung in den translatorischen Richtungen. Wird die Bewegung in 6 DOFs erfasst, werden zusätzlich die Rotationen berücksichtigt. Für die Kraftwiedergabe gilt dies in gleicher Weise. Demnach ermöglicht eine Wiedergabe in 3 DOFs das Erzeugen von Kräften in den translatorischen Richtungen, währenddessen bei einer Kraftwiedergabe in 6 DOFs zusätzlich Drehmomente erzeugt werden können.

Kontaktpunkte Die Kategorisierungsmöglichkeit nach der Anzahl der Kontaktpunkte wird in der Literatur des Öfteren vernachlässigt. In der bereits zuvor erwähnten Abbildung 2.9 sind unterschiedliche Kraftwiedergabegeräte dargestellt, die das Betasten von virtuellen Objekten entweder auf Basis eines Einpunkt-Kontakts (Novint Falcon, PHANToM Omni) oder auf Basis eines Mehrpunkt-Kontakts (CyberGrasp) ermöglichen. Demzufolge lassen sich unterschiedliche EPs realisieren. Währenddessen die Konturenverfolgung mit einem Einpunkt-Kontakt realisiert werden kann, ist für die Strategie des Umfassens ein Mehrpunkt-Kontakt erforderlich.

Positionierung Zum Betasten von virtuellen Objekten können Geräte eingesetzt werden, die auf dem Tisch oder als Exoskelett am Arm bzw. an der Hand positionierbar sind [SB97]. Die Positionierung bestimmt dabei auch die Form der Interaktion des Nutzers. Mit einem auf dem Tisch stehenden Gerät interagiert der Nutzer normalerweise über einen kugelförmigen Griff (Novint Falcon), einen stiftähnlichen Stylus (PHANToM Omni) oder über einen am Gerät angebrachten Fingerhut. Wird ein Gerät hingegen an der Hand

(a) (b) (c)

Abbildung 2.9: Haptische Kraftwiedergabegeräte. (a) Novint Falcon. (b) PHANToM Omni von SensAble Technologies. (c) CyberGrasp von VRLOGIC.

fixiert, interagiert der Nutzer direkt mit dem Exoskelett (CyberGrasp).

Damit ein Kraftwiedergabegerät zum Betasten virtueller Objekte eingesetzt werden kann, muss es verschiedene Anforderungen erfüllen. Zunächst sollte die Bewegungserfassung des Nutzers mindestens in 3 DOFs realisierbar sein. Auch die Kraftwiedergabe muss in die translatorischen Richtungen ermöglicht werden. Eine Wiedergabe in 6 DOFs ist nicht erforderlich, da diese nur für sehr spezielle Aufgaben benötigt wird [MS94]. Die maximale Kraft, die ein impedanzgesteuertes Gerät ausgeben können muss, liegt im Bereich zwischen 3 N und 4 N [OG02]. Die maximale Kraft, die kontinuierlich ausgegeben werden können sollte, liegt bei ca. 1 N [MS94]. Hinsichtlich der Kraftwiedergabe ist aber auch eine hohe mechanische Bandbreite des Geräts von Bedeutung. Diese gibt an, mit welcher Frequenz Kräfte auf den Nutzer übertragen werden können. Wenn große und schwere Motoren zur Ausgabe von hohen Kräften im haptischen Gerät verbaut sind, sinkt die mechanische Bandbreite in Folge der größeren Trägheit der mechanischen Struktur. Diesbezüglich ist also eine Kompromisslösung einzugehen [BC03, S. 102]. Weiterhin wird vom haptischen Gerät gefordert, dass eine freie Bewegung des Nutzers im virtuellen Arbeitsbereich auch als eine solche wahrgenommen wird, d. h. keine störenden Kräfte spürbar sind. Dazu müssen die Massenträgheit des Geräts, die z. B. durch Motoren oder Kabelzüge erzeugten Reibungskräfte im Inneren sowie nicht ausbalancierte Massen minimiert werden [MS94]. Notwendig sind außerdem ein für den Abtastvorgang ausreichend großer Arbeitsbereich sowie die Wiedergabefähigkeit einer möglichst hohen Steifigkeit beim Betasten eines starren Objekts [MS94]. Weiterführende Erläuterungen zu den Anforderungen an ein impedanzgesteuertes Gerät sind in den referenzierten Quellen sowie in [SOEC11, S. 79ff] zu finden.

2.3.2 PHANToM Omni*

Ein Gerät, das den oben aufgeführten Anforderungen gerecht und in der Forschung vielseitig eingesetzt wird, ist das impedanzgesteuerte PHANToM Omni von SensAble Technologies. Dieses Kraftwiedergabegerät wurde auch in der vorliegenden Arbeit verwendet. Die genaue Begründung für die Auswahl des PHANToM erfolgt bei der Erläuterung des Forschungskonzepts im Abschnitt 3.2.

Der Name des Geräts PHANToM ergibt sich als Ableitung von der englischen Bezeichnung *Personal Haptic Interface Mechanism* [MS94]. Die Bezeichnung impliziert, dass das Gerät als personenbezogene haptische Schnittstelle verwendet werden kann. Das PHANToM entspricht dem aktuellen Stand der Technik und ermöglicht die Interaktion mit virtuellen Objekten auf Basis eines Einpunkt-Kontakts. Üblicherweise wird es auf einem Tisch positioniert, sodass der Nutzer mit der Hand bequem nach dem am Roboterarm befestigten Stylus greifen kann. Die mit dem Stylus ausgeführten Bewegungen können mit Hilfe von geeigneter Sensorik in 6 DOFs erfasst werden. Zum Bestimmen der Position in den drei translatorischen Richtungen dienen optische Inkrementalgeber an den Motorwellen. Zum Bestimmen der Orientierung werden Drehpotentiometer in den Drehgelenken

*Die Ausführungen in diesem Abschnitt erfolgen in Anlehnung an die Beschreibung des PHANToM Omni in den Publikationen [SAM10], [SAM11b], [SAM11c] und [SA13] von Stamm et al.

des Stylus verwendet [BC03, S. 105]. Die Aufbereitung der von den Sensoren gelieferten analogen Signale erfolgt in einer im Gehäuse des PHANToM integrierten elektronischen Einheit. Dort werden die Signale digitalisiert und zur weiteren Verarbeitung über FireWire zum Steuerungscomputer gesendet [BC03, S. 105]. Die elektronische Einheit hat allerdings noch eine weitere Aufgabe. Sie empfängt zudem die vom Steuerungscomputer via FireWire gesendeten Daten über die zu erzeugende Kraft und führt eine Digital-Analog-Wandlung durch. Anschließend gelangen die analogen Signale zu Leistungsverstärkern, damit sie die im Gerät verbauten drei Gleichstrommotoren adäquat ansteuern können. Da die Motoren über Seilzüge mit den drei Drehgelenken des Roboterarms verbunden sind, kann der Bewegung des Nutzers somit die entsprechende Kraft in 3 DOFs entgegengesetzt werden [BC03, S. 105]. Hinsichtlich der Interaktion mit einem haptischen Gerät ist es jedoch wichtig, dass nur dann eine Kraft auf den Nutzer übertragen wird, wenn dies auch gewünscht ist, z. B. beim Betasten von virtuellen Objekten. Bewegt sich der Nutzer frei im virtuellen Raum, dürfen keine störenden Kräfte wahrgenommen werden. Beim Design des PHANToM wurde diese Anforderung berücksichtigt. So wurde die Anordnung der Motoren im Gehäuse derart vorgenommen, dass ein geeignetes Gegengewicht zum Roboterarm existiert und keine nicht ausbalancierten Massen auftreten. Außerdem konnten die Motoren fast vollständig voneinander entkoppelt werden, sodass in allen Bewegungsrichtungen nur eine geringe Massenträgheit und geringe innere Reibungskräfte auftreten [BC03, S. 105]. Die technischen Spezifikationen des PHANToM sind zur Übersicht in Tabelle 2.4 aufgeführt.

Tabelle 2.4: Technische Spezifikationen des PHANToM Omni von SensAble Technologies (nach [Sen08])

Geräteeigenschaft		*Wert*
Positionsbestimmung	Freiheitsgrade	6 DOFs
	Genauigkeit	$\approx$ 0.055 mm
Kraftwiedergabe	Freiheitsgrade	3 DOFs
	maximale Kraft	3.3 N
	kontinuierliche Kraft	$>$ 0.88 N
Steifigkeit	X-Achse	$>$ 1.26 N/mm
	Y-Achse	$>$ 2.31 N/mm
	Z-Achse	$>$ 1.02 N/mm
Arbeitsbereich	Breite	$>$ 160 mm
	Höhe	$>$ 120 mm
	Tiefe	$>$ 70 mm
Weitere Größen	Massenträgheit	$\approx$ 45 g
	Reibung im Inneren	$<$ 0.26 N

2.3.3 Haptisches Rendering*

Um mit dem PHANToM interagieren zu können, greift der Nutzer mit der Hand nach dem am Roboterarm befestigten Stylus. Durch das Bewegen des Stylus kann nun ein virtueller Finger auf dem Computerbildschirm gesteuert werden. Dies ist in Abbildung 2.10 dargestellt. Die Spitze des gesteuerten virtuellen Fingers wird als haptischer Interaktionspunkt (HIP) bezeichnet. Der HIP kann letztlich mit dem durch die Computermaus kontrollierten Mauscursor verglichen werden, wobei sich der HIP im dreidimensionalen Raum und der Mauscursor auf einer zweidimensionalen Fläche bewegt. Kollidiert der HIP durch die Bewegungen des Stylus mit einem virtuellen Objekt, muss die resultierende Kraft berechnet und diese durch das haptische Gerät auf die Hand des Nutzers übertragen werden. In der Folge entsteht beim Nutzer die Illusion, ein virtuelles Objekt zu berühren. Die zur Erzeugung dieser Illusion notwendigen Prozesse der Kollisionsdetektion und Kraftberechnung werden unter dem Begriff des haptischen Renderings zusammengefasst [LO08, S. 159]. Nachfolgend werden diese sowie alle weiteren mit dem haptischen Rendering direkt zusammenhängenden Prozesse erläutert.

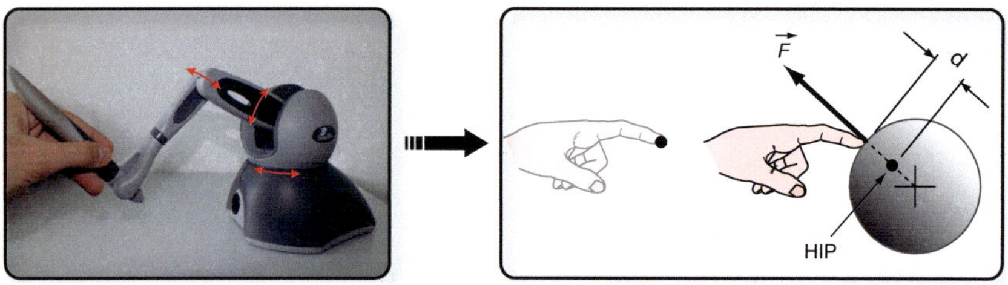

Abbildung 2.10: Durch das Bewegen des Stylus vom PHANToM lässt sich ein virtueller Finger steuern. Kollidiert der die Spitze des Fingers kennzeichnende HIP mit einem virtuellen Objekt, wird die resultierende Kraft berechnet. Die Kraftwiedergabe erfolgt durch die über Kabelzüge mit den Drehgelenken verbundenen drei Motoren, die im Gehäuse vom PHANToM verbaut sind (adaptiert von [BS02]).

Positionsbestimmung Um Kollisionen detektieren zu können, muss die aktuelle Position des HIP sowie die Position des zu betastenden virtuellen Objekts bekannt sein. Letztere wird durch Konfiguration der virtuellen Umgebung initial vorgegeben und in dynamischen Szenen im weiteren Zeitverlauf berechnet. Die Bestimmung der Position des HIP ist aufwendiger, da hier mehrere Schritte zu berücksichtigen sind. Bewegt der Nutzer den Stylus vom PHANToM, verändert sich die Stellung der in Abbildung 2.10 mit Pfeilen gekennzeichneten Drehgelenke. Da die drei Drehgelenke über Kabelzüge mit den Motoren verbunden sind, kann die Änderung der Gelenkstellungen über optische Inkrementalgeber an den Motoren erfasst werden [Ker09, S. 169]. Ziel ist es aber, die Position des Stylus bzw. der Hand des Nutzers zu bestimmen, da sich so direkt auf den Ort des HIP schließen

*Die Ausführungen in diesem Abschnitt erfolgen in Anlehnung an die Beschreibung des haptischen Renderings in der Publikation [SAM10] von Stamm et al.

lässt. In einem zweiten Schritt sind demzufolge die durch die Inkrementalgeber gemessenen Werte umzurechnen, sodass die Position des Stylus durch Angabe einer x-, y- und z-Koordinate im Arbeitsbereich beschrieben werden kann. Das Umrechnen der gemessenen Werte wird durch die Berechnung der Vorwärtskinematik des PHANToM realisiert [Ker09, S. 169]. Dies kann unter Verwendung der Denavit-Hartenberg-Transformation erfolgen, da es sich beim PHANToM um ein seriell-kinematisches System handelt. Bei einem solchen System sind die aktiven Drehgelenke und starren Verbindungsglieder in einer einzelnen kinematischen Kette miteinander verbunden [Ker09, S. 166, 169 u. 175f]. Mit Hilfe der Denavit-Hartenberg-Transformation lässt sich die gemessene, in Vektorform vorliegende Position aus dem Ursprungskoordinatensystem durch Multiplikation mit geeigneten Transformationsmatrizen schrittweise in ein erstes, zweites und drittes Ortskoordinatensystem sowie abschließend in das Zielkoordinatensystem überführen [Ker09, S. 177ff]. Die Ortskoordinatensysteme werden dabei, ausgehend vom Gehäuse des PHANToM, nach vorgegebenen Regeln am ersten, zweiten und dritten Gelenk des kinematischen Systems fixiert. Das Zielkoordinatensystem entspricht im vorliegenden Fall dem Ortskoordinatensystem des Stylus. Auf die beschriebene Weise kann, anhand der Messwerte der optischen Inkrementalgeber, die aktuelle Position des Stylus bzw. der Hand abgeleitet werden [Ker09, S. 177ff]. Die Position des HIP wird dann abschließend mit Hilfe von jenem Skalierungsfaktor berechnet, der das Größenverhältnis zwischen mechanischem und virtuellem Arbeitsbereich angibt. Detaillierte Informationen zur Berechnung der Vorwärtskinematik eines seriell-kinematischen Systems sowie der mathematischen Umsetzung der Denavit-Hartenberg-Transformation sind in der referenzierten Quelle zu finden.

Kollisionsdetektion Das Detektieren einer Kollision zwischen HIP und virtuellem Objekt kann auf Basis verschiedener Verfahren realisiert werden. Nachfolgend sind die einzelnen durchzuführenden Teilschritte eines weit verbreiteten, effektiven Verfahrens beschrieben. Im ersten Schritt wird eine Strecke gebildet, deren Anfangspunkt dem Positionswert des HIP zum Zeitpunkt t_0 und deren Endpunkt dem Positionswert des HIP zum aktuellen Zeitpunkt t_1 entspricht. Das ist notwendig, da der Kollisionstest zwischen dieser Strecke und dem virtuellen Objekt durchgeführt werden muss [SOEC11, S. 109f]. Würde der Test direkt zwischen HIP und virtuellem Objekt durchgeführt werden, entstände immer dann ein Problem, wenn sich der HIP zum Zeitpunkt t_0 noch vor und zum aktuellen Zeitpunkt t_1 bereits hinter diesem Objekt befände. Demzufolge ließe sich keine Kollision feststellen. Wenn allerdings der letzte mit dem aktuellen Samplewert durch eine Strecke verbunden ist, wird eine Kollision der Strecke mit dem Objekt zum Zeitpunkt t_1 registriert [SOEC11, S. 109f]. Dieser Zusammenhang ist zur Verdeutlichung in Abbildung 2.11a dargestellt. Nach dem Aufstellen der Strecke steht im zweiten Schritt nun der Kollisionstest selbst im Vordergrund. Wichtig zu erwähnen ist hierbei zunächst, dass virtuelle Objekte üblicherweise aus einem Polygonnetz, meist einem Dreiecksnetz, aufgebaut sind. Wenig effektiv wäre es nun, wenn die Strecke auf Kollision mit jedem Dreieck $d_1 \dots d_n$ des jeweiligen Netzes getestet wird. Das wäre sehr zeitaufwendig, da im ungünstigsten Fall d_n Iterationsschritte notwendig sind. Aus dem genannten Grund wird mit einer *Axis-Aligned Bounding Box* (AABB) gearbeitet [SOEC11, S. 110]. Dabei handelt es sich um einen quaderförmigen Hüllkörper, der das jeweilige virtuelle Objekt vollständig umschließt. Wie in

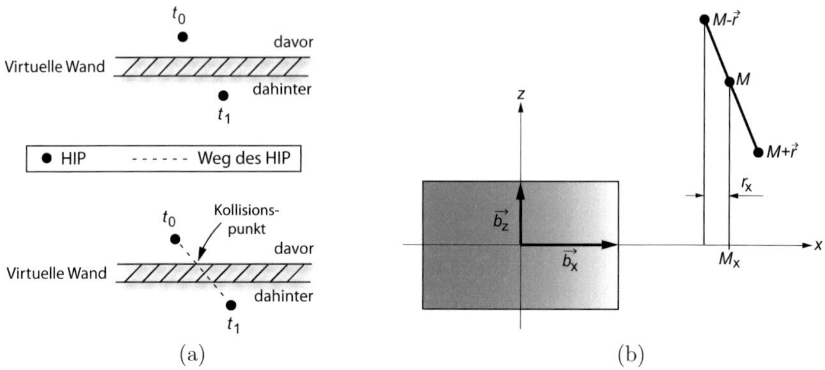

Abbildung 2.11: (a) Der vergangene und aktuelle Positionswert des HIP, gemessen zu den Zeitpunkten t_0 und t_1, müssen zu einer Strecke verbunden werden, damit eine Kollision sicher detektiert werden kann (adaptiert von [SOEC11, S. 108]). (b) Die Durchführung des SAT basiert auf der Projektion der AABB sowie der Strecke auf einer zuvor gewählten Achse. Wenn keine Überlappung der Projektionen auftritt, lässt sich eine Kollision ausschließen. Tritt eine Überlappung auf, müssen anschließend die weiteren möglichen, im Text beschriebenen Separationsachsen untersucht werden (adaptiert von [MHH08, S. 745]).

Abbildung 2.12a zu erkennen, sind die Kanten des Quaders an den orthogonalen Achsen eines kartesischen Koordinatensystems ausgerichtet. Der Vorteil bei Verwendung einer AABB besteht darin, dass zwischen Strecke und Quader sehr schnell auf Kollision geprüft werden kann [SOEC11, S. 110]. Zur Durchführung der Prüfung wird häufig der *Separating Axis Test* (SAT) eingesetzt. Dieser Test untersucht, ob die Projektion des Quaders und die Projektion der Strecke auf einer zuvor gewählten Achse zu einer Überlappung führt [MHH08, S. 731, 744f]. Die Auswahl der zur Projektion genutzten Achse erfolgt dabei nicht beliebig. Sie wird so gewählt, dass sie senkrecht zu einer Fläche des Quaders liegt. Im vorliegenden Fall existieren drei solcher Achsen, weshalb der SAT zunächst dreimal durchgeführt werden muss [MHH08, S. 744]. Das Funktionsprinzip des Tests ist in Abbildung 2.11b noch einmal beispielhaft dargestellt. Die AABB ist in der Länge durch $2b_x$ und in der Höhe durch $2b_z$ definiert. Die Strecke lässt sich durch ihre Endpunkte, dem berechneten Mittelpunkt M sowie ihre Richtung $\vec{r}$ beschreiben. Zur Projektion dient in diesem Beispiel die x-Achse, wobei der Ursprung des als Referenz genutzten Koordinatensystems stets ins Zentrum der AABB gelegt wird [MHH08, S. 744]. Es ist zu erkennen, dass sich die resultierenden Projektionsanteile b_x und $|r_x|$ nicht überlappen, d. h.:

$$|M_x| - |r_x| > b_x \,. \tag{2.3}$$

Wenn die Projektionen bereits auf einer Achse nicht zu einer Überlappung führen, kann der Vorgang an dieser Stelle abgebrochen werden. Es wurde somit sichergestellt, dass es sich bei der untersuchten Achse um eine separierende Achse handelt. Strecke und Objekt können demzufolge nicht kollidieren [MHH08, S. 745]. Treten auf allen drei untersuchten

Achsen Überlappungen auf, bedeutet das im Umkehrschluss jedoch noch nicht, dass eine Kollision detektiert wurde. Es kann noch drei weitere separierende Achsen geben, die sich aus dem Kreuzprodukt der unterschiedlich ausgerichteten Kanten des Quaders und der Richtung der Strecke ergeben. Erst wenn auch in diesen drei Tests Überlappungen auftreten, konnte eine Kollision detektiert werden [MHH08, S. 744f]. Im dritten Schritt wird nun der genaue Ort bestimmt, an dem sich die Kollision ereignet hat. Es wäre allerdings wenig effektiv, wenn jetzt doch die Strecke mit jedem Dreieck eines Netzes getestet werden müsste, um die genaue Position des Schnittpunkts zu ermitteln. Aus diesem Grund werden sogenannte AABB-Bäume genutzt, mit deren Hilfe eine räumliche Unterteilung des virtuellen Objekts möglich ist [SOEC11, S. 110]. Eine solche Unterteilung ist beispielhaft in Abbildung 2.12 dargestellt.

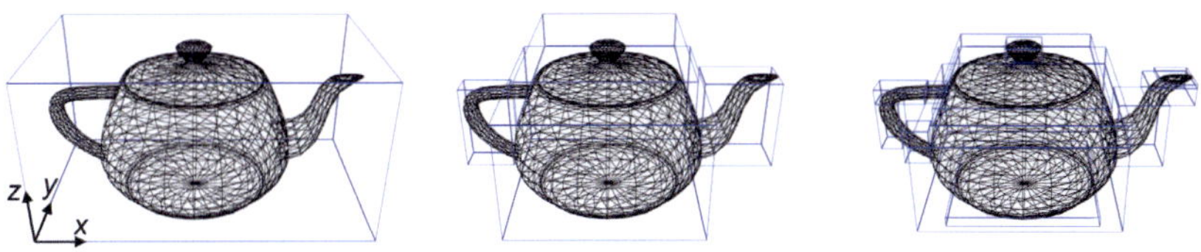

Abbildung 2.12: (a) Die AABB ist ein quaderförmiger Hüllkörper, der das virtuelle Objekt vollständig umschließt. Die Kanten der AABB werden an den orthogonalen Achsen des Koordinatensystems ausgerichtet. (b) und (c) Zur genaueren Bestimmung des Kollisionsorts werden AABB-Bäume genutzt, mit deren Hilfe eine räumliche Unterteilung des virtuellen Objekts möglich ist.

Es lässt sich erkennen, dass die das virtuelle Objekt umschließende AABB in zahlreiche kleinere AABBs aufgeteilt wird. Diese kleineren Hüllkörper umschließen ganz bestimmte Teile des Objekts und entsprechen demzufolge den inneren Knoten oder Blättern des AABB-Baums [SOEC11, S. 110]. Durch das Durchlaufen des Baums und Anwenden des SAT kann nun der Ort der Kollision auf ein solches bestimmtes Objektteil eingeschränkt werden. Abschließend findet dann der Kollisionstest zwischen der Strecke und den einzelnen Dreiecken des identifizierten Objektteils statt [SOEC11, S. 110]. Dazu wird die Gleichung der Ebene bestimmt, in der das jeweilige zu testende Dreieck liegt, und geprüft, ob ein Schnittpunkt in dieser Ebene existiert. Bei Vorliegen eines Schnittpunkts muss abschließend noch nachgewiesen werden, dass sich dieser innerhalb des Dreiecks befindet. Die formale mathematische Beschreibung ist u. a. in [Sch06, S. 609ff] nachzulesen.

Kraftberechnung Wurde eine Kollision zwischen HIP und virtuellem Objekt detektiert, muss die aus der Berührung resultierende Kraft berechnet werden. Diese sollte identisch zu derjenigen sein, die aus der Berührung des entsprechenden realen Objekts resultieren würde [SCB04]. Im Folgenden wird nun erläutert, nach welchem Verfahren die Kraftberechnung beim Betasten von starren virtuellen Objekten mit ideal glatter Oberfläche erfolgt. Zur Erläuterung dient die in Abbildung 2.10 dargestellte Kugel, auf die sich der

HIP zubewegt. Der Betrag der bei Objektkontakt der Bewegung entgegenzusetzenden Kraft $\vec{F}$ wird, wie der Betrag der Rückstellkraft einer Feder, mit Hilfe des Hookeschen Gesetzes nach Gleichung 2.4 ermittelt, wobei K die Steifigkeit der Kugeloberfläche und d die Penetrationstiefe des HIP bezeichnet [BS02]:

$$|\vec{F}| = K \cdot d \,. \tag{2.4}$$

Anhand von Gleichung 2.4 ist zu erkennen, dass sich der Betrag der Kraft $\vec{F}$ direkt proportional zur Steifigkeit K und zur Penetrationstiefe d verhält. Die Richtung der Kraft hängt von der Oberflächennormale am Kollisionspunkt ab. Hinsichtlich der Berechnung ist jedoch zu berücksichtigen, dass immer zeitdiskrete Werte der Penetrationstiefe herangezogen werden und somit Sprünge im resultierenden Kraft-Zeit-Verlauf entstehen können [BC03, S. 188ff]. Diese Sprünge sind in Form von einzelnen Stufen in Abbildung 2.13 dargestellt. Solche stufenförmigen Verläufe können dazu führen, dass sich das haptische Gerät bei der Wiedergabe zunehmend instabil verhält, d. h. ungewollte Vibrationen ausgegeben werden. Um die Sprünge abzuschwächen und ungewollte Vibrationen zu vermeiden, ist eine Erhöhung der Samplingrate erforderlich [Ker09, S. 408]. Außerdem wird bei der Kraftberechnung ein Dämpfer mit der Dämpfungskonstante B eingesetzt [BC03, S. 189f]:

$$|\vec{F}| = \begin{cases} K \cdot d + B \cdot \dot{d} & \text{für } \dot{d} < 0 \,, \\ K \cdot d & \text{für } \dot{d} \geq 0 \,. \end{cases} \tag{2.5}$$

Die Geschwindigkeit $\dot{d}$, mit der der HIP in die virtuelle Wand eindringt, ist negativ definiert. Demnach vermindert der Dämpfungsfaktor $B \cdot \dot{d}$ den aus der Penetration resultierenden Betrag der Kraft in Abhängigkeit von der Geschwindigkeit, weshalb große Sprünge im Kraft-Zeit-Verlauf vermieden werden können [BC03, S. 189f]. Die Geschwindigkeit $\dot{d}$, mit der der HIP aus der virtuellen Wand austritt, ist positiv definiert. Allerdings wird bei der Kraftberechnung im Falle des Austretens des HIP oft auf einen Dämpfungsfaktor verzichtet, da dieser den resultierenden Betrag der Kraft stets erhöhen und somit eine

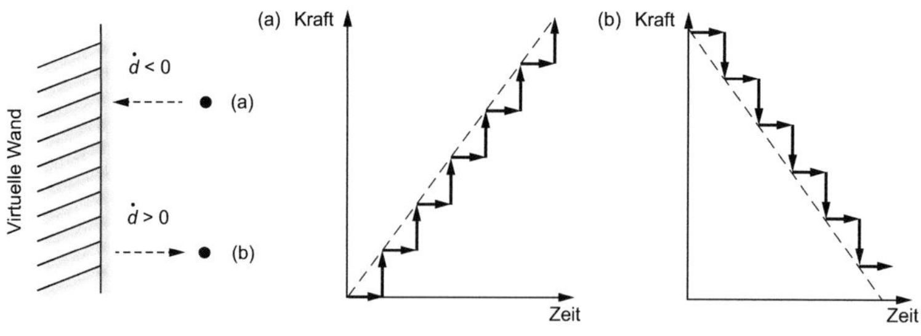

Abbildung 2.13: (a) Der HIP dringt in eine virtuelle Wand ein. (b) Der HIP tritt aus einer virtuellen Wand aus. In den dargestellten Fällen resultieren stufenförmige Kraft-Zeit-Verläufe. Grund hierfür ist, dass stets nur zeitdiskrete Werte der Penetrationstiefe zur Kraftberechnung herangezogen werden können (adaptiert von [CGSS93; BC03, S. 189]).

unrealistische Wahrnehmung beim Übergang in den freien virtuellen Raum hervorrufen würde [BC03, S. 189f].

Um ein virtuelles Objekt nicht nur berühren, sondern auch vollständig explorieren zu können, müssen Beträge und Richtungen der aus den Abtastbewegungen resultierenden Kräfte während des gesamten Explorationsprozesses richtig berechnet werden. Die ursprünglich verwendeten Softwarealgorithmen, die sogenannten *Penalty-basierten Ansätze*, konnten diese Anforderung jedoch nicht erfüllen, da die ausgeführten Berechnungen in Abhängigkeit von der aktuellen Position des HIP immer wieder zu Fehlern führten. Dies ist beispielhaft in Abbildung 2.14a dargestellt. Es ist zu erkennen, dass sich der vom Nutzer gesteuerte HIP zunächst direkt auf das virtuelle Objekt zubewegt. Zur diskreten Zeit t_1 wird dann eine Kollision zwischen der die Positionswerte P_0 und P_1 verbindenden Strecke und der Oberfläche A des virtuellen Objekts detektiert. Demzufolge ist auch eine resultierende Kraft $\vec{F_1}$ zu bestimmen [Ker09, S. 409f]. So würde zunächst geprüft werden, zu welcher Oberfläche der HIP im Punkt P_1 am nächsten gelegen und wie tief er in diese Oberfläche eingedrungen ist. In diesem Fall ist die Oberfläche A die am nächsten gelegene, weshalb deren Oberflächennormale die Richtung der Kraft $\vec{F_1}$ vorgibt. Der Betrag der Kraft wird, wie zuvor gezeigt, mit Hilfe der Eindringtiefe in diese Oberfläche ermittelt [Ker09, S. 409f]. Bewegt sich der HIP nun zu den Punkten P_2 und P_3 nach rechts weiter,

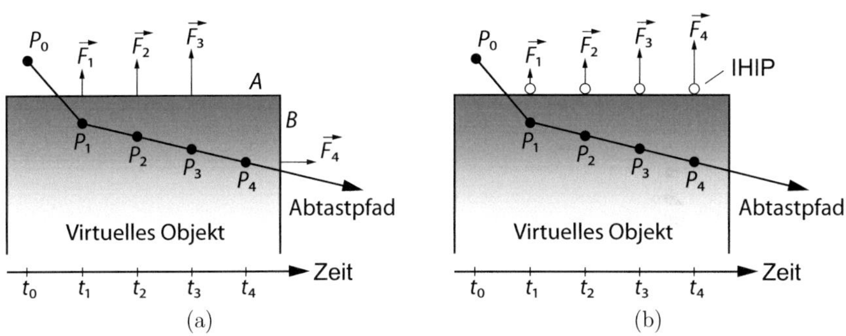

Abbildung 2.14: Beispielhafte Gegenüberstellung des *Penalty-* und *Proxy-basierten Ansatzes* beim Abtasten von Oberfläche A. (a) *Penalty-basierter Ansatz.* Zur diskreten Zeit t_4 befindet sich der HIP im Punkt P_4. Da er somit näher zur Oberfläche B als zur Oberfläche A liegt, wird die Normale von B und die Eindringtiefe in diese Oberfläche zur Ermittlung von Richtung und Betrag der Kraft $\vec{F_4}$ genutzt. Auf den Nutzer wirkt zum Zeitpunkt t_4 deshalb fälschlicherweise eine nach rechts gerichtete und deutlich zu kleine Kraft. (b) *Proxy-basierter Ansatz.* Bewegt sich der HIP vom Punkt P_1 zu den Punkten P_2, P_3 und P_4, folgt der IHIP dieser Bewegung auf der Oberfläche A aufgrund der Federkopplung. Zu jedem Zeitpunkt wird die Distanz zwischen beiden Interaktionspunkten zur Berechnung des Kraftbetrags herangezogen. Die Kraftrichtung entspricht der Normalenrichtung der Oberfläche, die durch die Strecke zwischen HIP und IHIP geschnitten wird. Demzufolge können auch Betrag und Richtung der Kraft $\vec{F_4}$ korrekt ermittelt werden (adaptiert von [SK08, S. 728].

erfolgt die Bestimmung der Beträge und der Richtungen der Kräfte $\vec{F_2}$ und $\vec{F_3}$ auf die gleiche Weise. Bis zu diesem Zeitpunkt konnten alle Berechnungen fehlerfrei durchgeführt werden. Wenn sich der HIP nun allerdings weiter zum Punkt P_4 bewegt, befindet er sich auf einmal näher an der Oberfläche B des Objekts. Deshalb wird die Oberflächennormale von B und die Eindringtiefe in diese Oberfläche zur Bestimmung von Richtung und Betrag der Kraft $\vec{F_4}$ herangezogen. Obwohl der Nutzer weiterhin die Oberfläche A abtastet, erfährt er zum Zeitpunkt t_4 nun irrtümlicherweise eine nach rechts gerichtete und zu kleine Kraft [SOEC11, S. 110]. Dies führt zu einer erheblichen Verwirrung und macht das Explorieren eines virtuellen Objekts nahezu unmöglich. Um der beschriebenen und weiteren Problematiken entgegenzuwirken, wurde der sogenannte *Proxy-basierte Ansatz* entwickelt. Dieser Ansatz greift neben dem haptischen Interaktionspunkt (HIP) auf einen als Referenz genutzten idealen haptischen Interaktionspunkt (IHIP oder Proxy) zurück [SOEC11, S. 111]. Das Prinzip des Zusammenwirkens der beiden Interaktionspunkte, die durch eine ideale Feder miteinander verkoppelt sind, wird anhand von Abbildung 2.14b beispielhaft erläutert. Im freien virtuellen Raum, zur diskreten Zeit t_0, stimmt die Position von HIP und IHIP überein. Zum Zeitpunkt t_1 ist der vom Nutzer gesteuerte HIP bereits in das virtuelle Objekt bis zum Punkt P_1 eingedrungen, sodass eine Kollision detektiert und auch der entsprechende Schnittpunkt mit der Oberfläche A bestimmt werden kann. Der IHIP folgt dem HIP durch die Federkopplung bis zu diesem Schnittpunkt, dringt aber nicht in das virtuelle Objekt ein [SOEC11, S. 111]. Demzufolge wird die Feder zwischen den Interaktionspunkten gespannt. Durch das Bestreben die potentielle Energie der Feder zu minimieren, verschiebt sich der IHIP weiter nach rechts, bis er senkrecht über dem sich im Punkt P_1 befindenden HIP liegt. Die Distanz zwischen beiden Interaktionspunkten wird nun zur Berechnung des Betrags der Kraft $\vec{F_1}$ herangezogen. Die Richtung der Kraft entspricht der Richtung der Normale von jener Oberfläche, die durch die Strecke zwischen HIP und IHIP geschnitten wird [SOEC11, S. 111]. Bewegt sich der HIP nun im weiteren Verlauf zu den Punkten P_2, P_3 und P_4, verschiebt sich durch die Federkopplung auch immer der IHIP entlang der Oberfläche A. Somit können der Betrag und die Richtung der Kraft $\vec{F_4}$ richtig bestimmt werden, da weiterhin die Oberfläche A und nicht die Oberfläche B als Referenz herangezogen wird [SK08, S. 728; SOEC11, S. 111]. Der *Proxy-basierte Ansatz* ist auch für die Exploration von komplexeren Objekten, z. B. von Objekten mit konvexen oder konkaven Oberflächenformen, geeignet. Detaillierte Informationen über das Zusammenwirken von HIP und IHIP bei der Exploration solcher Oberflächenformen sind in [Ker09, S. 412ff; SOEC11, S. 112ff] zu finden.

Nachdem der Prozess der Kraftberechnung erläutert wurde, muss noch auf einen weiteren Verarbeitungsschritt hingewiesen werden. Wie bereits zuvor erwähnt, werden virtuelle Objekte üblicherweise mit Hilfe von Dreiecksnetzen modelliert. Ein Problem kann nun entstehen, wenn eine gekrümmte Oberfläche exploriert und dabei die Kante zwischen zwei benachbarten Dreiecken des Netzes überquert wird. Unterscheiden sich die Richtungen der Oberflächennormalen der Dreiecke, so werden sich auch die Richtungen der resultierenden Kräfte ändern [BC03, S. 190]. Dies kann dazu führen, dass das betastete Objekt vom Nutzer nicht mehr als gekrümmt, sondern als segmentiert wahrgenommen wird. Um dem beschriebenen Problem entgegenzuwirken, ist eine Glättung der berechneten Kräfte, auch *Force-Shading* genannt, erforderlich [BC03, S. 190f].

Alle bisher beschriebenen Verarbeitungsschritte werden von dem Teil der Software umgesetzt, der als *Physics Engine* bezeichnet wird. Die *Feedback Engine* ist abschließend dafür zuständig, die technischen Limitationen des haptischen Geräts zu berücksichtigen und somit die Kraftwiedergabe vorzubereiten. Als Beispiel lässt sich in diesem Zusammenhang die maximale Kraft nennen, die vom Gerät ausgegeben werden kann. Ist diese Kraft kleiner als die berechnete, welche idealerweise auf den Nutzer übertragen werden sollte, ist eine entsprechende Umrechnung erforderlich [SCB04].

Kraftwiedergabe Im letzten Schritt des haptischen Renderings ist die aktuell berechnete bzw. die an die technischen Limitationen des Geräts angepasste Kraft $\vec{F} = (F_\mathrm{x}, F_\mathrm{y}, F_\mathrm{z})^T$ über den Stylus des PHANToM auf die Hand des Nutzers zu übertragen. Hierzu erzeugen die drei Motoren im Gehäuse des PHANToM ein Drehmoment $\vec{\tau} = (\tau_\mathrm{x}, \tau_\mathrm{y}, \tau_\mathrm{z})^T$ [SK08, S. 729]. Da die Motoren über Seilzüge mit den Drehgelenken des Geräts verbunden sind, kann der Bewegung des Nutzers somit die entsprechende Kraft entgegengesetzt werden. Im Vorfeld ist natürlich die Frage zu klären, welches Drehmoment $\vec{\tau}$ benötigt wird, um die Kraft $\vec{F}$ erzeugen zu können. Zur Beantwortung der Frage muss das Kraftübertragungsverhalten der Antriebsstruktur bekannt sein. In diesem Zusammenhang ist zu berücksichtigten, dass die Antriebsstruktur eines haptischen Geräts wie des PHANToM eine nichtlineare Transfercharakteristik aufweist [Ker09, S. 170]. Unter Verwendung der Jacobi-Matrix J ist jedoch eine Linearisierung möglich, sodass zunächst das (differentielle) Wegübertragungsverhalten bestimmt und anschließend, mit Hilfe des Prinzips der virtuellen Arbeit, auf das Kraftübertragungsverhalten geschlossen werden kann [Ker09, S. 172ff]. Letztlich erfolgt dann die Berechnung des Drehmoments $\vec{\tau}$ nach folgender Gleichung:

$$\vec{\tau} = J^T \cdot \vec{F}\,. \tag{2.6}$$

Detaillierte Erläuterungen zu den beschriebenen Zusammenhängen sind in [Ker09, S. 170ff] nachzulesen.

Abschließend sei darauf hingewiesen, dass das haptische Rendering hohe Anforderungen an dessen zeitliche Realisierung stellt. Während für die Darstellung von visuellen Szenen eine Updaterate von 30 Hz ausreicht, muss für das haptische Rendering eine Updaterate von ca. 1000 Hz gewährleistet werden [SCB04]. Diese hohe Frequenz ist notwendig, um die Stabilität des haptischen Geräts und somit eine überzeugende Kraftwiedergabe beim Betasten von starren virtuellen Objekten sicherzustellen [SK08, S. 727]. Die am haptischen Rendering beteiligten Prozesse sind zur Übersicht in Abbildung 2.15 dargestellt und werden genauso wie in diesem Abschnitt erläutert oder zumindest in ähnlicher Weise in aktuellen Softwareframeworks umgesetzt (z. B. CHAI 3D, H3D, OpenHaptics [SOEC11, S. 134ff]). Die beschriebenen, den Prozessen zugrundeliegenden Verfahren zur Erzeugung von kinästhetischem Feedback entsprechen demnach dem Stand der Technik. Natürlich konnten innerhalb dieses Abschnitts nur die im Kontext der vorliegenden Arbeit relevant erscheinenden Grundlagen betrachtet werden. Detaillierte und weiterführende Erläuterungen sind deshalb den im Text aufgeführten Quellen zu entnehmen.

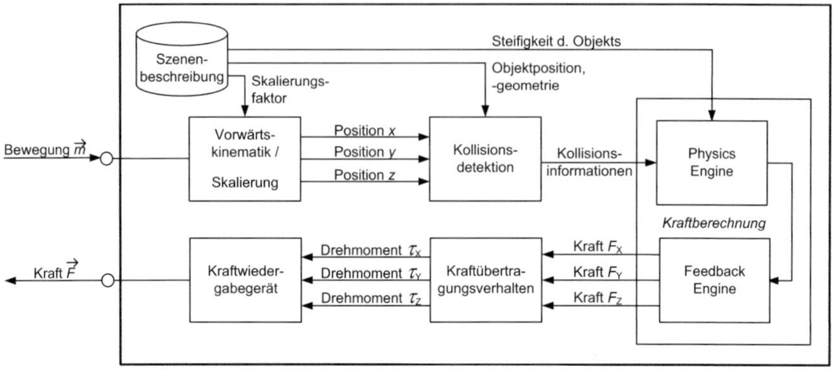

Abbildung 2.15: Ablauf der Prozesse von der Bewegungserfassung bis zur Kraftausgabe.

Kapitel 3

Forschungskonzept

In diesem Kapitel wird das Forschungskonzept der Arbeit näher betrachtet. Diesbezüglich werden zunächst die zu untersuchenden Fragestellungen und anschließend die für die Arbeit geltenden Randbedingungen erläutert.

3.1 Forschungsfragen*

Im Rahmen des ersten Kapitels wurde anhand von verschiedenen Anwendungsbeispielen einführend aufgezeigt, wie wichtig die virtuelle Objekterkennung für unterschiedlichste Nutzergruppen sein kann. In diesem Kontext zeigte sich zugleich die Notwendigkeit von haptischen Geräten, die als bidirektionale Schnittstelle zwischen virtueller Umgebung und Nutzer benötigt werden. Im Rahmen des zweiten Kapitels wurde bei der Betrachtung der Grundlagen dargelegt, dass solche Geräte sowie die notwendigen Softwarealgorithmen zur Kontrolle und Ansteuerung dieser existieren. Nun stellt sich die Frage, warum und in welchem Zusammenhang denn dann ein Problem bei der virtuellen Objekterkennung auftreten kann? Das Problem wird beim Vergleich des beim Abtastvorgang von realen und virtuellen Objekten zur Verfügung stehenden Feedbacks deutlich. Beim Betasten von realen Objekten werden sowohl die kinästhetischen Rezeptoren des Hand-Arm-Komplexes als auch die taktilen Rezeptoren in der Haut angeregt. Demnach steht kinästhetisches und taktiles Feedback zur Verfügung. Beim Betasten von virtuellen Objekten werden allerdings nur die kinästhetischen Rezeptoren adäquat stimuliert. Die dem Stand der Technik entsprechenden und zum Explorieren von virtuellen Objekten geeigneten Kraftwiedergabegeräte können also nur von der Realität stark abstrahiertes, kinästhetisches Feedback bereitstellen. Sie sind nicht in der Lage und werden aufgrund der großen technischen Komplexität in absehbarer Zukunft auch nicht in der Lage sein, den menschlichen Tastapparat mit der Vielfalt an Reizen anzuregen, die normalerweise während des Abtastens eines realen Objekts wahrgenommen wird. In der vorliegenden Arbeit liegt der Fokus deshalb zunächst auf der Untersuchung einer für die virtuelle Objekterkennung grundlegenden, sehr bedeutsamen Fragestellung: Inwieweit gelingt die Erkennung virtueller Objekte auch mit stark reduziertem haptischen Feedback? Ähnliche Fragestellungen sind aus dem Forschungsbereich der Psychoakustik bekannt. In diesem Forschungsbereich konnte gezeigt werden, dass nicht alle zeitlichen und spektralen Anteile eines akustischen Signals wahrnehmungsrelevant sind. Es ist demnach sogar möglich, Anteile eines Signals unter

*Die Ausführungen in diesem Abschnitt erfolgen in Anlehnung an Erläuterungen zu den Forschungsfragen in den Publikationen [SAM10] und [SAMR11] von Stamm et al.

Anwendung bestimmter Regeln herauszufiltern, ohne dass im Nachhinein ein Unterschied zwischen originalem und gefiltertem Signal auditiv wahrnehmbar ist. Auf Grundlage dieser Erkenntnis konnte die Komplexität der physikalischen Realität erheblich reduziert und somit ein insbesondere auf dem Prinzip der Irrelevanzreduktion basierendes Audiokompressionsverfahren entwickelt werden (MP3, [BP00]). Im Kontext der vorliegenden Arbeit ist nun ebenfalls zu untersuchen, inwieweit durch die starke Reduktion des haptischen Feedbacks wahrnehmungsrelevante Auswirkungen auftreten. Im Vordergrund der Untersuchung stehen dabei die Auswirkungen auf die Erkennung der geometrischen Eigenschaften virtueller Objekte. Grund hierfür ist, dass das Erkennen der Geometrie die entscheidende Voraussetzung für die virtuelle Objekterkennung darstellt. Wenn sich während eines Abtastvorgangs nicht ausreichend Informationen über die Geometrie sammeln lassen, wird die haptische virtuelle Objekterkennung nicht gelingen. Die Notwendigkeit der Untersuchung des beschriebenen Zusammenhangs wird auch im Hinblick auf die im Abschnitt 2.2.3 vorgestellten Studien zur realen Objekterkennung deutlich. In diesen Studien wurde erforscht, wie präzise der Mensch reale Alltagsobjekte unter eingeschränkten Abtastbedingungen erkennen kann. Die Ergebnisse zeigen zwar, dass durch eine Einschränkung der haptischen Wahrnehmung die Erkennungsgenauigkeit sinkt. Jedoch erfolgte keine separate Untersuchung der Erkennung von Geometrie- und Materialeigenschaften, sodass die durch die Einschränkung auftretenden Probleme nicht eindeutig kategorisiert und hinsichtlich ihres konkreten Einflusses auf die Erkennungsgenauigkeit gewichtet werden können. Außerdem sollten zur Erforschung der virtuellen Objekterkennung natürlich möglichst Untersuchungen in virtuellen Umgebungen mit dem Stand der Technik entsprechenden Kraftwiedergabegeräten durchgeführt werden. Aus den genannten Gründen besteht in der vorliegenden Arbeit das Ziel zunächst darin, die beim Betasten eines virtuellen Objekts hinsichtlich der Erkennung der Geometrie auftretenden Probleme zu identifizieren und quantitativ zu spezifizieren. Anschließend wird dann nach entsprechenden Lösungen gesucht. Hierzu werden grundlegende Ansätze erforscht, um das durch ein Kraftwiedergabegerät bereitgestellte unzureichende Feedback taktil und auditiv zu erweitern. Auf diese Weise soll der während des Explorationsvorgangs auftretende Informationsmangel kompensiert werden.

Nachfolgend sind die im Rahmen der vorliegenden Arbeit zu untersuchenden Fragestellungen vollständig aufgeführt:

1. Inwieweit gelingt die Erkennung von geometrischen Eigenschaften virtueller Objekte auch mit von der Realität stark abstrahiertem haptischen Feedback?

2. Welche Probleme treten auf und was sind deren Ursachen? Wie können die Probleme quantitativ spezifiziert werden?

3. Welche Lösungsansätze bestehen, um kinästhetisches Feedback adäquat zu erweitern? Welche Ansätze eignen sich für welche Problemstellung?

4. Wie können diese Ansätze experimentell evaluiert werden? Wie ist deren Leistungsfähigkeit zu bewerten?

3.2 Randbedingungen

Zur Erforschung der oben aufgeführten Fragestellungen sind zahlreiche Experimente und Untersuchungen unter definierten Randbedingungen durchzuführen. Nachfolgend werden die grundlegenden Randbedingungen näher erläutert.

Explorationsstrategie Sollen durch aktives Betasten eines Objekts Informationen über dessen Geometrie gesammelt werden, können nach Abbildung 2.8 prinzipiell zwei EPs zum Einsatz kommen: das Umfassen und die Konturenverfolgung. Die Strategie des Umfassens ist optimal zum schnellen Erkennen der globalen Form geeignet [LK87]. Die Strategie der Konturenverfolgung ist hingegen optimal geeignet, wenn sowohl die globale Form als auch exakte Formeigenschaften erkannt werden sollen [LK87]. Da in vorliegender Arbeit der Fokus der Untersuchungen auf der Erkennung von geometrischen Eigenschaften virtueller Objekte liegt, sind die exakten Formeigenschaften natürlich von zentraler Bedeutung. Deshalb werden die nachfolgend beschriebenen Untersuchungen mit der EP der Konturenverfolgung durchgeführt. Im Übrigen sind auch die im ersten Kapitel hinsichtlich der virtuellen Objekterkennung aufgeführten Anwendungsbeispiele zumeist nicht ohne die EP der Konturenverfolgung denkbar, da im Regelfall sehr spezifische Informationen über das jeweilige betastete Objekt übermittelt werden müssen.

Kraftwiedergabegerät Zur Umsetzung der EP der Konturenverfolgung wird ein Kraftwiedergabegerät benötigt, welches das aktive Betasten eines virtuellen Objekts auf Basis eines Einpunkt-Kontakts ermöglicht. Sehr weit verbreitet in den verschiedensten Forschungsrichtungen und De-facto-Standard im professionellen Einsatz ist die PHANToM-Serie von SensAble Technologies [BC03, S. 105]. Deshalb wurde ein Gerät dieser Serie, das auch die im Abschnitt 2.3.1 definierten Anforderungen hinsichtlich des Einsatzes zur virtuellen Objekterkennung erfüllt, für die vorliegende Arbeit ausgewählt. Hierbei handelt es sich um das im Abschnitt 2.3.2 näher betrachtete und in Abbildung 2.9b dargestellte PHANToM Omni.

Bereits zuvor wurde die Motivation und Notwendigkeit erläutert, die EP der Konturenverfolgung in den Untersuchungen dieser Arbeit zu nutzen. In dem Zusammenhang sei jedoch auch erwähnt, dass der Einsatz der EP des Umfassens schon aus technischen Gründen auszuschließen ist. Wenn es erforderlich wäre, dem Nutzer die Exploration mittels letztgenannter EP zu ermöglichen, würde ein Kraftwiedergabegerät benötigt, das die virtuelle Interaktion auf Basis eines Mehrpunkt-Kontakts erlaubt. Der wohl bekannteste Vertreter solcher Kraftwiedergabegeräte ist der in Abbildung 2.9c dargestellte CyberGrasp von VRLOGIC, der als Exoskelett direkt an der Hand des Nutzers fixiert wird. Mit dem CyberGrasp ist es zwar möglich ein virtuelles Objekt zu umfassen, dennoch ist eine konkrete Aussage über die globale Form des umfassten Objekts nur anhand der fünf Kontaktpunkte zum Teil sehr schwierig. Das gravierendere Problem besteht allerdings darin, dass ein effektives Explorieren des virtuellen Objekts, wie es die Geräte der PHANToM-Serie ermöglichen, nicht realisierbar ist. Das hat mehrere Gründe. Zum einen ist der CyberGrasp inklusive der Tracker mit 539 Gramm sehr schwer, was zu einer erheblichen Belastung und dadurch auch zu einer schnellen Ermüdung des Nutzers führt

[BC03, S. 108]. Aufgrund des hohen Gewichts und der Massenträgheit ist es dem Nutzer somit auch nicht möglich, sich im virtuellen Arbeitsbereich zu bewegen, ohne dabei störende Kräfte wahrzunehmen. Zum anderen kann der CyberGrasp lediglich der Bewegung der Finger einen Widerstand entgegensetzen. Die Bewegung des Arms lässt sich jedoch nicht einschränken, sodass das zu betastende virtuelle Objekt ungewollt penetriert werden kann [Tur01, S. 52]. Selbst wenn durch weitere technische Systeme die Bewegung des Arms bzw. der Hand eingeschränkt wird, ist dieses Problem nicht vollständig gelöst. Da der CyberGrasp nur der Beugung der Finger einen Widerstand entgegensetzen kann [SFL03], dürften sich bei allen anderen Fingerbewegungen im praktischen Einsatz ungewollte Penetrationen oder zumindest die Wiedergabe von unrealistischem Feedback nicht vermeiden lassen. Das kann den gesamten Explorationsvorgang erheblich beeinträchtigen. Wenn ein virtuelles Objekt auf eine nicht vorgesehene Weise penetriert wird, können zudem störende Vibrationen des Geräts auf die Hand des Nutzers übertragen werden. Solche störenden Vibrationen sind aber auch während der normalen Nutzung des Geräts zu beobachten [MSB+04]. Anhand der Betrachtung des CyberGrasp soll beispielhaft gezeigt werden, dass Kraftwiedergabegeräte, die die virtuelle Interaktion auf Basis eines Mehrpunkt-Kontakts ermöglichen, einer sehr hohen technischen Komplexität unterliegen. Diese Geräte sind vor allem zum Ergreifen und Bewegen virtueller Objekte geeignet. Die hohen Anforderungen an eine haptische Schnittstelle hinsichtlich der virtuellen Objekterkennung können sie nach derzeitigem Stand jedoch nicht erfüllen.

Modalitäten* Ziel dieser Arbeit ist es in einem ersten Schritt, die durch das Kraftwiedergabegerät ermöglichte Leistungsfähigkeit des Nutzers in Bezug auf die haptische Exploration virtueller Objekte zu evaluieren. Damit die Evaluation gelingen kann, muss sichergestellt werden, dass während des Abtastvorgangs keine Informationsaufnahme über eine andere Modalität erfolgt. Deshalb sind die Augen zu verbinden und emittierte Geräusche des Kraftwiedergabegeräts zu maskieren. In einem zweiten Schritt sollen dann geeignete Lösungsansätze entwickelt und untersucht werden, um die während des Explorationsvorgangs hinsichtlich der Erkennung der geometrischen Eigenschaften identifizierten Probleme, deren Auftreten aus dem unzureichenden kinästhetischen Feedback der Kraftwiedergabegeräte resultiert, zu lösen. Der Fokus der Arbeit liegt dabei auf der taktilen und auditiven Erweiterung des kinästhetischen Feedbacks. Visuelle Informationen werden während der Untersuchungen nicht zur Verfügung gestellt. Die entwickelten Lösungsansätze sind demnach natürlich für sehbehinderte Menschen hilfreich, die in virtuellen Umgebungen interagieren. Darüber hinaus können aber auch nicht sehbehinderte Nutzer erheblich profitieren. Letztere Aussage soll nun anhand von wissenschaftlichen Erkenntnissen begründet werden. Zunächst wird dazu nach der Qualität und Verlässlichkeit der in einer virtuellen Umgebung verfügbaren visuellen Informationen unterschieden:

1. *Die verfügbaren visuellen Informationen lassen keinerlei Unsicherheiten zu.*
   Wenn die visuellen Informationen keine Unsicherheiten zulassen, wäre jedes Detail der in einer virtuellen Szene dargestellten Objekte zuverlässig erkennbar. Demnach würden

*Die Ausführungen zur Qualität und Verlässlichkeit der in virtuellen Umgebungen verfügbaren visuellen Informationen, zur intermodalen Integration sowie zum *visual overload* erfolgen in Anlehnung an Erläuterungen in der Publikation [SA13] von Stamm et al.

durch die Kameraperspektive alle Kanten und Teilflächen der Objekte einsehbar sein. Desweiteren würden sich einzelne Objekte nicht gegenseitig verdecken. Die virtuelle Szene wäre außerdem derart beleuchtet, dass alle Kanten und Teilflächen identisch hell und somit gleich gut erkennbar sind. Störende Schatten oder Reflexionen könnten nicht wahrgenommen werden. Darüber hinaus wäre es auch problemlos möglich, die räumliche Tiefe des zum Abtasten genutzten HIP exakt abzuschätzen.

2. *Die verfügbaren visuellen Informationen lassen geringfügige Unsicherheiten zu.*
   Die Erkennbarkeit eines virtuellen Objekts hängt immer von der Kameraperspektive ab. Es ist demnach selbstverständlich, dass einige von der Kamera nicht einsehbare Teilflächen sowie Kanten verdeckt sind. Selbst bei einer guten Perspektive hängt die Erkennbarkeit geometrischer Details, wie z. B. der Krümmung einer Oberfläche, von der Orientierung des betrachteten Objekts ab. Durch die Lichtverhältnisse, d. h. die Beleuchtung der Szene, können außerdem Reflexionen oder Schatten entstehen, die zu geringfügigen Uneindeutigkeiten führen. Desweiteren ergeben sich durch die zweidimensionale Repräsentation einer dreidimensionalen Szene auf dem Computermonitor Schwierigkeiten beim Abschätzen von Tiefe [KL09].

3. *Die verfügbaren visuellen Informationen lassen größere Unsicherheiten zu.*
   In diesem Fall ermöglicht die Kameraperspektive nur eine unzureichende visuelle Darstellung des jeweiligen virtuellen Objekts. Erhebliche Probleme können sich auch bei bewegten Kameras sowie schlechten Lichtverhältnissen ergeben. Weitere Unsicherheiten entstehen, wenn das betrachtete Objekt durch andere größtenteils verdeckt wird. Im Falle der Teleoperation können durch eine gestörte Datenübertragung nur noch Fragmente der virtuellen bzw. entfernten Szene erkennbar sein.

Mit Hilfe der drei erläuterten Fälle lässt sich beispielhaft das Modell der statistisch optimalen Integration multimodaler Informationen erklären [Kno06, S. 108f]. Nach dem genannten Modell würde die Wahrnehmung nur dann ausschließlich über einen Sinn erfolgen, wenn dieser optimal für die Lösung der jeweiligen Aufgabe geeignet ist und tatsächlich nur maximal zuverlässige Informationen liefert. Im oben beschriebenen ersten Fall würde demnach die Erkennung der geometrischen Eigenschaften virtueller Objekte ausschließlich über den visuellen Sinn erfolgen. Allerdings ist der erste Fall idealisiert und daher nur theoretisch möglich. Praktisch relevant ist der zweite Fall, da stets zumindest geringfügige Unsicherheiten in der visuellen Darstellung auftreten. Soll z. B. die Krümmung einer betasteten virtuellen Oberfläche bestimmt werden, integriert das Gehirn den vom visuellen und haptischen Sinn geschätzten Wert nach dem Maximum-Likelihood-Verfahren statistisch optimal [Kno06, S. 108f]. Der auf Grundlage beider Sinne geschätzte Wert ist demnach stets genauer als der Schätzwert der visuellen und haptischen Modalität allein. Im dritten und letzten Fall ist die visuelle Darstellung ungenügend, weshalb der haptische Sinn den integrierten Wahrnehmungsprozess maßgeblich bestimmen würde [Kno06, S. 108f]. Die Gültigkeit des beschriebenen Modells wurde in zahlreichen Studien für unterschiedlichste Schätzaufgaben nachgewiesen [BWH02; EB02; GB03; AB04; HWM04]. Anhand der beschriebenen Zusammenhänge wird deutlich, wie wichtig die von dieser Arbeit verfolgten Ansätze sind. Selbst wenn während eines Explorationsvorgangs visuelles

Feedback zur Verfügung steht, können die über andere Modalitäten aufgenommenen Informationen einen erheblichen Einfluss auf den Wahrnehmungsprozess ausüben. Demnach muss das von den Kraftwiedergabegeräten bereitgestellte Feedback zielgerichtet erweitert werden, um eine hohe Genauigkeit bei der Erkennung der geometrischen Eigenschaften virtueller Objekte zu gewährleisten.

Eine andere Möglichkeit, die in einer virtuellen Szene auftretenden visuellen Uneindeutigkeiten aufzulösen und eine hohe Genauigkeit bei der Erkennung der geometrischen Eigenschaften virtueller Objekte zu gewährleisten, bestände darin, zusätzliche Visualisierungen in Form von Diagrammen auf dem Bildschirm einzublenden. Diese Diagramme könnten während eines Explorationsvorgangs über eine Vielzahl unterschiedlicher Eigenschaften virtueller Objekte informieren. Allerdings ist zu berücksichtigen, dass im Normalfall bereits zahlreiche weitere Informationen visuell dargeboten werden, so beispielsweise bei medizinischen Anwendungen die Vitalfunktionen eines Patienten. Die Gefahr besteht hier nun in einer Überlastung des visuellen Kanals. Dieses Problem ist in der Wissenschaft unter der englischen Bezeichnung *visual overload* bekannt und führt unweigerlich zu einem Informationsverlust, da der visuelle Kanal nur über eine begrenzte Aufnahmekapazität verfügt. Außerdem besteht die Gefahr, dass der Nutzer durch die ständige Kontrolle der zahlreichen Visualisierungsanzeigen abgelenkt wird und sich somit nicht mehr auf die eigentliche Aufgabe fokussieren kann. Die hohe Belastung bzw. Auslastung des visuellen Kanals führt darüber hinaus zu einer schnellen Ermüdung und damit auf Dauer zu einer geringeren Leistungsfähigkeit. Anhand der Erläuterungen wird deutlich, dass zum Teil schwerwiegende Auswirkungen zu erwarten sind, wenn sehr viele Informationen nur visuell angeboten werden. Aus diesem Grund kommt der multimodalen Informationsdarbietung im Forschungsbereich der virtuellen Umgebungen eine große Bedeutung zu. Wird zusätzlich haptisches und/oder auditives Feedback eingesetzt, kann der visuelle Kanal entlastet werden [BNG89; Bre97; OMBG00]. Die positiven Auswirkungen sind zahlreich. So kann z. B. durch die erzielte Redundanz einem Informationsverlust vorgebeugt werden. Außerdem ist es möglich, eine größere Informationsmenge zur gleichen Zeit aufzunehmen, da durch die drei Sinneskanäle eine höhere Bandbreite zur Verfügung steht [Sar02; Ovi03]. Durch multimodales Feedback lässt sich sogar die Reaktionsfähigkeit erhöhen [Her62; Mil82; GP99] und auch die Gedächtnisleistung kann erwiesenermaßen gesteigert werden [Jeo05; LM05; SCPVDR08; SS08].

Abschließend sollen die vorherigen Erläuterungen kurz zusammengefasst werden. Selbst wenn während des Explorationsvorgangs eines virtuellen Objekts visuelles Feedback zur Verfügung steht, ist die Wahrnehmung einer bestimmten geometrischen Eigenschaft im Regelfall das Ergebnis der statistisch optimalen Integration der Sinneseinflüsse aller Modalitäten. Wenn also das von den Kraftwiedergabegeräten bereitgestellte Feedback im Rahmen der vorliegenden Arbeit zielgerichtet taktil und auditiv erweitert wird, können nicht nur sehbehinderte, sondern auch nicht sehbehinderte Nutzer profitieren. Außerdem ergibt sich ein weiterer Vorteil durch die Einbeziehung unterschiedlicher Modalitäten. Beim gleichzeitigen Verwenden eines haptischen Geräts und eines Computermonitors kann der visuelle Kanal des Nutzers sehr beansprucht werden. Wird während der Interaktion mit dem Gerät multimodales Feedback bereitgestellt, ist eine Entlastung des visuelle Kanals möglich. Dies wirkt sich positiv auf die erzielbare Leistungsfähigkeit aus.

Kapitel 4

Evaluation von kinästhetischem Feedback

In diesem Kapitel wird untersucht, inwieweit die Erkennung von geometrischen Eigenschaften virtueller Objekte mit einem dem Stand der Technik entsprechenden Kraftwiedergabegerät gelingt. Um diese Frage beantworten zu können, muss das vom Gerät bereitgestellte kinästhetische Feedback in einem entsprechenden Experiment aus dem Bereich der Mensch-Maschine-Interaktion evaluiert werden. In diesem Zusammenhang wird zunächst eine Formalisierung zur Beschreibung solcher Experimente eingeführt und anschließend die entwickelte Experimentierumgebung sowie das durchgeführte Experiment näher betrachtet. Im Rahmen der Auswertung der experimentellen Ergebnisse werden dann die Problemstellungen identifiziert, die sich aus der Nutzung von einem Kraftwiedergabegerät ergeben. Am Ende des Kapitels erfolgt schließlich die Einführung eines Konzepts, durch das sich sämtliche zur Lösung der Probleme denkbaren Ansätze kategorisieren lassen.

4.1 Formalisierung von Experimenten mit aktiv explorierenden Versuchspersonen*

Für die Durchführung eines Experiments zur Evaluation von kinästhetischem Feedback ist es notwendig, Probanden zu akquirieren, sodass deren Interaktion mit einem Kraftwiedergabegerät hinsichtlich der haptischen Exploration und Erkennung virtueller Objekte untersucht werden kann. Experimente mit aktiv explorierenden Probanden im Bereich der Mensch-Maschine-Interaktion zeichnen sich jedoch durch eine sehr hohe Komplexität aus. Um ein besseres Verständis für diesen Typ von Experiment, die experimentellen Ein- und Ausgangsvariablen, die während des Experiments ablaufenden Prozesse sowie mögliche experimentelle Fehler zu erlangen, ist es daher notwendig, eine entsprechende Formalisierung zu entwickeln. Als Vorbild hierfür diente Blauert's systemtheoretische Beschreibung des auditorischen Experiments sowie des darin involvierten Hörers [Bla97, S. 5ff]. Da der haptische Sinn im Gegensatz zum auditorischen Sinn jedoch durch eine aktive und bidirektionale Funktionalität gekennzeichnet ist, musste Blauert's Ansatz entsprechend angepasst und weiterentwickelt werden.

*Die Erläuterungen in diesem Abschnitt basieren auf Ausführungen aus den Publikationen [SAMR11] und [SA13] von Stamm et al. Die dargestellte Abbildung ist in den genannten Publikationen in ähnlicher Form ebenfalls enthalten.

In der zur Darstellung der Formalisierung genutzten Abbildung 4.1 sei zunächst auf die zwei maßgeblichen Blöcke verwiesen. Der rechte Block dient der schematischen Repräsentation der Versuchsperson, die über ein haptisches Gerät mit der durch den linken Block symbolisierten virtuellen Umgebung interagiert. Besteht die Aufgabe nun bespielsweise darin, ein virtuelles Objekt zu explorieren, muss die Versuchsperson den HIP mit dem haptischen Gerät durch entsprechende Bewegungen steuern. Führt sie zur Zeit t_0 eine Bewegung $\overrightarrow{m}_0$ aus, dann wird bei Objektkontakt zur gleichen Zeit ein Stimulus s_{f_0}, d. h. eine Kraft, durch das Gerät auf die Hand der Versuchsperson übertragen. Dieses kinästhetische Feedback wird von ihr als unimodales Wahrnehmungsereignis e_0 wahrgenommen und kann als solches bereits beschrieben werden. Durch das fortwährende Explorieren werden im Verlaufe der Zeit weitere Kräfte $s_{f_0} \dots s_{f_n}$ vom Gerät übertragen und folglich kinästhetisches Feedback erzeugt. Durch Abspeichern und Integrieren der einzelnen resultierenden Wahrnehmungsereignisse $e_0 \dots e_n$ entwickelt sich somit ein Wahrnehmungsobjekt o, d. h., es entwickelt sich ein mentales Bild vom betasteten Objekt. Die Verarbeitungsprozesse zur Objektbildung werden dabei von der Wahrnehmung der eigenen Bewegungen $\overrightarrow{m}_0 \dots \overrightarrow{m}_n$ sowie von den Erfahrungen und Erwartungen der jeweiligen Versuchsperson beeinflusst. Eine Besonderheit stellt die in der Abbildung zu erkennende Rückkopplung dar, die im auditorischen Experiment in dieser Form beispielsweise nicht auftritt. Um ein Wahrnehmungsobjekt entwickeln zu können, exploriert die Versuchsperson das virtuelle Objekt ganz bewusst und mit spezifischen Bewegungen. Die Bewegungen beeinflussen dabei direkt die vom haptischen Gerät übertragenen Kräfte und damit auch die resultierenden Wahrnehmungsereignisse, die zusammen mit den vorhergehenden Ereignissen zum Wahrnehmungsobjekt aufintegriert werden. In Abhängigkeit vom aktuellen Zustand und der Ausprägung des Wahrnehmungsobjekts passt die Versuchsperson ihre Bewegungen nun

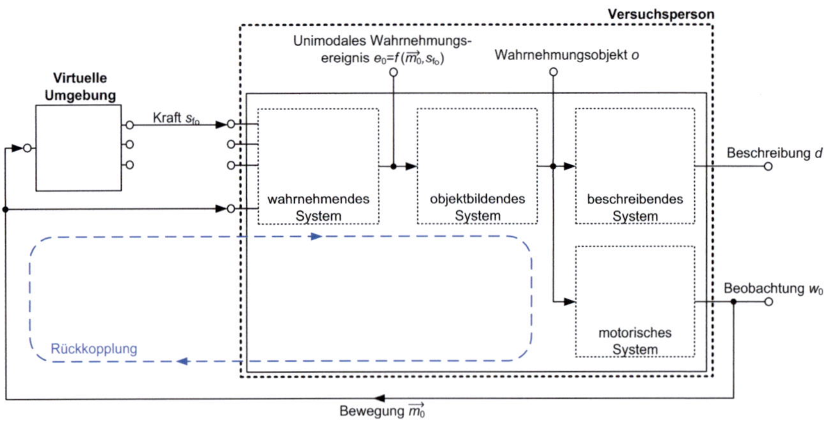

Abbildung 4.1: Formalisierung eines Experiments mit aktiv explorierenden Versuchspersonen. Als Vorbild diente Blauert's Formalisierung des auditorischen Experiments und der daran teilnehmenden Probanden [Bla97, S. 9].

ständig an, um es weiter spezifizieren zu können. Aus diesem Grund laufen die genannten Prozesse in der dargestellten Schleife wiederholt ab. Für den Versuchsleiter bestehen nun zwei Möglichkeiten, Erkenntnisse aus dem Experiment zu sammeln. Sobald die Versuchsperson eine genaue Vorstellung vom betasteten Objekt hat, erhält der Versuchsleiter eine Beschreibung d von ihr. Die Abfrage der Beschreibung kann dabei z. B. mündlich oder über eine grafische Benutzeroberfläche (GUI) realisiert werden. Andererseits kann er die einzelnen Bewegungen der Versuchsperson und daher auch die virtuelle Interaktion genau verfolgen. Es ergeben sich demnach die Beobachtungen $w_0 \dots w_n$. Für eine nachträgliche Evaluation wäre in diesem Zusammenhang zudem das Abfilmen der Interaktion in der virtuellen Szene mittels geeigneter Software denkbar.

Abschließend sei betont, dass die entwickelte Formalisierung nicht nur für das nachfolgend näher erläuterte Experiment zur virtuellen Objekterkennung, sondern auch für die weiteren im Rahmen dieser Arbeit durchgeführten Experimente gültig ist. Die Anwendbarkeit der Formalisierung ist jedoch nicht nur auf die vorliegende Arbeit begrenzt, sie kann im Allgemeinen zur Beschreibung sämtlicher Experimente mit aktiv explorierenden Versuchspersonen verwendet werden.

4.2 Entwicklung einer Experimentierumgebung*

Für die Durchführung der Untersuchungen dieser Arbeit muss eine entsprechende Experimentierumgebung entwickelt werden. Im Folgenden wird die zur Evaluation von kinästhetischem Feedback eingesetzte Experimentierumgebung anhand des Hardware- und Software-Setups erläutert. Diese dient auch als Grundlage für die weiteren Experimente der vorliegenden Arbeit, wobei jedoch sowohl am Hardware- als auch am Software-Setup Anpassungen vorzunehmen sind, wenn z. B. eine akustische Wiedergabe über acht Lautsprecher oder das Erzeugen von Vibrationen mit vier Unwuchtmotoren notwendig wird. Die erforderlichen Anpassungen werden im Verlauf der Arbeit beschrieben.

4.2.1 Hardware-Setup

Das im Abschnitt 2.3.2 näher erläuterte und in den Experimenten dieser Arbeit als Eingabe- und Kraftausgabegerät zum Einsatz kommende PHANToM Omni von SensAble Technologies wird direkt mit dem entsprechenden Steuerungsrechner verbunden. Letzterer stellt die notwendigen Geräteschnittstellen und die Software bereit, sodass über FireWire Befehle zum PHANToM gesandt und gleichzeitig Positionsdaten empfangen werden können. Außerdem sendet der Steuerungsrechner die wiederzugebenden akustischen Signale über USB an die externe Soundkarte RME Hammerfall DSP Multiface II. Nach dem Verstärken der Signale durch den Alesis RA150 Amplifier können diese schließlich mit dem

*Die Erläuterungen zum Hardware-Setup erfolgen in Anlehnung an Ausführungen aus den Publikationen [SAM10] und [SAM11c] von Stamm et al. Die Beschreibungen zum Software-Setup basieren auf Ausführungen aus den Publikationen [SAM11a], [SAM11b] und [SA13] von Stamm et al. Die beiden nachfolgend dargestellten Abbildungen sind in den aufgeführten Publikationen in ähnlicher Form ebenfalls enthalten.

geschlossenen Kopfhörer Sennheiser HDA 200 wiedergegeben werden. Das beschriebene Hardware-Setup ist in Abbildung 4.2 dargestellt.

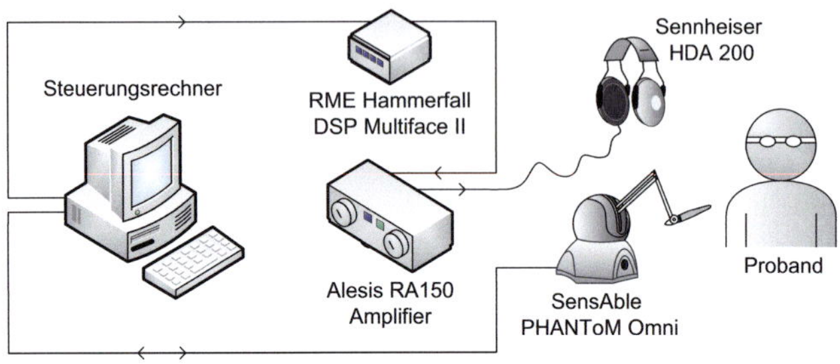

Abbildung 4.2: Hardware-Setup.

4.2.2 Software-Setup

Das Software-Setup ist in Abbildung 4.3 zu erkennen. MATLAB von TheMathworks, Inc. wird zur automatischen Steuerung des experimentellen Ablaufs sowie zur Befragung der Probanden mit Hilfe von GUIs eingesetzt. Zu Beginn eines Experiments initiiert MATLAB die Prozesse für das Rendering. Dabei werden auch die Untersuchung betreffende, wichtige Parameter übergeben. Für das haptische Rendering wird das C^{++}-Framework CHAI 3D von der Stanford University eingesetzt [Cha]. Dieses Framework funktioniert unabhängig vom verwendeten Gerät und bietet als Open Source-Software vielseitige Eingriffsmöglichkeiten. So lässt sich nicht nur eine beliebige virtuelle Szene erstellen, sondern es können

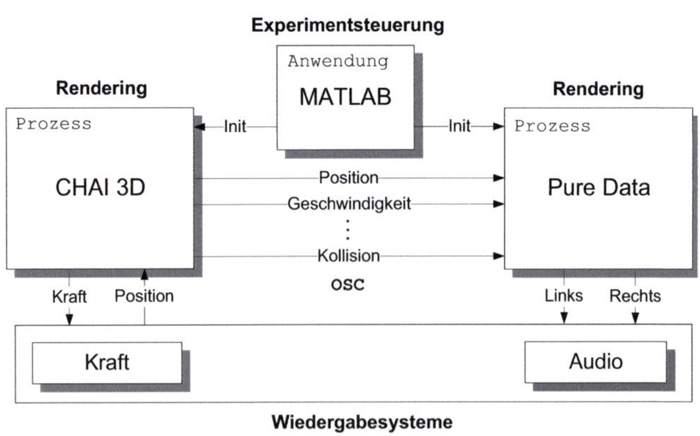

Abbildung 4.3: Software-Setup.

auch die während des haptischen Renderings ablaufenden Prozesse verändert und erweitert werden. Die Open Source-Software Pure Data wird für das Erzeugen von auditivem und taktilem Feedback eingesetzt [Pur]. Im Rahmen des Experiments zur Evaluation von kinästhetischem Feedback wird lediglich Rosa Rauschen wiedergegeben, um vom Kraftwiedergabegerät emittierte Geräusche zu maskieren. In den folgenden Experimenten wird es jedoch notwendig sein, auditives und taktiles Feedback in Abhängigkeit von den Bewegungen der Versuchsperson bereitzustellen. Grundlage hierfür ist, dass Pure Data Daten von CHAI 3D über die Bewegungen des HIP, über auftretende Kollisionen oder über spezielle Objekteigenschaften erhält. Aus diesem Grund wurde eine Kommunikationsschnittstelle auf Basis von Open Sound Control (OSC) implementiert, sodass die benötigten Informationen ständig übertragen werden können. Pure Data verarbeitet diese Informationen und bereitet die Signalwiedergabe vor.

4.3 Untersuchung zur Geometrieerkennung*

Um zu untersuchen, inwieweit die Erkennung der geometrischen Eigenschaften virtueller Objekte unter ausschließlicher Verwendung des auf Basis eines Einpunkt-Kontakts generierten kinästhetischen Feedbacks gelingt, muss ein entsprechendes Evaluationsexperiment durchgeführt werden. Den an diesem Experiment teilnehmenden Probanden wird dabei die Aufgabe gestellt, ein vorgegebenes virtuelles Objekt zu explorieren, anschließend zu benennen oder hinsichtlich der Form zu beschreiben. Die entscheidende Voraussetzung für die Durchführung des Experiments besteht nun zunächst darin, geeignete und in der Geometrie variierende virtuelle Objekte auszuwählen. Nachfolgend wird deshalb die Auswahl der im Rahmen des Experiments untersuchten Objekte vorgestellt und begründet. Anschließend werden dann der experimentelle Ablauf und die Probandengruppe beschrieben sowie die Ergebnisse präsentiert.

4.3.1 Objektauswahl

Die den Menschen umgebenden Objekte variieren sehr stark in ihren Formeigenschaften. Jedoch kann die Geometrie jeder dieser Objekte auf eine Kombination von einfachen Basiselementen zurückgeführt werden. Diese Möglichkeit wird von der Modellierungstechnik der Konstruktiven Festkörpergeometrie (CSG, engl. *Constructive Solid Geometry*) aus dem Bereich der Computergrafik genutzt. Die CSG kombiniert sogenannte geometrische Primitive, wie Kreiskegel, Würfel, Zylinder, Pyramide und Kugel, mit den Operatoren der Booleschen Algebra, z. B. Vereinigung, Schnitt und Differenz, um beliebige Objekte modellieren zu können [Et08, S. 214f; Ans11, S. 80]). In Abbildung 4.4 ist zur Illustration eine vereinfachte virtuelle Szene dargestellt. Alle sich auf dem Schreibtisch befindenden virtuellen Objekte konnten ohne großen Aufwand modelliert werden, da sie lediglich aus geometrischen Primitiven bestehen. Aufgrund des einfachen und doch effektiven Funktionsprinzips der beschriebenen Modellierungstechnik fin-

*Die Erläuterungen in diesem Abschnitt basieren auf Ausführungen aus den Publikationen [SAM10] und [SAMR11] von Stamm et al. Die Abbildungen 4.5 und 4.6 sind in den erwähnten Publikationen in ähnlicher Form ebenfalls dargestellt.

Abbildung 4.4: Virtuelle Szene zur beispielhaften Illustration des Funktionsprinzips von CSG. Alle sich auf dem Schreibtisch befindenden virtuellen Objekte können durch die Kombination von geometrischen Primitiven modelliert werden.

det sie breite Anwendung, u. a. bei der Entwicklung von Computerspielen [Ans11, S. 80] oder in CAD-Anwendungen [Et08, S. 214f].

Wie zuvor erläutert und in Abbildung 4.4 vereinfacht dargestellt, lässt sich jedes beliebige Objekt aus den genannten Bausteinen zusammensetzen. Deshalb sollten diese Bausteine auch für das Evaluationsexperiment ausgewählt werden. Deren Auswahl ist zudem sinnvoll, da die geometrischen Primitive Würfel, Zylinder, Pyramide, Kreiskegel und Kugel allgemein bekannt sind und die Probanden diese somit problemlos bezeichnen können. Neben den in Abbildung 4.5a dargestellten geometrischen Primitiven werden für das Experiment zusätzlich auf den Primitiven basierende Variationen genutzt. Dabei handelt es sich um die in den Abbildungen 4.5b-d erkennbaren Stümpfe von Primitiven, zusammengesetzte Primitive sowie Teile der Oberflächen einzelner Primitive. Durch diese Auswahl können der Schwierigkeitsgrad variiert und auch unterschiedlichste geometrische Charakteristiken hinsichtlich der Exploration und Erkennung untersucht werden. Alle für das Experiment ausgewählten Objekte wurden mit 3ds Max von Autodesk [Aut] modelliert. Sie wurden so skaliert, dass sie die maximalen Ausdehnungen von 12 cm in der Breite, 12 cm in der Höhe sowie 6 cm in der Tiefe nicht überschreiten und somit problemlos im Arbeitsbereich des PHANToM exploriert werden können. Die Steifigkeit der Objekte wurde entsprechend der Möglichkeiten des PHANToM und unter Berücksichtigung der Gerätestabilität maximiert. Dies gilt für alle in den Untersuchungen der vorliegenden Arbeit betasteten Objekte.

4.3.2 Prozedur

Eingewöhnung Zu Beginn kann sich die Versuchsperson an den Umgang mit dem PHANToM gewöhnen. Es wird ihr in diesem Zusammenhang auch ermöglicht, ein virtuelles Objekt unter Zuhilfenahme visueller Informationen zu explorieren. Anschließend erhält sie die notwendigen Informationen über die bevorstehende Untersuchung.

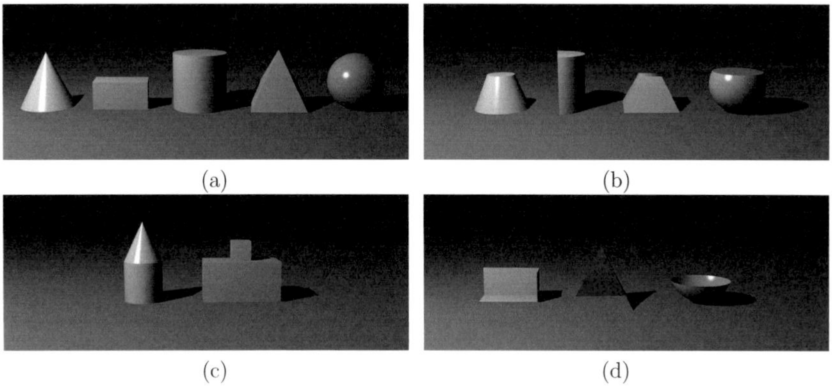

Abbildung 4.5: Ausgewählte virtuelle Objekte. (a) Kreiskegel, Quader, Zylinder, Pyramide, Kugel. (b) Kreiskegelstumpf, Zylinderstumpf, Pyramidenstumpf, Kugelstumpf. (c) Zylinder und Kreiskegel, Quader und Würfel. (d) Teil der Oberfläche eines Quaders, einer Pyramide und einer Kugel.

Experiment 1 Nach der Eingewöhnungsphase werden der Versuchsperson die Augen verbunden und ein Kopfhörer aufgesetzt. Der Kopfhörer gibt Rosa Rauschen wieder, um die vom PHANToM während des Explorationsvorgangs emittierten Geräusche zu maskieren. Anschließend wird eines der in Abbildung 4.5 dargestellten Objekte randomisiert ausgewählt und im Zentrum des Arbeitsbereichs fixiert, sodass es nicht bewegt werden kann. Mit Hilfe von CamStudio [Cam] wird der nun beginnende Explorationsvorgang, d. h. die Interaktion zwischen dem vom Proband gesteuerten HIP und dem virtuellen Objekt, gefilmt. Außerdem wird die vom Proband für den Abtastvorgang benötigte Zeit gemessen. Für die Zeitmessung ausschlaggebend ist dabei der erste und letzte Objektkontakt. Nach Beendigung der Exploration gibt die Versuchsperson dann mit Hilfe einer GUI an, welches Objekt betastet wurde. Es kann zwischen einzelnen, stumpfartigen und zusammengesetzten Objekten gewählt werden. Zur Auswahl stehen dabei zahlreiche unterschiedliche Grundformen, wie z. B. Würfel, Quader, verschiedene weitere Prismen, Kreiskegel, verschiedene Pyramiden, Kugel und Torus. Die Liste enthält demnach auch Objekte, die im Rahmen des Experiments nicht exploriert werden. Hat die Versuchsperson allerdings keinen Körper, sondern einzelne Teilflächen betastet, so ist über die GUI die Anzahl und Form der Flächen zu spezifizieren. Eine Rückmeldung darüber, ob die Auswahl richtig oder falsch ist, wird generell nicht gegeben. Der beschriebene Ablauf wiederholt sich in der Folge für jedes der 14 Modelle.

Experiment 2 Der Ablauf des zweiten Experiments entspricht dem des ersten. Allerdings werden die Objekte nicht gerade aufrecht, wie in Abbildung 4.5 dargestellt, sondern zufällig rotiert in den virtuellen Arbeitsbereich eingebunden. Auf diese Weise soll untersucht werden, welchen Einfluss die Lage bzw. Orientierung auf den Explorations- und Erkennungsprozess hat.

Die beiden Experimente wurden unabhängig voneinander mit zwei unterschiedlichen Probandengruppen durchgeführt.

4.3.3 Versuchspersonen

Die an der Untersuchung teilnehmenden Versuchspersonen waren Studenten oder Mitarbeiter der Technischen Universität Dresden und stellten sich freiwillig zur Verfügung. Sie hatten keinerlei Erfahrung hinsichtlich des Umgangs mit einem haptischen Gerät und wiesen keine gesundheitlichen Einschränkungen auf, die die Interaktion mit dem Gerät hätten beeinflussen können. Die am ersten Experiment teilnehmende Probandengruppe bestand aus zehn Personen (sieben männlich, drei weiblich) im Alter von 20 Jahren bis 47 Jahren (∅ 26 Jahre). Die am zweiten Experiment teilnehmende Gruppe bestand ebenfalls aus zehn Probanden (sieben männlich, drei weiblich) im Alter von 20 Jahren bis 34 Jahren (∅ 23 Jahre).

4.3.4 Ergebnisse

Die Ergebnisse sind in Abbildung 4.6 dargestellt. Die höchsten Erkennungsraten treten bei den nicht rotierten geometrischen Primitiven auf. Insbesondere Objekte ohne oder mit wenigen Kanten und Ecken, wie Kugel und Zylinder, konnten zu 100% richtig identifiziert werden. Die Erkennungsraten für Pyramide und Quader fallen geringfügig kleiner aus. Die benötigte Explorationszeit ist für den Quader am höchsten. Für die Stümpfe lassen sich ähnliche Zusammenhänge beschreiben. Die Erkennungsrate für den Pyramidenstumpf mit zahlreichen Kanten und Ecken ist kleiner als die für den Kugel- und Zylinderstumpf. Auffällig ist der Abfall der hohen Erkennungsrate von 90% für den Kreiskegel zu 60% für den Kreiskegelstumpf. Die Differenz ist vor allem auf Verwechslungen des Kreiskegelstumpfes mit einem Zylinder zurückzuführen.

Die Ergebnisse bezüglich der Identifizierung von geometrischen Primitiven lassen sich mit den Untersuchungsergebnissen von Jansson vergleichen [Jan00]. Jansson führte ein Erkennungsexperiment durch, in dem die Probanden mit einem anderen Gerät, dem PHANToM 1.5, nacheinander vier Objekte betasten sollten. Dabei handelte es sich um eine Kugel, einen Würfel, einen Zylinder und einen Kreiskegel. Die maximale Ausdehnung der Objekte war in jeder Dimension auf 10 cm begrenzt. Hierbei sei angemerkt, dass auch weitere Objektgrößen untersucht wurden, die zuvor genannte allerdings für einen direkten Vergleich geeignet ist. Jansson ermittelte eine durchschnittliche Erkennungsrate von 96% und eine mittlere Explorationszeit von 15 s. Im Rahmen der vorliegenden Arbeit wurde für die vier genannten Primitive eine durchschnittliche Erkennungsrate von 93% und eine mittlere Explorationszeit von 74 s gemessen. Demnach tritt beim Vergleich eine gute Übereinstimmung hinsichtlich der Erkennungsrate, jedoch ein erheblicher Unterschied hinsichtlich der benötigten Explorationszeit auf. Dieser Unterschied kann jedoch anhand der verschiedenen experimentellen Methodiken erklärt werden. Im vom Jansson durchgeführten Experiment standen nach dem Explorationsvorgang von Kugel, Würfel, Zylinder und Kreiskegel auch nur diese vier Auswahlmöglichkeiten zur Benennung der betasteten Objekte zur Verfügung. Deshalb konnten die Probanden während des Abtastens anhand

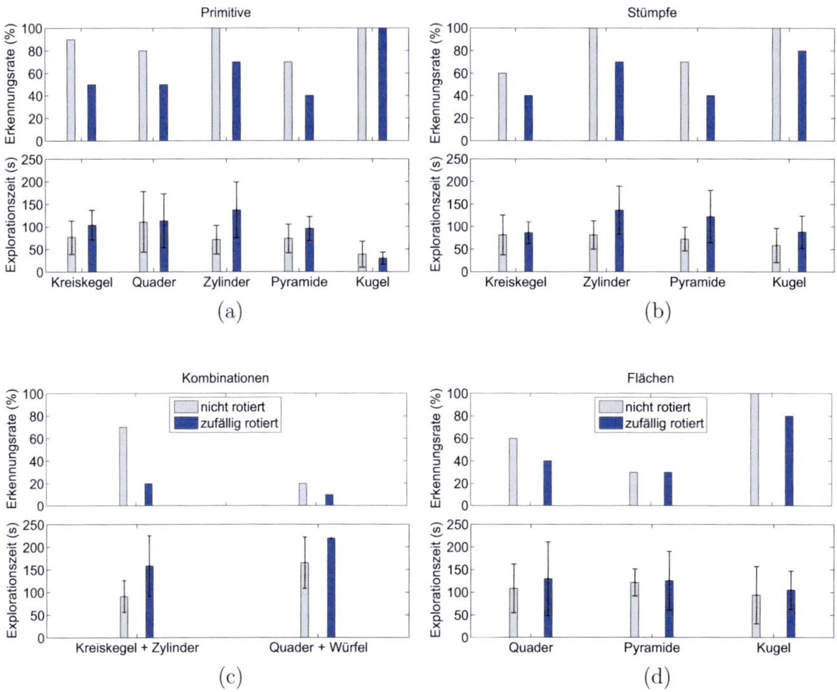

Abbildung 4.6: Die Ergebnisse der Untersuchung sind für die nicht rotierten Objekte anhand der hellen Balken (Experiment 1) sowie für die zufällig rotierten Objekte anhand der dunklen Balken (Experiment 2) dargestellt. In den Diagrammen kann einerseits die Erkennungsrate und andererseits die gemittelte, für eine richtige Antwort benötigte Explorationszeit $\pm$ Standardabweichung abgelesen werden.

des Ausschlussverfahrens sehr schnell eine Entscheidung treffen. In der Untersuchung der vorliegenden Arbeit sollte dieses Vorgehen jedoch vermieden werden. So waren beim Explorieren detaillierte Informationen über die geometrischen Eigenschaften zu sammeln, da anschließend unterschiedlichste Möglichkeiten in der GUI hinsichtlich der Benennung bzw. Beschreibung des betasteten Objekts zur Auswahl standen. So musste zunächst angegeben werden, ob es sich um ein einzelnes, ein stumpfartiges oder zusammengesetztes Objekt handelt. Anschließend war die Angabe mit Hilfe von verschiedenen Grundformen, wie z. B. Würfel, Quader, verschiedenen weiteren Prismen, Kreiskegel, verschiedenen Pyramiden, Kugel und Torus, genau zu spezifizieren. Aus diesem Grund wurde im Mittel natürlich deutlich mehr Zeit für die Exploration benötigt.

Die ermittelten Ergebnisse für die zusammengesetzten Objekte fallen sehr unterschiedlich aus. Während die Kombination aus Kreiskegel und Zylinder mit einer Erkennungsrate von 70% verhältnismäßig gut identifiziert werden konnte, waren die Probanden bei der Erkennung der Kombination aus Quader und Würfel nur in 20% der Fälle erfolgreich. Grund hierfür ist u. a., dass der Quader mit einem Würfel oder der Würfel mit einem Quader verwechselt wurde. Desweiteren war zur Erkennung letzterer Kombination eine deutlich höhere Explorationszeit notwendig. Geringe bis mittlere Erkennungsraten sowie verhältnismäßig hohe Explorationszeiten wurden auch für die Teilflächen einer Pyramide und eines Quaders gemessen. Der hohe Zeitbedarf ist vor allem darauf zurückzuführen, dass sehr präzise abgetastet werden musste, um anschließend die Anzahl und Form der Teilflächen spezifizieren zu können. Hinsichtlich der Form war zwischen zahlreichen Auswahlmöglichkeiten, z. B. zwischen dreieckig, quadratisch, rechteckig, fünfeckig, rund, elliptisch sowie konvex oder konkav gekrümmt, zu wählen. Der Teil der Oberfläche einer Kugel konnte im Gegensatz zu den Teilflächen einer Pyramide und eines Quaders erwartungsgemäß sicher und im Mittel schneller identifiziert werden. Eine Untersuchung zur Erkennung virtueller Flächen ist auch von Kirkpatrick durchgeführt worden [KD01]. In dieser Studie sollten die Probanden jedoch ausschließlich gekrümmte Flächen betasten. Außerdem waren die Auswahlmöglichkeiten hinsichtlich der Benennung der betasteten Formen nach dem Abtastvorgang stark eingegrenzt. Aus den genannten Gründen ist ein direkter Vergleich der Ergebnisse dieser Studie mit denen der vorliegenden Arbeit nicht sinnvoll.

Abschließend sei auf die Ergebnisse des zweiten Experiments hingewiesen. In den Diagrammen lässt sich anhand der dunklen Balken ablesen, dass die Erkennungsrate in fast allen Fällen deutlich sinkt und die benötigte Explorationszeit steigt, wenn das zu betastende Objekt gedreht wird. Die Orientierung der Objekte ist demnach als beeinflussender Faktor zu berücksichtigen.

4.3.5 Diskussion

Durch die im Abschnitt 4.1 beschriebene Formalisierung von Experimenten mit aktiv explorierenden Versuchspersonen wurde deutlich, dass im Rahmen solcher Experimente unterschiedliche Möglichkeiten bestehen, Erkenntnisse zu gewinnen. Zum einen lassen sich aus den Beschreibungen der Probanden sowie durch Beobachtungen in Form von Zeitmessungen quantitative Beziehungen ableiten. Außerdem kann auch das Beobachten der von den Probanden ausgeführten Bewegungen und somit das Beobachten des Explorationsvorgangs wichtige Aufschlüsse geben. Mittels der genannten Möglichkeiten wurden auch in den Experimenten zur Evaluation von kinästhetischem Feedback Erkenntnisse gesammelt. Auf Grundlage dieser lässt sich feststellen, dass es prinzipiell möglich ist, geometrische Eigenschaften virtueller Objekte nur unter Verwendung von kinästhetischem Feedback zu erkennen. Jedoch ist eine Differenzierung notwendig, denn es treten unterschiedliche Probleme auf, die den Explorations- und Erkennungsprozess zum Teil erheblich erschweren. Anschließend werden nun die wichtigsten experimentellen Ergebnisse hinsichtlich der drei identifizierten Problemstellungen zusammengefasst.

Krümmungsdiskrimination Die Ergebnisse in Abbildung 4.6 zeigen, dass ein nicht rotierter Kreiskegel sicher erkannt werden kann. Auffällig ist jedoch der Abfall der Erkennungsrate für den Kreiskegelstumpf. Grund hierfür ist vor allem, dass der Kreiskegelstumpf von den Probanden mit einem Zylinder verwechselt wurde. Es lässt sich daher vermuten, dass die Probanden die Krümmung im oberen Bereich des Stumpfes nicht von der Krümmung im unteren Bereich unterscheiden konnten, d. h. dass die vom Kraftwiedergabegerät ermöglichte Krümmungsdiskrimination unzureichend ist. Ein weiteres Problem wird beim Vergleich der Erkennungsraten für die nicht rotierten und die zufällig rotierten Objekte deutlich. Gekrümmte Objekte, wie z. B. Kreiskegel, Zylinder, Kreiskegelstumpf, Zylinderstumpf sowie die Kombination aus Zylinder und Kreiskegel, wurden in gedrehter Stellung zum Teil deutlich schlechter erkannt. Das lässt einen zusätzlichen und störenden Einfluss der Orientierung auf die Krümmungsdiskrimination vermuten.

Orientierung in der virtuellen Szene Neben dem Ermitteln rein quantitativer Beziehungen ist für den Erkenntnisgewinn, wie zuvor erläutert, auch das Beobachten der während des Explorationsvorgangs ausgeführten Bewegungen wichtig. Durch diese Beobachtungen konnten auch die Schwierigkeiten der Probanden hinsichtlich der Orientierung in der virtuellen Szene identifiziert werden. Die Schwierigkeiten wurden z. B. daran deutlich, dass die Probanden während der Interaktion mit dem PHANToM sehr oft unbewusst die Grenzen des mechanischen Arbeitsbereichs berührten. Da an diesen Grenzen ein Widerstand wahrgenommen werden kann, vermuteten sie, dass gerade ein virtuelles Objekt betastet wird. Dies zeigt, dass sie keine konkrete Vorstellung über die Größe des Arbeitsbereichs sowie die aktuelle Position des HIP in diesem haben. Darüber hinaus trat noch ein weiteres Problem auf. Wenn die Probanden ein virtuelles Objekt betasteten, verloren sie des Öfteren den Kontakt zur Objektoberfläche. Das war insbesondere dann der Fall, wenn sie in der Nähe von Objektkanten explorierten. Nach Kontaktverlust befand sich der HIP dann plötzlich im freien virtuellen Raum. Den Versuchspersonen fiel die Orientierung daraufhin sehr schwierig, da sie die aktuelle Position relativ zum Objekt nur schwer abschätzen konnten. Sie benötigten nun zusätzliche Zeit, um das Objekt erneut zu lokalisieren. Außerdem wurde nach dem Wiederfinden des Objekts der Abtastvorgang zumeist an einer ganz anderen Stelle fortgesetzt, was ein effektives Explorieren nahezu unmöglich macht. Dieses Problem wurde auch von Colwell et al. [CPK98] beobachtet.

Kantenerkennung Im Idealfall würde beim Explorieren von virtuellen Objekten kein Kontaktverlust auftreten, da die einzelnen Flächen so möglichst lang und intensiv betastet und deshalb effektiv Informationen gesammelt werden könnten. Außerdem bestände im Idealfall die Möglichkeit, die exakte Form der Flächen durch das Abtasten entlang von Kanten zu bestimmen. Bereits zuvor wurde jedoch die experimentelle Beobachtung beschrieben, nach der die Probanden während des Abtastens in Kantennähe häufig den Kontakt zum virtuellen Objekt verlieren. Anhand dieser Beobachtung wird deutlich, dass kein geeignetes Feedback zur Verfügung steht, um Kanten zu detektieren oder etwa entlang von diesen abzutasten. Die Probanden sind deshalb während eines Explorationsvorgangs sogar darauf angewiesen, regelmäßig den Kontakt zum Objekt zu verlieren, um Informationen über die Begrenzungslinien der jeweiligen betasteten Fläche sammeln zu können. Auf diese Weise gestaltet sich der Explorationsprozess jedoch sehr schwer und aufwendig. Die Auswirkungen wurden insbesondere bei der Exploration von den in Abbildung 4.5d dargestellten einzelnen Teilflächen eines Quaders und einer Pyramide deutlich. Die Probanden hatten erhebliche Schwierigkeiten, die Anzahl und die exakte Form der Flächen anzugeben, weshalb auch geringe Erkennungsraten gemessen wurden. Die für eine richtige Antwort benötigte Explorationszeit war generell sehr hoch. Das Sammeln von Informationen wird desweiteren immer aufwendiger und schwieriger, wenn die Anzahl der Kanten steigt. In diesem Kontext sei auf die Kombination von Quader und Würfel verwiesen. Weiterhin erhöht wird der Schwierigkeitsgrad, wenn die einzelnen Kanten eines Objekts nicht gerade, sondern schräg verlaufen. Dieser Zusammenhang kann auch mit Hilfe von Abbildung 4.6 anhand des Vergleichs der Ergebnisse des ersten Experiments (Objekte nicht rotiert) und zweiten Experiments (Objekte rotiert) verdeutlicht werden. Beispielhaft sei auf die Pyramide, den Pyramidenstumpf und die Kombination aus Quader und Würfel verwiesen.

Dem Autor ist nicht bekannt, dass eine ähnlich umfangreiche Auswahl an virtuellen Objekten unter Berücksichtigung unterschiedlicher Orientierungen in einer anderen Arbeit untersucht wurde. Mit Hilfe der in den Experimenten gesammelten Daten ist ein Überblick darüber möglich, welche vordergründigen Probleme bei der Erkennung geometrischer Eigenschaften virtueller Objekte beim Einsatz von einem dem Stand der Technik entsprechenden Kraftwiedergabegerät zu berücksichtigen sind. Desweiteren konnten im Rahmen der Untersuchung die Ergebnisse von Jansson [Jan00] hinsichtlich der Erkennung geometrischer Primitive und die Beobachtungen von Colwell et al. [CPK98] hinsichtlich des beim Abtasten eines virtuellen Objekts auftretenden Kontaktverlusts verifiziert werden. Da in unterschiedlichen Forschungsarbeiten mit unterschiedlichen Kraftwiedergabegeräten gearbeitet wird, ist die Verifikation wissenschaftlicher Ergebnisse von großer Bedeutung, um nachweisen zu können, dass die gefundenen Zusammenhänge auch unabhängig vom verwendeten Gerät auftreten.

Im folgenden Schritt sind nun die identifizierten Probleme, deren Auftreten auf das unzureichende kinästhetische Feedback zurückzuführen ist, quantitativ zu spezifizieren. Anschließend können dann Lösungsansätze entwickelt und erforscht werden, um das Feedback adäquat zu erweitern und damit den beim Explorationsvorgang bestehenden Informationsmangel zu kompensieren. Um zwischen den zur Erweiterung kinästhetischen Feedbacks denkbaren Ansätzen sinnvoll unterscheiden zu können, wird im letzten Abschnitt dieses Kapitels eine entsprechende Klassifikationsmöglichkeit eingeführt.

4.4 Erweiterung von kinästhetischem Feedback*

Für die Klassifikation der zur Erweiterung kinästhetischen Feedbacks denkbaren Ansätze wird eine ursprünglich von Hollan im Forschungsbereich der Telekommunikation eingeführte Unterscheidungsmöglichkeit nach *Being There* und *Beyond Being There* [HS92] adaptiert. Nach Hollan werden in der Telekommunikation mit *Being There* Ansätze beschrieben, die das Ziel verfolgen, voneinander entfernten Nutzern die natürliche menschliche Kommunikation und Zusammenarbeit zu ermöglichen. Den Nutzern soll also ein

*Die Erläuterungen in diesem Abschnitt basieren auf Ausführungen aus der Publikation [SAMR11] von Stamm et al.

Gefühl von *Being There* vermittelt werden, d. h. ein Gefühl, als würden sie direkt nebeneinander sitzen, miteinander sprechen und zusammenarbeiten. Um dies zu realisieren, muss das verwendete Telekommunikationssystem die Vielzahl an Informationen bereitstellen und die Vielfalt an Interaktionsformen ermöglichen, die sich für nebeneinander befindende Menschen wahrnehmen und nutzen lassen [HS92]. Es wurde jedoch festgestellt, dass dieses Ziel wahrscheinlich nie oder zumindest in voraussehbarer Zukunft nicht erreicht werden kann. Aus diesem Grund traten Ansätze, die *Beyond Being There* zugeordnet werden, in den Vordergrund. Deren Ziel besteht darin, andere und neue Möglichkeiten der Interaktion zu bieten, welche besser sind und daher sogar bevorzugt werden gegenüber jenen, die sich für nebeneinander befindende Menschen nutzen lassen [HS92]. Konkrete Beispiele aus Bereich der Telekommunikation sind in der zitierten Publikation aufgeführt.

In der vorliegenden Arbeit wird die erläuterte Klassifizierung auf das Forschungsgebiet der virtuellen Objekterkennung übertragen und adaptiert. Dies ist nachfolgend beschrieben.

Being There Ansätze, die den natürlichen Abtastvorgang nachzubilden versuchen, werden *Being There* zugeordnet. Deren Ziel muss es sein, ein haptisches Gerät zu entwickeln, das die Rezeptoren im Hand-Arm-System des Nutzers beim Betasten eines virtuellen Objekts genauso stimuliert, wie es normalerweise bei der haptischen Exploration eines realen Objekts geschieht. Auf diese Weise soll ein Gefühl von *Being There* erzeugt werden, d. h. ein Gefühl, als würde sich das betastete virtuelle Objekt direkt vor dem Nutzer befinden und mit dem eigenen Finger bzw. der Hand exploriert werden. Aufgrund der großen technischen Komplexität wird das beschriebene Ziel in vorhersehbarer Zukunft jedoch nicht umzusetzen sein. Deshalb werden in dieser Arbeit die anschließend erläuterten Ansätze verfolgt.

Beyond Being There Durch Ansätze, die *Beyond Being There* zugeordnet werden, soll der bei der Interaktion mit Kraftwiedergabegeräten auftretende Informationsmangel überkompensiert werden. Das ist nur möglich, wenn dem Nutzer Feedback bereitgestellt wird, das besser und daher anders ist als jenes, das während des Abtastvorgangs eines realen Objekts zur Verfügung steht. Im Idealfall würde das künstlich erzeugte Feedback vom Nutzer demnach sogar bevorzugt werden.

Abschließend sei angemerkt, dass die gebräuchliche Bezeichnung *Augmented Reality* nicht mit *Beyond Being There* verwechselt werden sollte, da hinsichtlich der Nutzung dieser Begriffe unterschiedliche Ausgangspunkte vorliegen. *Augmented Reality* bezeichnet das Erweitern der Realität, d. h., der Nutzer kann die Vielfalt der in der Realität verfügbaren sowie die durch ein technisches System zusätzlich bereitgestellten Informationen nutzen.

Kapitel 5

Krümmungsdiskrimination

In diesem Kapitel wird zunächst anhand experimenteller Ergebnisse aufgezeigt, wie genau der Nutzer eines dem Stand der Technik entsprechenden Kraftwiedergabegeräts während eines Explorationsvorgangs zwischen Krümmungen unterscheiden kann. Auf diese Weise lässt sich das Ausmaß des Problems der unzureichenden Krümmungsdiskrimination darlegen. Anschließend wird die Entwicklung eines Ansatzes beschrieben, durch den die Krümmung einer betasteten virtuellen Oberfläche auralisiert und das Problem somit gelöst werden soll. Die Leistungsfähigkeit dieses Ansatzes wird abschließend evaluiert.

5.1 Spezifizierung der Problemstellung

5.1.1 Vorbetrachtungen

Da es sich bei der Krümmung um eine oft vorkommende geometrische Eigenschaft handelt, ist es wichtig, dass diese Eigenschaft und deren Ausprägung beim Betasten einer virtuellen Oberfläche stets sicher erkannt werden kann. In den Abschnitten 4.3.4 und 4.3.5 wurde anhand der Ergebnisse des Experiments zur Evaluation von kinästhetischem Feedback jedoch erläutert, dass die Probanden Schwierigkeiten bei dieser Aufgabe aufwiesen. So wurde z. B. der Kreiskegelstumpf mit einem Zylinder verwechselt. In diesem Zusammenhang lässt sich vermuten, dass die Probanden die Krümmung im oberen Bereich des Stumpfes nicht von der Krümmung im unteren Bereich unterscheiden konnten. Des Weiteren stellte sich ein Problem beim Vergleich der Erkennungsraten für die nicht rotierten und die zufällig rotierten Objekte heraus. Gekrümmte Objekte, wie Kreiskegel, Zylinder, Kreiskegelstumpf, Zylinderstumpf sowie die Kombination aus Zylinder und Kreiskegel, wurden in gedrehter Stellung zum Teil deutlich schlechter erkannt. Daraus ließe sich ein Einfluss der Abtastrichtung, d. h. eine Richtungsabhängigkeit der Krümmungswahrnehmung, ableiten.

Während es mit den zuvor beschriebenen Ergebnissen möglich ist, die Schwierigkeiten der Probanden hinsichtlich der Krümmungsdiskrimination zu identifizieren, sind die Ergebnisse jedoch nicht geeignet, um diese Schwierigkeiten quantitativ zu spezifizieren. Demnach müssen in einem folgenden Schritt weitere Untersuchungen zur Spezifizierung der Problemstellung durchgeführt werden. Große Aussagekraft besitzt in diesem Zusammenhang die messbare, von den Probanden gerade noch wahrnehmbare Änderung des Krümmungsgrads (JNDC, engl. *just-noticeable difference in curvature*) sowie die gerade noch wahrnehmbare Variation des Krümmungsgrads (JNVC, engl. *just-noticeable variati-*

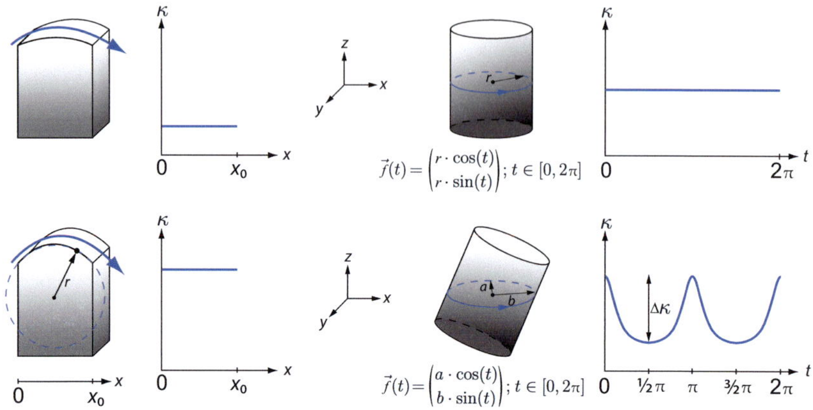

Abbildung 5.1: Krümmungsdiskrimination. (a) Unterscheidung zwischen zwei konstanten, ähnlichen Krümmungen. (b) Unterscheidung zwischen einer konstanten und einer kontinuierlich variierenden Krümmung.

on in curvature). Mit Hilfe der JNDC wird ermittelt, wie groß die Differenz zwischen zwei konstanten Krümmungen sein muss, damit der Proband nach dem Abtastvorgang sicher zwischen beiden unterscheiden kann. Zwei verschieden stark, aber konstant gekrümmte Oberflächen sind beispielhaft in Abbildung 5.1a dargestellt. Im unteren Teil der Abbildung ist zu erkennen, dass die Krümmung einer solchen Oberfläche idealerweise durch einen sich anschmiegenden Kreis $\vec{f}(t)$ mit einem bestimmten Radius r angenähert werden kann:

$$\vec{f}(t) = \begin{pmatrix} r \cdot \cos(t) \\ r \cdot \sin(t) \end{pmatrix} \quad \text{mit} \quad t \in [0, 2\pi]\,. \tag{5.1}$$

Der in den Diagrammen in Abbildung 5.1a für die Oberflächen abgetragene Krümmungsverlauf κ lässt sich dann durch Berechnung der Krümmung des jeweiligen, sich anschmiegenden Kreises ermitteln:

$$\kappa = \frac{\dot{x}\ddot{y} - \ddot{x}\dot{y}}{\sqrt{\dot{x}^2 + \dot{y}^2}^3}\,. \tag{5.2}$$

Durch entsprechendes Ableiten und Einsetzen von Gleichung 5.1 in Gleichung 5.2 vereinfacht sich die Berechnung der Krümmung des Kreises zu:

$$\kappa = \frac{1}{r}\,. \tag{5.3}$$

Das Vorzeichen der Krümmung κ ist für konvexe Oberflächen dabei positiv und für konkave Oberflächen negativ definiert. Im Idealfall könnte der Proband sehr gut zwischen zwei konstant gekrümmten Oberflächen unterscheiden, d. h., die JNDC wäre sehr klein.

Wie bereits zuvor erwähnt, spielt hinsichtlich der Krümmungsdiskrimination auch die JNVC eine wichtige Rolle. Mit Hilfe der JNVC wird ermittelt, wie groß die Variation eines Krümmungsverlaufs $\Delta\kappa$ sein muss, damit zwischen diesem und einer konstanten Krümmung unterschieden werden kann. Der beschriebene Fall ist beispielhaft in Abbildung 5.1b dargestellt. Wird ein aufrecht stehender Kreiszylinder in der Horizontalebene abgetastet, entspricht der resultierende Abtastpfad einer Kreisbewegung. Es ergibt sich nach Gleichung 5.3 daher ein konstanter Krümmungsverlauf. Sobald derselbe Kreiszylinder jedoch nur geringfügig gedreht, aber weiterhin in der Horizontalebene abgetastet wird, entspricht der resultierende Abtastpfad einer elliptischen Bewegung $\vec{f}(t)$:

$$\vec{f}(t) = \begin{pmatrix} a \cdot \cos(t) \\ b \cdot \sin(t) \end{pmatrix} \quad \text{mit} \quad t \in [0, 2\pi]\,. \tag{5.4}$$

Durch Berechnung der Krümmung der entsprechenden Ellipse mit Gleichung 5.2 ergibt sich die im unteren Teil von Abbildung 5.1b beispielhaft abgetragene Variation im Krümmungsverlauf. Diese sollte vom Proband idealerweise sehr gut von der konstanten Krümmung unterschieden werden können, d. h., die JNVC sollte möglichst klein sein.

Im folgenden Abschnitt werden nun die im Rahmen der vorliegenden Arbeit durchgeführten Untersuchungen zur Messung von JNDCs und JNVCs beschrieben.

5.1.2 Bestimmung von JNDCs und JNVCs

5.1.2.1 Prozedur

Eingewöhnung Wie in den bereits zuvor beschriebenen Experimenten testet die Versuchsperson zu Beginn das PHANToM und betastet ein auf dem Computermonitor dargestelltes virtuelles Objekt. Nach dieser Eingewöhnungsphase wird sie über die folgende Untersuchung informiert.

Experimente Vor Beginn der Experimente werden der Versuchsperson eine Augenbinde und ein Kopfhörer aufgesetzt. Letzterer gibt Rosa Rauschen wieder, sodass vom PHANToM erzeugte Geräusche maskiert werden können.

1. *JNDC-Messung*

   Das Experiment zur JNDC-Messung besteht aus zwei Versuchen, die in ihrer Reihenfolge randomisiert durchgeführt werden. Die Aufgabe des Probanden besteht während eines Versuchs darin, nacheinander zwei liegende Kreiszylinder abzutasten, wobei Bewegungen in xz-Richtung ausgeführt werden sollen. Zur Begrenzung des Abtastpfads in seitlicher Richtung dienen zwei Ebenen, die 4 cm voneinander entfernt sind und den Kreiszylinder in yz-Richtung schneiden. Dies ist zur Veranschaulichung in Abbildung 5.2 dargestellt. Einer der beiden zu betastenden Kreiszylinder weist stets die sogenannte Referenzkrümmung κ_{ref} auf, für welche die JNDC bestimmt werden soll. Die Referenzkrümmung beträgt in einem Versuch $\kappa_{\text{ref},1} = 13/\text{m}$ und im anderen $\kappa_{\text{ref},2} = 25/\text{m}$. Die genannten Werte entsprechen Zylinderradien von 7.7 cm und 4 cm.

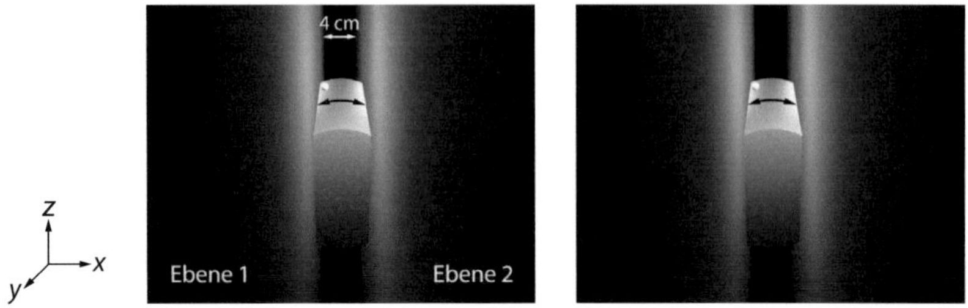

Abbildung 5.2: JNDC-Messung. Dem Proband werden nacheinander zwei liegende Kreiszylinder dargeboten, die in xz-Richtung abzutasten sind. Nach dem Abtastvorgang soll dann angegeben werden, welche Oberfläche stärker gekrümmt ist.

Die Krümmung des anderen zu betastenden Kreiszylinders wird während des Versuchs variiert. Zu Beginn ergibt sich diese aus $\kappa_{\text{var}} = \kappa_{\text{ref}} + 5/\text{m}$. Nach dem Explorationsvorgang soll der Proband über ein Nummernpad angeben, welche der beiden betasteten Oberflächen stärker gekrümmt ist. Bei Unsicherheit wird geraten. Diese Vorgehensweise entspricht einem 2AFC-Verfahren (engl. *alternative forced-choice*), bei dem vom Probanden eine Entscheidung zwischen zwei Antwortalternativen erzwungen wird. Hierbei sei angemerkt, dass der Proband kein Feedback darüber erhält, ob richtig oder falsch geantwortet wurde. Die Reihenfolge der Darbietung beider Zylinder erfolgt während des gesamten Versuchs randomisiert. In Abhängigkeit vom Antwortverhalten des Probanden wird nun die Krümmung κ_{var} entsprechend der 1up-2down Methode variiert. Wenn der Proband zu Beginn zweimal nacheinander die richtige Antwort gibt, sinkt der Krümmungswert um eine feste Schrittweite von 2/m (2down). Hat der Proband einmal falsch geantwortet, steigt die Krümmung hingegen um den genannten Wert (1up). Wird nach einer falschen Antwort zweimal die richtige Auswahl getroffen, ist ein Umkehrpunkt erreicht und die Schrittweite halbiert sich. Im weiteren Verlauf werden mehrere solcher Umkehrpunkte erreicht, sodass die Schrittweite bis auf einen zuvor definierten minimalen Wert von 0.25/m sinkt. Durch das beschriebene Verfahren kann die zu messende JNDC während des Versuchs sehr schnell und immer genauer angenähert werden. Ist die minimale Schrittweite erreicht, beginnt der Messmodus. Dieser wird erst beendet, wenn ein sogenanntes Abbruchkriterium erfüllt ist. Im vorliegenden Fall ist das Abbruchkriterium erfüllt, wenn zwei weitere Umkehrpunkte erreicht werden. Hierbei sei darauf hingewiesen, dass die Schrittweite im Messmodus nicht weiter sinken kann. Letztlich ergibt sich der JNDC für die Krümmung κ_{ref} nun aus der Mittelung der Krümmungswerte κ_{var} an den während des Messmodus aufgetretenen Umkehrpunkten. Mit Hilfe der über die 1up-2down Methode ermittelten Unterschiedsschwelle kann dann ausgesagt werden, wie groß die Differenz zur Krümmung κ_{ref} sein muss, damit der Proband eine Änderung des Krümmungsgrads mit einer Wahrscheinlichkeit von 70.7% wahrnimmt. Das beschriebene psychophysikalische Messverfahren ist für die Untersuchung sehr gut geeignet, da es eine schnelle und genaue Ermittlung der Unterschiedsschwellen ermöglicht. Darüber hinaus können durch den in MATLAB gesteuerten automatischen Ablauf der Messung einfache Fehler vermieden werden [Pou05, S. 20ff].

2. *JNVC-Messung*

Der Proband hat während des Experiments die Aufgabe, zwei aufrecht stehende Zylinder durch Bewegungen in xy-Richtung nacheinander abzutasten. Einer der zu betastenden Zylinder weist stets eine kreisförmige Grundfläche mit der Referenzkrümmung $\kappa_{\text{ref}} = 25/\text{m}$ auf. Der Radius r des Zylinders ergibt sich somit nach folgender Gleichung:

$$r = \frac{1}{\kappa_{\text{ref}}} = 4\,\text{cm}\,. \tag{5.5}$$

Der andere zu betastende Zylinder geht aus einer Stauchung des zuvor beschriebenen Kreiszylinders hervor, sodass aus der kreisförmigen eine elliptische Grundfläche entsteht. Um diese beschreiben zu können, werden die im rechten Teil von Abbildung 5.3 dargestellten Halbachsen a und b genutzt. Die Längen dieser Halbachsen werden wie folgt berechnet:

$$a = \frac{1}{\kappa_{\text{ref}}} = 4\,\text{cm}\,, \tag{5.6}$$

$$b = \frac{1}{\kappa_{\text{var}}}\,. \tag{5.7}$$

κ_{var} bezeichnet hierbei wiederum den Wert, der im weiteren Verlauf variiert wird. Wie auch im vorherigen Experiment gilt zu Beginn $\kappa_{\text{var}} = \kappa_{\text{ref}} + 5/\text{m}$, d. h., $b = 3.33\,\text{cm}$. Die beiden zu betastenden Zylinder werden in randomisierter Reihenfolge dargeboten. Nach dem Abtastvorgang soll der Proband über ein Nummernpad angeben, welcher der elliptische Zylinder ist. Bei Unsicherheit wird gemäß des 2AFC-Verfahrens geraten. Der Proband erhält keine Information, ob richtig oder falsch geantwortet wurde. In Abhängigkeit vom Antwortverhalten wird nun κ_{var}, wie auch im Experiment zur JNDC-Messung, entsprechend der 1up-2down Methode variiert. Wenn der Proband zu Beginn also zweimal nacheinander richtig antwortet, sinkt κ_{var} um eine feste Schritt-

Abbildung 5.3: JNVC-Messung. Dem Proband werden nacheinander zwei aufrecht stehende Zylinder dargeboten, die in xy-Richtung abzutasten sind. Nach dem Abtastvorgang soll dann angegeben werden, welcher der elliptische Zylinder ist.

weite von 2/m. Hat der Proband einmal falsch geantwortet, erhöht sich κ_{var} um diesen Wert. Wird nach einer falschen Antwort zweimal die richtige Auswahl getroffen, ist ein Umkehrpunkt erreicht und die Schrittweite halbiert sich. Sobald im weiteren Verlauf des Experiments die Schrittweite auf einen minimalen Wert von 0.25/m gesunken ist, beginnt der Messmodus. Dieser gilt als abgeschlossen, wenn die zwei nächsten Umkehrpunkte erreicht sind, d. h. nach dem Erfüllen des Abbruchkriteriums. Abschließend muss nur noch das Mittel von denen im Messmodus an den Umkehrpunkten aufgetretenen Werten von κ_{var} gebildet und dann die Länge der Halbachse b anhand von Gleichung 5.7 berechnet werden. Es lässt sich somit aussagen, dass der Proband mit einer Wahrscheinlichkeit von 70.7% zwischen einem Kreiszylinder mit dem Radius r und einem elliptischen Zylinder mit den Halbachsen a und b unterscheiden kann. Daraus wird schließlich abgleitet, wie stark der in seitlicher Richtung auftretende Krümmungsverlauf eines elliptischen Zylinders variieren muss, damit dieser sicher von der in der gleichen Richtung auftretenden konstanten Krümmung eines Kreiszylinders unterschieden werden kann.

Im Rahmen der Untersuchung mussten zwei Blöcke in randomisierter Reihenfolge absolviert werden. In einem dieser Blöcke stand den Probanden, wie zuvor beschrieben, nur das vom Kraftwiedergabegerät bereitgestellte kinästhetische Feedback zur Verfügung. Die entsprechenden Ergebnisse dienen zur Spezifizierung der Problemstellung und werden nachfolgend präsentiert. In dem anderen Block stand den Probanden zusätzliches, zur Krümmungsauralisation generiertes auditives Feedback zur Verfügung. Die ensprechenden Ergebnisse dienen der Evaluation des entwickelten Lösungsansatzes und werden im Abschnitt 5.3.1 näher betrachtet.*

5.1.2.2 Experimentierumgebung

Das Erstellen der für die Experimente benötigten virtuellen Szenen erfolgte unter Nutzung von CHAI 3D in C^{++}. Um die automatisierte Umsetzung der 2AFC 1up-2down Methode zu ermöglichen, wurde zudem die von Hansen für MATLAB implementierte Skriptesammlung namens Psylab [Han06] angepasst und eingesetzt. Weitere Veränderungen mussten an der im Abschnitt 4.2 beschriebenen Experimentierumgebung zur Durchführung der Experimente nicht vorgenommen werden.

5.1.2.3 Versuchspersonen

Die Probandengruppe setzte sich aus Schülerpraktikanten, Studenten und Mitarbeitern der Technischen Universität Dresden zusammen. Die Teilnahme der insgesamt sieben Probanden (fünf männlich, zwei weiblich) im Alter von 15 Jahren bis 49 Jahren (∅ 26 Jahre) erfolgte freiwillig. Die Untersuchung möglicherweise beeinträchtigende gesundheitliche Einschränkungen lagen nicht vor. Erfahrungswerte in Bezug auf die Nutzung eines haptischen Geräts waren nicht oder geringfügig vorhanden.

*Die Spezifizierung der Problemstellung sowie die Entwicklung und die Evaluation des Lösungsansatzes werden in diesem Kapitel in der genannten Reihenfolge nacheinander beschrieben, um dem Leser ein besseres Verständnis zu ermöglichen. Aus diesem Grund werden auch die beiden Blöcke der Untersuchung in verschiedenen Abschnitten betrachtet.

5.1.2.4 Ergebnisse

Die Ergebnisse der JNDC-Messung sind in Abbildung 5.4a dargestellt. Es ist zu erkennen, dass die JNDC für eine Oberfläche mit der Krümmung von 13/m bei 2.9/m und die JNDC für eine Oberfläche mit der Krümmung von 25/m bei 5.6/m liegt. Demnach ist es den Probanden möglich, zwischen Krümmungsgraden von 13/m und 15.9/m sowie zwischen 25/m und 30.6/m zu unterscheiden. Kleinere Differenzen können nicht sicher erkannt werden. Das Ergebnis der JNVC-Messung ist in Abbildung 5.4b dargestellt. Es lässt sich feststellen, dass ein Kreiszylinder mit einem Radius von 4 cm um 1.2 cm gestaucht werden muss, damit ein Krümmungsunterschied zwischen dem Kreiszylinder und dem aus der Stauchung resultierenden elliptischen Zylinder sicher erkannt wird. Demzufolge muss der in seitlicher Richtung auftretende Krümmungsverlauf eines elliptischen Zylinders um 35/m variieren, damit dieser sicher von der in der gleichen Richtung auftretenden konstanten Krümmung des Kreiszylinders in Höhe von 25/m unterschieden werden kann.

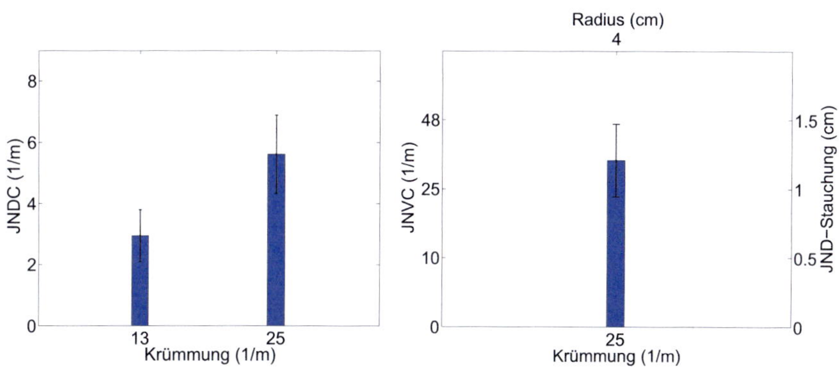

(a) (b)

Abbildung 5.4: (a) Ergebnisse der JNDC-Messung. (b) Ergebnis der JNVC-Messung. Dargestellt sind jeweils die Mittelwerte ± Standardabweichung.

5.1.2.5 Diskussion*

Mit Hilfe der für virtuelle Krümmungen gemessenen JNDCs können bestehende Daten aus der Literatur erweitert werden. In den Studien [HS03] und [FSSB08] wurden JNDCs für kleine Krümmungen ermittelt. Durch die Ergebnisse der vorliegenden Arbeit liegen nun neue Daten für größere Krümmungen vor. Die in dieser Arbeit und in den genannten Studien gemessenen Werte sind zur Übersicht in Abbildung 5.5a dargestellt. Es lässt sich

*Die nachfolgend dargestellten Abbildungen sind in abgewandelter Form in der Publikation [SAMR11] von Stamm et al. enthalten. Die Erläuterungen zu diesen Abbildungen basieren auf den Erläuterungen aus der genannten Publikation.

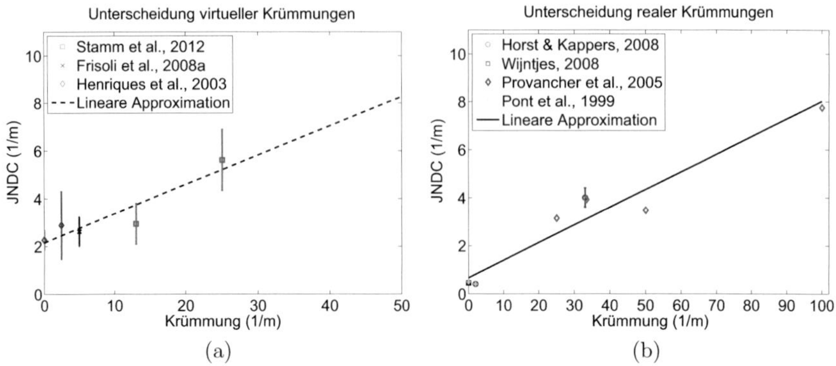

Abbildung 5.5: (a) Mittelwerte der JNDCs, die beim Abtasten von virtuellen Krümmungen unter Nutzung von Kraftwiedergabegeräten auftreten. (b) Mittelwerte der JNDCs, die beim Abtasten von realen Krümmungen unter Nutzung des menschlichen Tastapparats (Zeigefinger) auftreten. Standardabweichungen sind nur dann dargestellt, wenn diese in den jeweiligen Studien angegeben wurden. Die einzelnen Messwerte werden in beiden Diagrammen durch eine Gerade approximiert. Es sei jedoch berücksichtigt, dass die in den Studien verwendeten experimentellen Messverfahren und Stimuli voneinander abweichen können.

erkennen, dass eine lineare Approximation möglich scheint. Die entsprechende Gleichung der Geraden lautet:

$$JNDC_{\mathrm{virt}} = 0.12 \cdot \kappa + 2.15/\mathrm{m}\,. \tag{5.8}$$

Nun stellt sich jedoch die Frage, wie diese bei der Nutzung von Kraftwiedergabegeräten auftretenden Unterschiedsschwellen zu beurteilen sind. Diese Frage lässt sich beantworten, wenn eine geeignete Referenz gefunden wird, mit der die gemessenen Werte verglichen werden können. Als Referenz geeignet sind die JNDCs, die bei der Unterscheidung realer Krümmungen beim Abtasten mit Hilfe des menschlichen Tastapparats (Zeigefinger) auftreten. Entsprechende Ergebnisse aus der Literatur sind in Abbildung 5.5b zusammengetragen. Hierbei handelt es sich um Messwerte aus den Studien [PKK99], [PCKN05], [WSKH08] und [HK08]. Auch in diesem Fall scheint eine lineare Approximation möglich. Die Gleichung der entsprechenden Geraden lautet:

$$JNDC_{\mathrm{real}} = 0.07 \cdot \kappa + 0.67/\mathrm{m}\,. \tag{5.9}$$

Die beiden Geraden aus den Gleichungen 5.8 und 5.9 können nun zum Vergleich in Abbildung 5.6 gegenübergestellt werden. Es wird deutlich, dass die beim Abtasten von virtuellen Krümmungen mit einem Kraftwiedergabegerät auftretenden Unterschiedsschwellen mehr als doppelt so groß sind als jene, die beim Abtasten realer Krümmungen gemessen werden. Anhand dieser quantitativen Gegenüberstellung wird deutlich, dass die Krümmungsdiskrimination in virtuellen Umgebungen unzureichend ist und daher die Notwendigkeit besteht, diese zu verbessern.

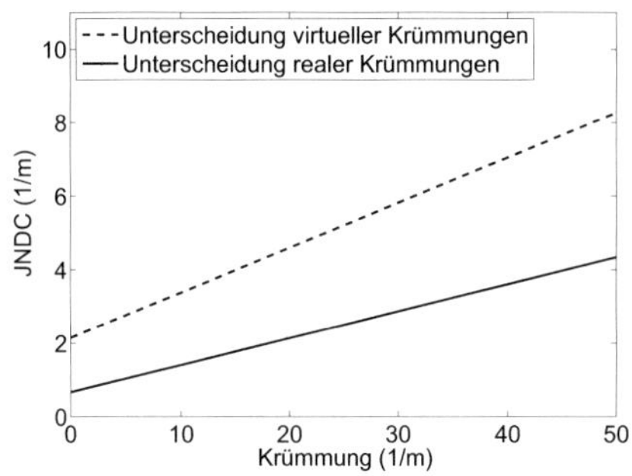

Abbildung 5.6: Vereinfachte Gegenüberstellung der bei der Unterscheidung virtueller und realer Krümmungen gemessenen JNDCs.

Das Ergebnis der JNVC-Messung lässt sich nicht direkt mit Daten aus der Literatur vergleichen. Dem Autor ist keine Forschungsarbeit bekannt, in der eine ähnliche Untersuchung mit dreidimensionalen virtuellen Objekten durchgeführt wurde. Jedoch scheint zumindest ein indirekter Vergleich möglich. Interessant sind in diesem Zusammenhang Studien, die Rückschlüsse auf die Fähigkeit von Probanden zur Unterscheidung von Kreisen und Ellipsen bzw. von kreisförmigen und elliptischen Bewegungen ermöglichen. Beispielhaft genannt seien hier die Forschungsarbeiten [VSCD99], [FHKMI00] und [HS03]. In den beiden erstgenannten bestand die Aufgabe für Probanden u. a. darin, ohne visuelle Informationen einen Kreis zu zeichnen. Als Resultat entstand in der Regel jedoch eine Ellipse mit der längeren Halbachse in seitlicher Richtung. Diese systematisch auftretende Verzerrung ließ sich in umgekehrter Weise auch in [HS03] beobachten. Es wurde gezeigt, dass die mit einem Kraftwiedergabegerät abgefahrene Kontur einer Ellipse von den Probanden als Kreis wahrgenommen wird, wenn die beiden Halbachsen der Ellipse in einem bestimmen Verhältnis zueinander stehen. Wichtig dabei ist, dass die längere Halbachse in seitlicher Richtung auftritt. Als Ursache für die beschriebene Verzerrung könnte die sogenannte Horizontal-Vertikal-Täuschung (HVT) herangezogen werden. Diese Täuschung führt beispielsweise dazu, dass Armbewegungen in vertikaler und horizontaler Richtung trotz gleicher zurückgelegter Distanz unterschiedlich wahrgenommen werden [HWS+10]. Die Länge vertikaler Bewegungen wird dabei gegenüber der Länge horizontaler Bewegungen überschätzt. Die HVT tritt sowohl in der Frontal-, als auch in der Horizontalebene auf*. Die Ausprägung der Täuschung hängt vor allem davon ab, wie stark während einer Bewegung der gesamte Arm und dabei die Schulter- und Ellenbogengelenke involviert sind [HWS+10]. Mit Hilfe der HVT ließe sich auch erklären, warum Probanden die mit einem Kraftwiedergabegerät abgefahrene Kontur eines in der Horizontalebene liegenden Kreises als Ellipse mit der längeren Halbachse in vertikaler (radialer) Richtung wahrnehmen [LGM+94]. Prinzipiell wäre es möglich, dass auch die Untersuchung der vorliegenden Arbeit durch die HVT beeinflusst wurde. Die Probanden hätten demnach beide Objekte,

*In der Horizontalebene ausgeführte vertikale Bewegungen weisen eine radiale Richtung auf, d. h., sie sind zum Körper hin- oder von ihm weggerichtet.

d. h. den Kreiszylinder und auch den anderen zu betastenden Zylinder, der aus dem Kreiszylinder durch dessen Stauchung in seitlicher Richtung hervorgeht, als elliptisch geformt wahrgenommen. Das würde erklären, warum sie große Schwierigkeiten bei der Aufgabe aufwiesen, den elliptischen Zylinder unter beiden zu benennen. Vermutlich ist es ihnen dann erst im weiteren Verlauf des jeweiligen Versuchs möglich gewesen, die immer stärker werdende Stauchung zu erkennen. Darüber hinaus könnte der hohe Wert der JNVC darin begründet liegen, dass die Probanden während des Explorierens des Öfteren vom optimalen Abtastpfad nach oben oder unten in z-Richtung abwichen. Die Abtastrichtung wurde im Experiment jedoch bewusst nicht eingeschränkt, um mögliche Auswirkungen des freien Explorierens auf die Erkennung der Krümmung zu berücksichtigen. Im Experiment zur JNDC-Messung war eine solche Einschränkung hingegen notwendig, um den Vergleich der Messwerte mit den bestehenden Daten aus der Literatur zu ermöglichen. Abschließend stellt sich die Frage, wie die bei der Nutzung von einem Kraftwiedergabegerät gemessene JNVC zu beurteilen ist. Diese Frage ließe sich wiederum beantworten, wenn eine geeignete Referenz gefunden wird, mit der der gemessene Wert verglichen werden kann. Als Referenz geeignet wären JNVCs, die bei der Unterscheidung realer Krümmungen beim Abtasten mit Hilfe des Zeigefingers auftreten. Solche Daten liegen aber nicht vor. Es ist jedoch auch ohne diese Daten möglich festzustellen, dass die Fähigkeit zur Unterscheidung zwischen konstantem und kontinuierlich variierendem Krümmungsverlauf bei Nutzung eines Kraftwiedergabegeräts unzureichend ist und daher auch im vorliegenden Fall die Notwendigkeit besteht, diese Fähigkeit zu verbessern.

5.1.3 Untersuchung zur Richtungsabhängigkeit der Krümmungswahrnehmung*

Durch die zuvor erläuterten Experimente konnten bereits zahlreiche Erkenntnisse gewonnen werden. Im Rahmen dieses Abschnitts wird nun jedoch die Untersuchung einer weiteren, sehr wichtigen Fragestellung beschrieben: Werden die Krümmungsgrade zweier identisch gekrümmter virtueller Oberflächen unterschiedlich wahrgenommen, wenn die Oberflächen verschieden orientiert und zum Abtasten mit einem Kraftwiedergabegerät somit Bewegungen in unterschiedliche Richtungen erforderlich sind? Das wäre natürlich sehr problematisch, da die Wahrnehmung des Krümmungsgrads unabhängig von der Position und Ausrichtung des jeweiligen betasteten Objekts im virtuellen Arbeitsbereich sein sollte. Nachfolgend ist ein Experiment beschrieben, mit dem auf Vorliegen einer Richtungsabhängigkeit geprüft werden kann. In diesem Experiment wird zunächst untersucht, wie genau Probanden die Krümmungsgrade zweier identisch orientierter Oberflächen aneinander anpassen können. Anschließend wird ermittelt, wie genau sie die Krümmungsgrade zweier unterschiedlich orientierter Oberflächen aufeinander abstimmen. Durch den Vergleich der Ergebnisse dieser beiden experimentellen Konditionen lässt sich schließlich prüfen, ob die Krümmungswahrnehmung durch die Ausrichtung der Oberflächen und damit durch die Abtastrichtung beeinflussbar ist.

*Die Erläuterungen in diesem Abschnitt basieren auf Ausführungen aus der Publikation [SAM11c] von Stamm et al. Die Abbildungen 5.7 und 5.8a sind in der genannten Publikation in ähnlicher Form ebenfalls dargestellt.

5.1.3.1 Prozedur

Eingewöhnung Zu Beginn macht sich die Versuchsperson, wie in den vorherigen Experimenten, mit dem PHANToM vertraut. Sie erhält die Möglichkeit, ein auf dem Computerbildschirm abgebildetes virtuelles Objekt zu betasten. Im Anschluss daran wird sie über die bevorstehende Untersuchung informiert.

Experiment Die Versuchsperson sitzt auf einem Stuhl ohne Armlehnen. Das PHANToM steht seitlich leicht versetzt und in einer für sie komfortablen Distanz auf einem Tisch direkt vor ihr. Der Versuchsperson werden nun wiederum die Augen verbunden und ein Kopfhörer aufgesetzt. Über den Kopfhörer wird Rosa Rauschen wiedergegeben, um die vom PHANToM emittierten Geräusche zu verdecken. Die Aufgabe besteht während des Experiments nun darin, die Oberflächen zweier virtueller Halbzylinder nacheinander abzutasten und deren Krümmungsgrade solang aneinander anzupassen, bis sie als gerade eben identisch gekrümmt wahrgenommen werden. Während des Experiments werden dabei unterschiedliche Konditionen untersucht, wobei nachfolgend nur auf die zwei eingegangen wird, die für die Auswertung Relevanz besitzen. In Kondition 1 sind die zylindrischen Oberflächen, wie in Abbildung 5.7a dargestellt, identisch orientiert. Die Versuchsperson führt während der Abtastvorgänge deshalb vorrangig Bewegungen in der xz-Ebene aus. In Kondition 2 sind die zylindrischen Oberflächen unterschiedlich orientiert. In Abbildung 5.7b ist zu erkennen, dass die Versuchsperson deshalb während des einen Abtastvorgangs vorrangig Bewegungen in der xz-Ebene und während des anderen Bewegungen in der xy-Ebene ausführen muss. Pro Kondition sind zwei Versuche in randomisierter Reihenfolge zu absolvieren. In jedem Versuch wird anfangs stets die Oberfläche dargeboten, die als Referenz dient. Deren Krümmung beträgt während der im Rahmen der beiden Konditionen zu absolvierenden vier Versuche durchgängig $\kappa_{\text{ref}} = 13/\text{m}$. Deren Ausrichtung bzw. Orientierung ist ebenfalls unveränderlich und in den Abbildungen 5.7a und b links dargestellt. Nach Beendigung des Abtastvorgangs wird die zweite Oberfläche dargeboten. Diese ist, wie bereits zuvor erwähnt, in Kondition 1 identisch zur Referenz orientiert und in Kondition 2 relativ zu dieser gedreht. Die pro Kondition zu absolvierenden zwei Versuche unterscheiden sich hinsichtlich des Krümmungsgrads κ_{var}, den die zweite Oberfläche zu Beginn aufweist. In einem Versuch ergibt sich dieser zu $\kappa_{\text{var}} = (13+N)/\text{m}$ und im anderen zu $\kappa_{\text{var}} = (13-N)/\text{m}$ mit $N \in [6;8]$. N entspricht hierbei einem aus dem angegebenen Intervall randomisiert ausgewählten Wert. Demzufolge ist der im weiteren Verlauf anzupassende Krümmungsgrad κ_{var} in einem Versuch anfangs größer und im anderen Versuch anfangs kleiner als jener der Referenz. Nach Beendigung des zweiten Abtastvorgangs kann der Proband den Krümmungsgrad mittels eines Drehknopfs über das klassische Verfahren der Herstellungsmethode variabel anpassen, wobei die minimale Schrittweite auf $0.1/\text{m}$ konfiguriert wurde. Umgesetzt wird die durch den Drehknopf getätigte Eingabe durch das Ändern des Radius der in den Abbildungen 5.7a und b rechts dargestellten Halbzylinder. Die Versuchsperson erhält keine Informationen darüber, wie genau sie die Anpassung vorgenommen hat. Der beschriebene Ablauf wird in der Folge so oft wiederholt, bis die Versuchsperson beide Oberflächen als gerade eben identisch gekrümmt wahrnimmt und den jeweiligen Versuch durch ein langes Drücken des Drehknopfes beendet.

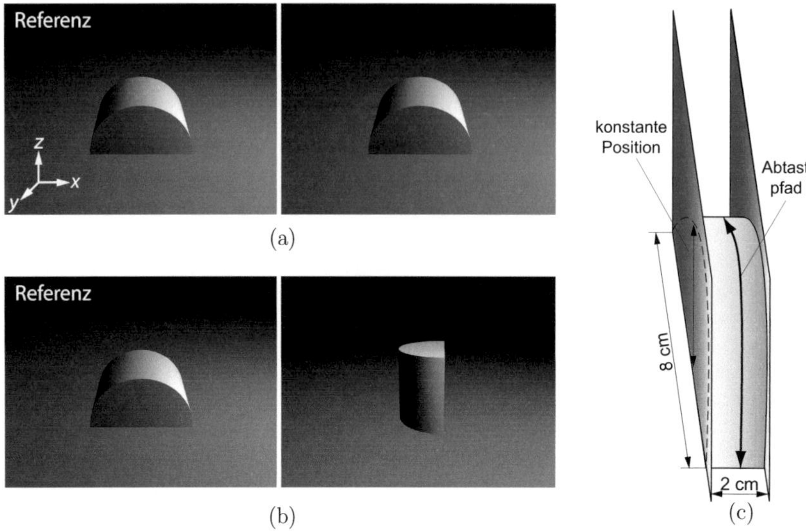

Abbildung 5.7: Die Versuchsperson betastet nacheinander die Oberflächen zweier virtueller Halbzylinder und versucht, die Krümmung der zweiten Oberfläche an die der Referenz anzupassen. (a) Kondition 1. Die Oberflächen sind identisch orientiert. Während der Abtastvorgänge werden vorrangig Bewegungen in der xz-Ebene ausgeführt. (b) Kondition 2. Die Oberflächen sind unterschiedlich orientiert. Während des einen Abtastvorgangs werden vorrangig Bewegungen in der xz-Ebene und während des anderen Bewegungen in der xy-Ebene ausgeführt. (c) Dimensionierung und Platzierung der zylindrischen Oberflächen. Bei der Platzierung der Oberflächen im virtuellen Arbeitsbereich wurde darauf geachtet, dass diese sich stets an der gleichen Position befinden und somit auch bei einer Anpassung der Krümmung keine Verschiebung erfolgt (adaptiert von [CW01]).

Die Dimensionen der verwendeten zylindrischen Oberflächen sind in Abbildung 5.7c dargestellt. Deren Länge beträgt 8 cm. Deren Breite wird durch zwei angrenzende Ebenen auf 2 cm limitiert. Durch diese Begrenzung kann sichergestellt werden, dass alle Probanden einen nahezu identischen Abtastpfad in den vorgesehenen Richtungen ausführen und somit auf Vorliegen einer Richtungsabhängigkeit der Krümmungswahrnehmung geprüft werden kann.

5.1.3.2 Experimentierumgebung

Zur Umsetzung der Herstellungsmethode wird ein über USB mit dem Computer verbundener Drehknopf des Typs PowerMate von Griffin Technology genutzt. Die softwareseitige Verarbeitung der über den Drehknopf getätigten Eingaben erfolgt über ein für dieses Experiment implementiertes MATLAB-Skript. Die virtuelle Szene wurde in C^{++} innerhalb des Frameworks CHAI 3D implementiert. Weitere Veränderungen waren an der im Abschnitt 4.2 beschriebenen Experimentierumgebung nicht vorzunehmen.

5.1.3.3 Versuchspersonen

Am Experiment nahmen Auszubildende, Studenten und Mitarbeiter der Technischen Universität Dresden auf freiwilliger Basis teil. Die insgesamt 24 Versuchspersonen (18 männlich, 6 weiblich) im Alter von 20 Jahren bis 54 Jahren (∅ 27 Jahre) hatten keine oder wenig Erfahrung in Bezug auf den Umgang mit einem haptischen Gerät und wiesen keine die Untersuchung möglicherweise beeinflussende gesundheitliche Beeinträchtigungen auf.

5.1.3.4 Ergebnisse

In Abbildung 5.8a ist dargestellt, wie stark die in den beiden Konditionen von den Probanden als gerade eben identisch wahrgenommenen Krümmungen voneinander abweichen. Die oberen Messpunkte resultieren aus den Versuchen, in denen die zu variierende Krümmung anfangs $\kappa_{\text{var}} = (13 + N)/\text{m}$ mit $N \in [6; 8]$ betrug und demnach größer als die als Referenz dienende Krümmung $\kappa_{\text{ref}} = 13/\text{m}$ war. Die Probanden verringerten κ_{var} in diesem Fall während der Versuche und wichen nach abgeschlossener Anpassung in Kondition 1 im Mittel um +2.1/m und in Kondition 2 um +4.8/m von κ_{ref} ab. Die unteren Messpunkte resultieren aus den Versuchen, in denen die zu variierende Krümmung anfangs $\kappa_{\text{var}} = (13 - N)/\text{m}$ mit $N \in [6; 8]$ betrug und demnach kleiner als κ_{ref} gewesen ist. Die Probanden vergrößerten κ_{var} demnach während der Versuche und wichen nach erfolgter Anpassung in Kondition 1 im Mittel um –1.4/m und in Kondition 2 um –3.3/m von κ_{ref} ab. Angemerkt sei, dass die Eingaben der Probanden nicht berücksichtigt wurden, wenn die Krümmung κ_{var} zu Beginn eines Versuchs größer, nach der abgeschlossenen Anpassung am Ende jedoch kleiner als κ_{ref} war. Das gilt auch im umgekehrten Fall. So wurden die Eingaben nicht berücksichtigt, wenn die Krümmung κ_{var} zu Beginn kleiner, nach der An-

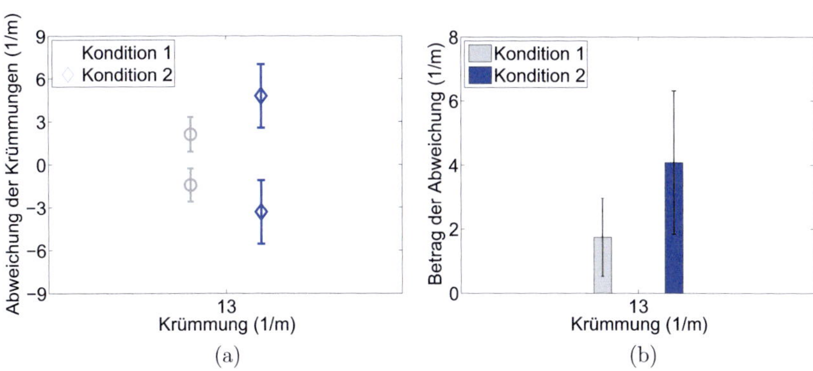

Abbildung 5.8: Ergebnisse des Experiments. (a) Abweichung der Krümmungsgrade zweier zylindrischer Oberflächen, die als gerade eben identisch gekrümmt wahrgenommen werden. (b) Mittlerer Betrag der aufgetretenen Abweichungen. Dargestellt sind die über die Probandengruppe gemittelten Werte ± Standardabweichung. Weitere Erläuterungen sind im Text aufgeführt.

passung jedoch größer als κ_{ref} war. In beiden Fällen hatten die Probanden den Drehknopf zumeist einmal deutlich zu weit gedreht, sodass eine Berücksichtigung dieser Eingaben bei der Bildung der Mittelwerte zu Verfälschungen geführt hätte.

Die gemittelten Beträge der in den Konditionen 1 und 2 aufgetretenen Abweichungen betragen 1.7/m und 4.1/m. Dies ist in Abbildung 5.8b dargestellt. Die in Kondition 2 ermittelten Werte sind demnach mehr als doppelt so groß als jene, die in Kondition 1 ermittelt wurden. Eine Varianzanalyse (ANOVA, engl. *analysis of variance*) für wiederholte Messungen zeigt, dass dieser Unterschied statistisch signifikant ist ($F = 36.033$, $p < 0.001$).

5.1.3.5 Diskussion

Die zuvor beschriebenen Ergebnisse von Kondition 1 zeigen, dass die Krümmungsgrade der zwei identisch orientierten Oberflächen nur um etwa 1.7/m voneinander abweichen dürfen, um noch als gleich groß wahrgenommen zu werden. Sind die Oberflächen allerdings unterschiedlich orientiert, wie in Kondition 2, darf die Differenz zwischen den Krümmungsgraden mit 4.1/m mehr als doppelt so groß sein. Dies lässt vermuten, dass die Krümmungswahrnehmung durch die Orientierung der betasteten virtuellen Oberfläche und somit durch die Richtung der zum Abtasten notwendigen Bewegungen beeinflusst wird. Wie könnte das begründet werden? Sobald sich die Richtung eines Abtastvorgangs ändert, verändert sich auch die Anzahl, Aktivität und Bewegungsrichtung der am Abtastvorgang involvierten Gelenke des Hand-Arm-Systems. Gleichzeitig wird in Abhängigkeit von der Abtastrichtung auch die Art und Weise, wie der Nutzer mit dem PHANToM interagiert, d. h. die Haltung und Bewegung des Stylus, beeinflusst. Vermutlich fällt es den Probanden aufgrund dieser sich ändernder Randbedingungen schwerer, die Krümmungsgrade zweier unterschiedlich orientierter Oberflächen miteinander zu vergleichen. Ob nun einer der genannten Aspekte oder eventuell auch die HVT als Ursache für die Richtungsabhängigkeit herangezogen werden kann, müsste im Rahmen weiterer Untersuchungen systematisch erforscht werden.

Im Rahmen der beschriebenen Untersuchung kam das psychophysikalische Messverfahren der Herstellungsmethode zum Einsatz. Die Herstellungsmethode lässt sich im Allgemeinen mit geringem Aufwand implementieren sowie im Setup einbinden und erlaubt zudem eine schnelle Durchführung des jeweiligen Experiments. Zu berücksichtigen ist natürlich, dass beim Einsatz der Herstellungsmethode hinsichtlich der ermittelten Messergebnisse größere Variationen auftreten, da die Versuchspersonen den Drehknopf unterschiedlich nutzen. So wurde bereits im vorherigen Abschnitt darauf hingewiesen, dass nicht alle Eingaben der Versuchspersonen berücksichtigt werden konnten. Dies war z. B. dann der Fall, wenn die Krümmung κ_{var} am Anfang eines Versuchs größer, nach erfolgter Anpassung jedoch kleiner als κ_{ref} gewesen ist. Im genannten Beispiel hatten die Versuchspersonen den Drehknopf einmal zu weit gedreht. Eine Berücksichtigung dieser Eingaben hätte deshalb bei der Mittelwertbildung im Rahmen der Auswertung zu Verfälschungen geführt. Außerdem fällt beim Betrachten der Ergebnisse in Abbildung 5.8a auf, dass die unteren Messpunkte weniger stark vom als Referenz dienenden Krümmungsgrad κ_{ref} abweichen als die oberen. Wie könnte das begründet werden? Während des Experiments ließ sich beobachten, dass die Versuchspersonen dazu tendierten, den Drehknopf stärker zu drehen, wenn die Oberfläche mit der Krümmung κ_{var} deutlich flacher als jene mit der Krümmung κ_{ref} war. Wenn κ_{var} jedoch größer als κ_{ref} und die anzupassende Oberfläche somit stärker gekrümmt gewesen ist, wurde der Drehknopf während des Anpassungsprozesses zurückhaltender genutzt. Falls es sich im beschriebenen Fall um ein auf das Prinzip der Herstellungsmethode zurückzuführendes Artefakt handelt, ließe sich der resultierende Fehler durch die Verwendung eines adapativen psychophysikalischen Messverfahrens, wie der up-down Methode, verhindern. Der Einsatz eines solchen Messverfahrens ermöglicht, Messergebnisse mit einer sehr hohen Genauigkeit und geringen Streuung zu ermitteln. Allerdings ist in diesem Zusammenhang natürlich zu berücksichtigen, dass der Aufwand für die Implementierung der Methode sowie der Zeitbedarf für die Durchführung des Experiments steigt.

Dem Autor ist keine Forschungsarbeit bekannt, in der eine ähnliche Untersuchung mit dreidimensionalen virtuellen Objekten durchgeführt wurde. Aus diesem Grund ist ein direkter Vergleich der Ergebnisse mit Daten aus der Literatur nicht möglich. Hingewiesen sei jedoch auf eine Untersuchung in [HS03], durch die gezeigt werden konnte, dass Probanden eine mit einem Kraftwiedergabegerät abgefahrene Kurve bei einem bestimmten Krümmungsgrad noch als Gerade wahrnehmen. Der hierfür notwendige Krümmungsgrad variiert dabei ebenfalls in Abhängigkeit von der Orientierung der Kurve.

5.2 Entwicklung eines Lösungsansatzes

5.2.1 Vorbetrachtungen*

Mit Hilfe der im Abschnitt 5.1 erläuterten Experimente konnten die Probleme hinsichtlich der Krümmungsdiskrimination in virtuellen Umgebungen quantitativ spezifiziert werden. Um die beschriebenen Probleme zu überwinden, wäre es nun denkbar, das von einem Kraftwiedergabegerät beim Betasten virtueller Objekte bereitgestellte und von der Realität stark abstrahierte kinästhetische Feedback zu erweitern. Ziel muss es dabei sein, dem Nutzer eines solchen Geräts während des Explorationsvorgangs zusätzliche hilfreiche Informationen zu übermitteln. In diesem Zusammenhang können unterschiedliche Ansätze verfolgt werden. Mit *Being There*-Ansätzen wird versucht, den realen Abtastvorgang nachzubilden. Hierzu wäre es demnach unbedingt erforderlich, das bereitgestellte kinästhetische Feedback um zusätzliches taktiles Feedback zu erweitern. Dieser Ansatz wurde in den Forschungsarbeiten [PCKN05], [FSSB08] und [WSKH08] durch eine zielgerichtete Weiterentwicklung des jeweiligen verwendeten Kraftwiedergabegeräts umgesetzt. Die entsprechenden technischen Details zu den Prototypen sind in den referenzierten Quellen nachzulesen. Die Evaluation der Prototypen erfolgte anhand eines Experiments zur Messung von JNDCs. Die Ergebnisse zeigen, außer für hohe Krümmungen von $\kappa = 100/\text{m}$, eine gute Annäherung an die in Abbildung 5.6 durch eine Gerade approximierten Unterschiedsschwellen, die beim Betasten realer Oberflächen auftreten. Jedoch ergeben sich durch die entwickelten technischen Lösungen auch zahlreiche neue Probleme:

1. Die bereits hohe technische Komplexität der Kraftwiedergabegeräte nimmt weiter zu.

*Die Erläuterungen in diesem Abschnitt basieren auf Ausführungen aus den Publikationen [SAM11c] und [SAMR11] von Stamm et al.

2. Die Geräte werden zunehmend größer und unhandlich.

3. Die Herstellungskosten steigen.

4. Inwieweit die Geräte tatsächlich zum freien Explorieren dreidimensionaler virtueller Objekte eingesetzt werden können, ist nicht nachgewiesen.

Hinsichtlich des letzten Punkts sei angemerkt, dass die Geräte in den oben erwähnten Experimenten zur JNDC-Messung nur zum Abtasten in einer Richtung eingesetzt wurden. Ein Nachweis dafür, dass tatsächlich auch anders orientierte Oberflächen betastet und hinsichtlich des Krümmungsgrads mit ausreichender Genauigkeit unterschieden werden können, wird nicht geliefert. In der vorliegenden Arbeit steht wegen der genannten Nachteile und Schwierigkeiten ein anderer Lösungsansatz im Vordergrund. Ziel ist es, das von den Kraftwiedergabegeräten bereitgestellte kinästhetische Feedback auditiv zu erweitern, indem die Krümmung der betasteten virtuellen Oberfläche auralisiert wird. Der große Vorteil einer solchen Lösung besteht darin, dass die technische Komplexität der Geräte nicht weiter erhöht werden muss und sie somit flexibel einsetzbar bleiben. Außerdem bestände durch eine Krümmungsauralisation und dem Ausnutzen des hohen zeitlichen sowie spektralen Auflösungsvermögens des Gehörs die Möglichkeit, die beim Betasten realer Oberflächen gemessenen Unterschiedsschwellen auch in virtuellen Umgebungen erreichen bzw. sogar unterbieten zu können. Anhand der Erläuterungen wird deutlich, dass der beschriebene Ansatz *Beyond Being There* zuzuordnen ist, da dem Nutzer Feedback bereitgestellt werden soll, das anders ist und sogar besser sein kann als jenes, das beim Explorieren realer Objekte zur Verfügung steht. Zur Umsetzung des Ansatzes sind nun in einem ersten Schritt geeignete akustische Parameter zu identifizieren, die zur Krümmungsauralisation genutzt werden können (Abschnitt 5.2.2). Anschließend ist ein Algorithmus zu entwickeln, mit dem sich die Krümmung auf der Objektoberfläche entlang der Abtastbewegung des Nutzers berechnen lässt (Abschnitt 5.2.3). Zur Abbildung der berechneten Krümmungswerte auf den entsprechenden akustischen Parameter wird ein Mappingalgorithmus benötigt und deshalb abschließend entworfen (Abschnitt 5.2.4). In der Folge kann dann die Leistungsfähigkeit des Lösungsansatzes anhand von experimentellen Daten evaluiert werden (Abschnitt 5.3).

5.2.2 Bestimmung akustischer Parameter zur Krümmungsauralisation

Um die Krümmung virtueller Objekte auralisieren zu können, werden geeignete akustische Parameter benötigt. In diesem Zusammenhang stellt sich jedoch die Frage, wie sich derartige Parameter identifizieren lassen. Nachfolgend wird beschrieben, wie in der vorliegenden Arbeit diesbezüglich vorgegangen wurde.

5.2.2.1 Akustische Aufnahmen

Ziel war es zunächst, eine Situation nachzustellen, in der die Krümmung als geometrische Eigenschaft für den Menschen im Alltag hörbar wird. In Abbildung 5.9a ist eine solche Situation dargestellt. Rollt eine Kugel entlang einer gekrümmten Oberfläche, entsteht ein charakteristisches Geräusch. Der Mensch kann dabei auf Basis seines Erfahrungswissens allein am Geräusch erkennen, ob die Kugel eine besonders stark oder schwach gekrümmte Oberfläche entlang rollt. Zahlreiche solcher Rollgeräusche wurden nun in einem folgenden Schritt, wie in Abbildung 5.9b angedeutet, im schallreflexionsarmen Raum aufgenommen.

(a) (b)

Abbildung 5.9: (a) Wenn eine Kugel entlang einer gekrümmten Oberfläche rollt, entsteht ein charakteristisches Geräusch, das vom Hörer zur Krümmungsunterscheidung genutzt werden kann. (b) Im schallreflexionsarmen Raum wurden zahlreiche solcher charakteristischen Rollgeräusche unter Berücksichtigung verschiedener Materialien, Krümmungsgrade und Kugeldurchmesser aufgenommen.

Bei diesen Aufnahmen kamen Oberflächen aus Aluminium und Polyvinylchlorid mit Krümmungsgraden von $\kappa_1 = 1/\mathrm{m}$, $\kappa_2 = 3/\mathrm{m}$ und $\kappa_3 = 5/\mathrm{m}$ sowie Kugeln aus Stahl, Holz und Glas mit Durchmessern von $d_1 = 10\,\mathrm{mm}$ und $d_2 = 25\,\mathrm{mm}$ zum Einsatz. Ziel war es nun in der Folge, die aufgenommenen Geräusche auf sogenannte krümmungsspezifische Signaleigenschaften zu analysieren, d. h., es sollten diejenigen Merkmale im Zeit- und Frequenzbereich identifiziert werden, die stets unabhängig vom jeweiligen Material der Oberfläche sowie unabhängig vom Material und Durchmesser der Kugel auftreten und Informationen über den Krümmungsgrad liefern. Solche Merkmale könnten dann bei der Auralisation der Krümmung beliebiger virtueller Oberflächen in abstrahierter Weise mit Hilfe von geeigneten akustischen Parametern nachgebildet werden. Diese Parameter würden somit die Aufgabe von Informationsträgern übernehmen.

5.2.2.2 Analyse der akustischen Aufnahmen

In diesem Abschnitt wird nun beschrieben, welche krümmungsspezifischen Signaleigenschaften im Zeit- und Frequenzbereich identifiziert wurden und durch welche Parameter diese in vereinfachter Weise bei der Auralisation nachgebildet werden können. Im Anschluss daran wird mit Hilfe eines Experiments gezeigt, welcher dieser Parameter zu präferieren ist, um das während des Explorierens einer gekrümmten virtuellen Oberfläche bereitgestellte kinästhetische Feedback auditiv zu erweitern.

Zeitbereich Bei der Analyse stellte sich heraus, dass eine Abhängigkeit zwischen dem Krümmungsgrad der Oberfläche und der Amplitudenmodulationsfrequenz des aufgenommenen Signals besteht. Hierbei sei zunächst darauf hingewiesen, dass die Amplitude eines Rollgeräuschs generell moduliert ist, auch wenn die Kugel sich entlang einer ebenen Oberfläche bewegt. Dies liegt daran, dass beispielsweise eine aus Stahl, Holz oder Glas bestehende Kugel keine perfekte Sphärizität aufweist [Hou02, S. 73]. Beschrieben werden können amplitudenmodulierte Signale im Allgemeinen mit folgender Gleichung:

$$y(t) = [1 + m(t)] \cdot x(t) \quad \text{mit} \quad m(t) = m_\mathrm{d} \cdot \cos(2\pi \cdot f_\mathrm{m} \cdot t + \phi_\mathrm{m}), \quad |m(t)| \leq 1\,. \tag{5.10}$$

$x(t)$ ... Trägersignal,
$y(t)$ ... moduliertes Signal,
$m(t)$ ... Modulationssignal,
m_d ... Modulationstiefe,
f_m ... Modulationsfrequenz,
ϕ_m ... Phase des Modulationssignals.

Wichtig zu betonen ist nun, dass die Modulationsfrequenz f_m des Rollgeräuschs von der translatorischen Geschwindigkeit und somit der Winkelgeschwindigkeit der Kugel abhängt [Hou02, S. 76]. Die einzelnen Größen verhalten sich dabei direkt proportional zueinander. Bewegt sich eine Kugel langsam entlang einer ebenen Oberfläche, dreht sie sich auch mit einer kleineren Geschwindigkeit um die eigene Achse. Daraus resultiert, wie in Abbildung 5.10a beispielhaft dargestellt, eine geringe Amplitudenmodulationsfrequenz. Eine hohe translatorische Geschwindigkeit der Kugel führt dagegen zu einer hohen Winkelgeschwindigkeit und somit auch, wie anhand von Abbildung 5.10b illustriert, zu einer größeren Amplitudenmodulationsfrequenz. Der Unterschied zwischen den resultierenden

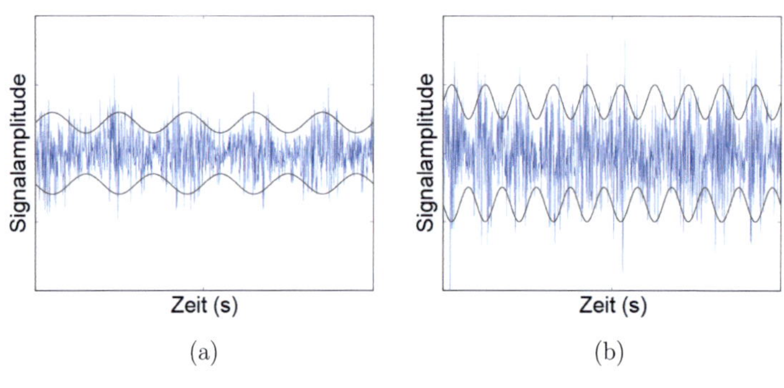

Abbildung 5.10: Idealisierte Darstellung zweier amplitudenmodulierter Rollgeräusche. (a) Rollt eine Kugel mit geringer Geschwindigkeit entlang einer ebenen Oberfläche, resultiert ein Rollgeräusch mit geringer Amplitudenmodulationsfrequenz. (b) Rollt eine Kugel mit hoher Geschwindigkeit entlang einer ebenen Oberfläche, resultiert ein Rollgeräusch mit hoher Amplitudenmodulationsfrequenz.

Modulationsfrequenzen ist hörbar und ermöglicht es dem Mensch, die Geschwindigkeiten des Rollens abschätzen zu können [Hou02, S. 73]. Der beschriebene Zusammenhang gilt ebenso für Kugeln, die sich entlang gekrümmter Oberflächen bewegen. Da die obere in Abbildung 5.9a dargestellte Kugel die Oberfläche mit dem größeren Krümmungsgrad entlang rollt, wird sie zu Beginn auch stärker beschleunigt. Aus diesem Grund weist sie eine höhere translatorische Geschwindigkeit auf und dreht sich somit auch schneller um die eigene Achse als die untere in Abbildung 5.9a dargestellte Kugel. Daraus resultierend ergibt sich bei den Rollgeräuschen der beiden Kugeln ein deutlicher Unterschied hinsichtlich der auftretenden Amplitudenmodulationsfrequenzen. Dieser Unterschied ist wiederum wahrnehmbar und kann vom Hörer zur Krümmungsunterscheidung genutzt werden. Für die Auralisation der Krümmung einer beliebigen virtuellen Oberfläche bedeutet dies nun, dass die Amplitude des zur Auralisation genutzten Signals moduliert und die dabei verwendete Modulationsfrequenz in Abhängigkeit vom Krümmungsgrad anzupassen ist. Zur Vereinfachung bietet sich zunächst die Verwendung eines amplitudenmodulierten Grundsignals an. Da ein in der Amplitude moduliertes Rauschen als ein sehr unnatürliches, von einem Helikopter stammendes Geräusch wahrgenommen werden kann, wird für alle in der Analyse ausgewählten und im Rahmen des folgenden Experiments evaluierten Parameter ein Sinus als Grundsignal genutzt. Durch die einheitliche Verwendung eines Sinus im erwähnten Experiment lassen sich auch die entsprechenden Ergebnisse einfach miteinander vergleichen.

Neben der Amplitudenmodulationsfrequenz korreliert zudem der Schalldruckpegel des Rollgeräuschs mit der Geschwindigkeit der Kugel und daher mit dem Krümmungsgrad der Oberfläche. Auch anhand des Schalldruckpegels kann der Hörer zwischen unterschiedlichen Geschwindigkeiten [Hou02, S. 36f] und somit Krümmungsgraden unterscheiden. Als Parameter zur Auralisation der Krümmung kommt er jedoch nicht zum Einsatz, da der Schalldruckpegel zur Übermittlung von Distanzinformationen zur Verbesserung der Orientierung in der virtuellen Szene benötigt wird. Nähere Informationen hierzu sind im Kapitel 6 beschrieben.

Der letzte hier zu erwähnende Parameter wurde zwar nicht durch die Analyse der Aufnahmen identifiziert, kann aber trotzdem bei der Unterscheidung von unterschiedlichen Krümmungsgraden hilfreich sein. Rollt eine Kugel entlang gekrümmter, größer dimensionierter Oberflächen, verursacht das entstehende Geräusch beim mittig positionierten Hörer einen räumlichen Höreindruck. Die Ausprägung des räumlichen Höreindrucks ist dabei vom Krümmungsgrad der Oberfläche abhängig. Das lässt sich anhand von Abbildung 5.9a nachvollziehen, da die indirekte Proportionalität zwischen Krümmung und räumlicher Ausdehnung der Oberfläche deutlich wird. Es ist daher denkbar, dass zur Krümmungsunterscheidung ebenfalls akustische Richtungsinformationen genutzt werden. Der räumliche Höreindruck lässt sich auf verschiedene Weisen reproduzieren. Tastet der Nutzer eine gekrümmte virtuelle Oberfläche in seitlicher Richtung ab, kann die Information über die Veränderung der Abtastposition beispielsweise durch eine Variation der interauralen Pegeldifferenz (ILD, engl. *interaural level difference*) über Kopfhörer übermittelt werden. Aufgrund der kleinen Dimensionen der virtuellen Oberflächen muss die Variation der ILD während des Explorierens übertrieben werden, um deutlich wahrnehmbare Unterschiede erzeugen zu können. Das Abtasten einer stark gekrümmten Oberfläche führt dann nur zu schwachen seitlichen Verschiebungen der Hörereignisrichtung, das Abtasten einer schwach gekrümmten Oberfläche führt hingegen zu starken Verschiebungen.

Frequenzbereich Um erkennen zu können, welche spektralen Anteile ein aufgenommenes Geräusch enthält, muss eine Frequenzanalyse durchgeführt werden. Hierbei kommt das Verfahren der schnellen Fourier-Transformation (FFT, engl. *Fast Fourier Transformation*) zum Einsatz. In Abbildung 5.11 sind nun beispielhaft die mittels der FFT berechneten akustischen Spektra zweier Rollgeräusche dargestellt. Konkret handelt es sich um die Spektra der Geräusche einer Glaskugel mit einem Durchmesser von 25 mm, die jeweils einmal zwei Oberflächen aus Aluminium mit einer Krümmung von 1/m und 5/m entlang rollt. Es ist zu erkennen, dass zusätzliche Spektralanteile im tief-, aber vor allem im höherfrequenten Bereich hinzukommen und das Spektrum demnach deutlich breiter ausgeprägt ist, wenn die Kugel sich die stärker gekrümmte Oberfläche entlang bewegt. Dieser Zusammenhang konnte auch bei der Analyse der weiteren Aufnahmen, d. h. unabhängig vom Material der Oberfläche sowie unabhängig vom Material und Durchmesser der Kugel, festgestellt werden. Für die Auralisation des Krümmungsgrads einer virtuellen Oberfläche bedeutet dies nun in stark abstrahierter Weise, dass die Breite des Spektrums des zur Auralisation genutzten Grundsignals in Abhängigkeit vom Krümmungsgrad angepasst werden müsste. Wie zuvor beschrieben, wird als Grundsignal ein Sinus verwendet. Die Breite dessen Spektrums lässt sich mit Hilfe des Verfahrens der Frequenzmodulation (FM) durch Auswahl eines geeigneten Modulationsindex m_i verändern:

$$y(t) = \sin(2\pi \cdot f \cdot t + m(t)) \quad \text{mit} \quad m(t) = m_\mathrm{i} \cdot \cos(2\pi \cdot f_\mathrm{m} \cdot t + \phi_\mathrm{m}), \quad m_\mathrm{i} = \frac{\Delta f}{f_\mathrm{m}}. \tag{5.11}$$

$y(t)$ ... moduliertes Signal,
f ... Trägerfrequenz,
$m(t)$ ... Modulationssignal,
m_i ... Modulationsindex,
Δf ... Frequenzhub,
f_m ... Modulationsfrequenz,
ϕ_m ... Phase des Modulationssignals.

Abschließend sei auf einen weiteren Parameter verwiesen. Wenn die Kugel sich die von beiden stärker gekrümmte Oberfläche entlang bewegt, resultiert ein Rollgeräusch, das durch die zusätzlich auftretenden höherfrequenten Spektralanteile im Vergleich schärfer klingt. Demnach verschieben sich der Schwerpunkt des Spektrums sowie jener der spezifischen Lautheit zu den höheren Frequenzen. Da die Verschiebung der Schwerpunkte entsprechend der Erkenntnisse aus [Hou02, S. 44ff] dazu beiträgt, wie ein Hörer die Geschwindigkeit einer rollenden Kugel einschätzt, ist es naheliegend, dass der Hörer diese Hinweise auch zur Unterscheidung gekrümmter Oberflächen nutzt. Für das Auralisieren der Krümmung einer beliebigen virtuellen Oberfläche bedeutet dies in vereinfachter Weise, dass der spektrale Schwerpunkt des für die Auralisation als Grundsignal genutzten Sinus, d. h. dessen Frequenz, in Abhängigkeit vom Krümmungsgrad zu verschieben ist.

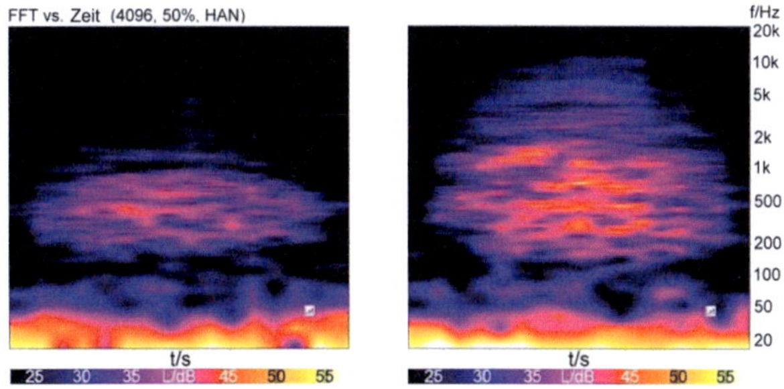

(a) (b)

Abbildung 5.11: Eine Glaskugel mit dem Durchmesser $d = 25$ mm rollt einmal entlang einer konkav gekrümmten, stark gedämpften Oberfläche aus Aluminium. (a) Die Oberfläche weist einen Krümmungsgrad von $\kappa = 1/\text{m}$ auf. (b) Die Oberfläche weist einen Krümmungsgrad von $\kappa = 5/\text{m}$ auf. Die in den Rollgeräuschen enthaltenen Frequenzanteile sind in Abhängigkeit von der Zeit und dem Pegel dargestellt.

5.2.2.3 Verfahren zur Auralisation

Im vorherigen Abschnitt wurden vier Parameter identifiziert, die sich prinzipiell zur Auralisation der Krümmung einer virtuellen Oberfläche bei Verwendung eines sinusoidalen Grundsignals eignen würden. Dabei handelt es sich um die Amplitudenmodulationsfrequenz, die ILD, den Frequenzmodulationsindex sowie die Signalfrequenz. In einem folgenden Schritt muss nun zunächst geklärt werden, auf welchem Verfahren die Auralisation bei Verwendung dieser Parameter beruhen soll. Erst dann lässt sich anschließend untersuchen, welche der vier Parameter bei Anwendung des ausgewählten Verfahrens zu präferieren sind, um das während des Abtastens einer gekrümmten virtuellen Oberfläche zur Verfügung stehende kinästhetische Feedback auditiv zu erweitern.

Bei Verwendung der ILD besteht prinzipiell nur eine Möglichkeit zur Auralisation:

- Wenn der Nutzer eine gekrümmte Oberfläche in seitlicher Richtung abtastet, kann über die Veränderung der Abtastposition durch eine seitliche Verschiebung der Hörereignisrichtung zusätzlich auditiv informiert werden. Das Abtasten einer schwach gekrümmten Oberfläche sollte dabei, wie bereits zuvor erwähnt, zu starken Verschiebungen der Hörereignisrichtung führen, das Abtasten einer stark gekrümmten Oberfläche hingegen nur in schwachen Verschiebungen resultieren. Somit werden während des Explorierens durch das Erzeugen eines räumlichen Höreindrucks Informationen über die Krümmung übermittelt.

Bei Verwendung des Parameters der Amplitudenmodulationsfrequenz, des Frequenzmodulationsindex oder der Signalfrequenz bestehen mehrere Möglichkeiten zur Auralisation:

- Zum einen wäre es in Anlehnung an die aufgenommenen Rollgeräusche möglich, den Wert des jeweiligen Parameters beim Betasten einer konkaven Oberfläche stets in Abhängigkeit von der aktuellen Geschwindigkeit, die eine diese Oberfläche entlang rollende Kugel aufweisen würde, zu variieren. Allerdings ergibt sich hierbei ein entscheidendes Problem. Auf die beschriebene Weise ist es natürlich nicht möglich, die Krümmung beliebiger Objekte zu auralisieren. So sei in diesem Zusammenhang beispielsweise auf die gekrümmte Mantelfläche eines stehenden Kreiszylinders verwiesen.

- Eine andere Möglichkeit bestünde darin, ein im Bereich der Computergrafik und Visualisierung eingesetztes Verfahren als Ausgangspunkt für die Auralisation zu nutzen. Bei diesem Verfahren werden in einem ersten Schritt die Hauptkrümmungen κ_1 und κ_2 in jedem Punkt auf der Oberfläche eines entsprechenden Objekts berechnet. Ausgehend von einem bestimmten Punkt auf der Oberfläche krümmt sich diese in einer Richtung am stärksten und in einer anderen am geringsten. Die Werte der stärksten und geringsten Krümmung werden als Hauptkrümmungen bezeichnet. In einem folgenden Schritt lässt sich beispielsweise die Gaußsche Krümmung $K = \kappa_1 \cdot \kappa_2$ bestimmen. Mit Hilfe unterschiedlicher Farben kann diese dann für jeden Punkt auf der Oberfläche, wie in Abbildung 5.12 beispielhaft gezeigt, visualisiert werden. Eine Alternative zur Visualisierung bietet nun die Auralisierung von K. Würde der Nutzer aber den in der Abbildung dargestellten Torus in Richtung des vertikalen Pfeils abtasten, müsste der zur Auralisation genutzte Parameter entsprechend des sich verändernden Farbverlaufs ständig variiert werden. Das wäre für den Nutzer eines Kraftwiedergabegeräts allerdings sehr verwirrend, da der resultierende Abtastpfad eigentlich einer Kreisbewegung entspricht und der Torus in dieser Abtastrichtung demnach eine konstante Krümmung aufweist. Anhand dieses einfachen Beispiels wird deutlich, dass sich das beschriebene Verfahren nicht zur Auralisation eignet. Es würde tiefes mathematisches Hintergrundwissen benötigt, um das auditive Feedback tatsächlich interpretieren zu können.

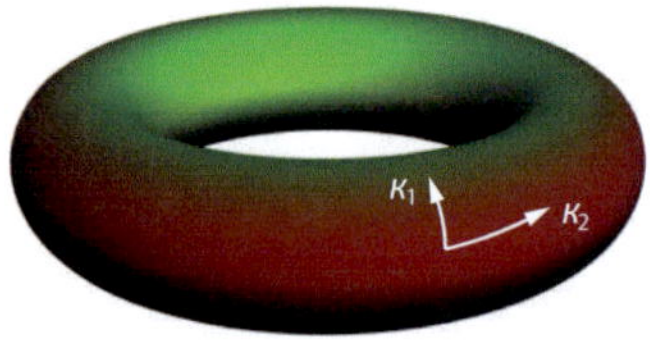

Abbildung 5.12: Unter Verwendung verschiedener Farben kann der Wert der sich aus den Hauptkrümmungen κ_1 und κ_2 ergebenden Gaußschen Krümmung K für jeden Punkt auf der Oberfläche visualisiert werden. Der dargestellte Farbverlauf dient zur Illustration und ist nicht das Ergebnis einer Berechnung.

- Da die zwei zuvor erläuterten Möglichkeiten zur Auralisation nicht erfolgversprechend sind, liegt der Fokus auf einem anderen Ansatz. Sinnvoll und für den Nutzer leicht interpretierbar erscheint es, wenn der zur Auralisation genutzte Parameter in Abhängigkeit von der Krümmung der Oberfläche entlang der jeweiligen Abtastrichtung variiert wird. Wenn der Nutzer also die Mantelfläche eines stehenden Kreiszylinders in vertikaler Richtung abtastet, würde kein akustisches Signal wiedergegeben werden, da entlang dieser

Abtastrichtung auch keine Krümmung vorliegt. Der beschriebene Fall wird anhand von Abbildung 5.13a illustriert. Wenn der Nutzer den stehenden Kreiszylinder in der Horizontalebene oder den zuvor erwähnten Torus in Richtung des vertikalen Pfeils abtastet, entspricht der resultierende Abtastpfad einer Kreisbewegung. Es ergibt sich somit, wie in Abbildung 5.13b dargestellt, ein konstanter Krümmungsverlauf. Der zur Auralisation genutzte Parameter würde demnach während des gesamten Abtastvorgangs einen konstanten Wert aufweisen und nicht variiert werden. Sobald der Kreiszylinder jedoch nur geringfügig gedreht, aber weiterhin in der Horizontalebene abgetastet wird, entspricht der resultierende Abtastpfad einer elliptischen Bewegung. Daher ergibt sich gemäß Abbildung 5.13c ein kontinuierlich variierender Krümmungsverlauf, weshalb der zur Auralisation genutzte Parameter während des Explorierens entsprechend verändert werden müsste. Durch eine auf dem beschriebenen Prinzip basierende Auralisation sollte es dem Nutzer eines Kraftwiedergabegeräts möglich sein, sehr genau zwischen unterschiedlich gekrümmten virtuellen Oberflächen zu unterscheiden.

Um das zuletzt erläuterte Verfahren zur Auralisation beim freien Explorieren virtueller Objekte anwenden zu können, muss die Krümmung der Oberfläche entlang der Abtastrichtung berechnet werden. Die entwickelte Methodik zur Berechnung ist detailliert im Abschnitt 5.2.3 beschrieben.

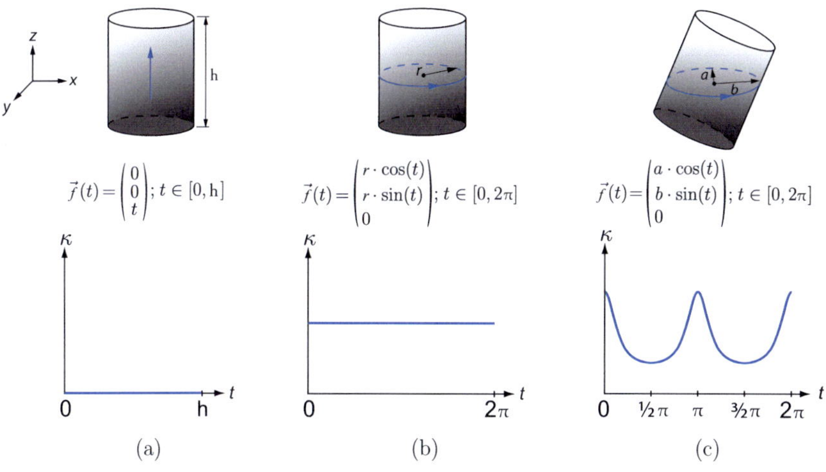

Abbildung 5.13: Der zur Auralisation genutzte Parameter soll in Abhängigkeit von der in Abtastrichtung auftretenden Krümmung der Oberfläche variiert werden. (a) Weist die virtuelle Oberfläche entlang der Abtastrichtung keine Krümmung auf, wird kein akustisches Signal wiedergegeben. (b) Weist die Oberfläche entlang der Abtastrichtung eine konstante Krümmung auf, bleibt auch der Wert des zur Auralisation genutzten Parameters während des gesamten Abtastvorgangs konstant. (c) Wenn die Krümmung der Oberfläche entlang der Abtastrichtung variiert, muss auch der Wert des Parameters während des Explorierens entsprechend verändert werden.

5.2.2.4 Bestimmung präferierter akustischer Parameter

Im Folgenden wird nun mit Hilfe eines entsprechenden Experiments untersucht, welche der vier Parameter zur Auralisation der Krümmung einer betasteten virtuellen Oberfläche zu präferieren sind. Im Experiment kommen dabei zwei Auralisationsverfahren zum Einsatz. Zum einen werden bei Verwendung der ILD Informationen über die Krümmung durch das Erzeugen eines räumlichen Höreindrucks, d. h. durch das seitliche Verschieben der Hörereignisrichtung, übermittelt. Zum anderen wird bei Verwendung von Amplitudenmodulationsfrequenz, Frequenzmodulationsindex oder Signalfrequenz der Wert des jeweiligen Parameters in Abhängigkeit von der Krümmung der Oberfläche in Abtastrichtung gewählt. Im nachfolgend beschriebenen Experiment ist es jedoch nicht erforderlich, die Krümmung in Echtzeit zu berechnen, da die dem Probanden dargebotenen virtuellen Oberflächen in der vorgegebenen Abtastrichtung einen konstanten Krümmungsverlauf aufweisen.

Prozedur Zu Beginn erhält die Versuchsperson die Möglichkeit, sich mit dem PHANToM vertraut zu machen und mit dem Gerät ein virtuelles Objekt zu betasten. Nach dieser Eingewöhnungsphase werden ihr Informationen zur bevorstehenden Untersuchung gegeben, ihre Augen verbunden und ein Kopfhörer aufgesetzt. Während des Experiments absolviert die Versuchsperson eine feste Anzahl an Versuchen, wobei pro Versuch jeweils die zwei in Abbildung 5.14 dargestellten, im Zentrum der virtuellen Szene positionierten sphärischen Oberflächen in seitlicher Richtung entlang der x-Achse abzutasten sind und die weniger gekrümmte von beiden benannt werden soll. Die Versuchsperson erhält die Information, dass die Krümmungsgrade der Oberflächen nur geringfügig voneinander abweichen. Deshalb sollen die während des aktiven Explorierens hörbaren und sich für beide Oberflächen unterscheidenden akustischen Signale als Hilfestellung genutzt werden. Tatsächlich weisen die beiden Oberflächen jedoch in allen Versuchen stets die gleiche Krümmung auf, sodass lediglich die über die vermeintlich verschiedenen Krümmungen informierenden akustischen Signale als Grundlage für die Entscheidung nutzbar sind. Zur Auralisation wird in jedem Versuch stets nur einer der vier Parameter Amplitudenmodulationsfrequenz, ILD, Frequenzmodulationsindex oder Signalfrequenz eingesetzt, wobei sich der Wert des jeweilig

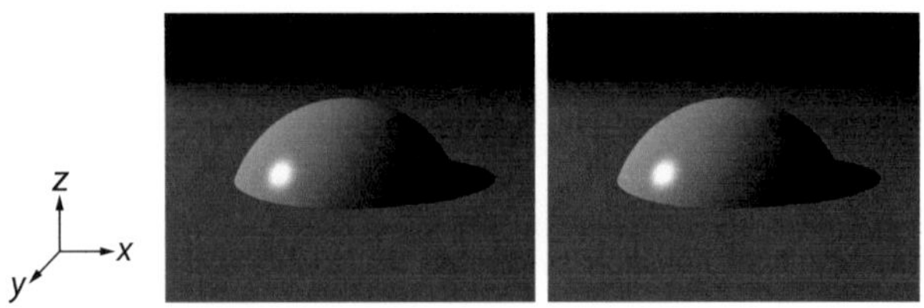

Abbildung 5.14: Dem Proband werden während eines Versuchs nacheinander zwei gekrümmte Oberflächen dargeboten, wobei die schwächer gekrümmte zu bestimmen ist. Tatsächlich weisen die beiden Oberflächen jedoch die gleiche Krümmung auf. Der Proband kann somit allein die beim Explorieren hörbaren und sich für beide Oberflächen unterscheidenden akustischen Signale als Grundlage für seine Entscheidung nutzen.

verwendeten Parameters beim Betasten der ersten und zweiten Oberfläche unterscheidet. Bei Verwendung der ILD erfolgt die Auralisation durch das seitliche Verschieben der Hörereignisrichtung. Bei Verwendung von einem der drei anderen Parameter kann während des Abtastvorgangs ein zeitinvariantes Signal vernommen werden, da eine sphärische Oberfläche in seitlicher Richtung eine konstante Krümmung aufweist und somit der Wert des zur Auralisation genutzten Parameters nicht variiert wird. Für alle vier Parameter wurden im Vorfeld drei Variationen gewählt, die im Folgenden mit Signal 1, Referenz und Signal 2 bezeichnet werden und in ihrer Größe ansteigen. Diese Variationen sind in Tabelle 5.1 zur Übersicht aufgeführt. In einem der Versuche erfolgt dann für einen bestimmten Parameter der Abgleich von Signal 1 und Referenz (oder umgekehrt) und in einem anderen Versuch der Abgleich von Signal 2 und Referenz (oder umgekehrt). Pro Parameter sind demnach zunächst zwei Versuche zu absolvieren:

Versuch	*Variiert wird*	*1. Oberfläche*		*2. Oberfläche*
1	AM Modulationsfrequenz	Signal 1	$\leftrightarrow$	Referenz
2	AM Modulationsfrequenz	Signal 2	$\leftrightarrow$	Referenz
3	ILD	Signal 1	$\leftrightarrow$	Referenz
4	ILD	Signal 2	$\leftrightarrow$	Referenz
5	FM Modulationsindex	Signal 1	$\leftrightarrow$	Referenz
6	FM Modulationsindex	Signal 2	$\leftrightarrow$	Referenz
7	Signalfrequenz	Signal 1	$\leftrightarrow$	Referenz
8	Signalfrequenz	Signal 2	$\leftrightarrow$	Referenz
$\vdots$				

Auf diese Weise lässt sich überprüfen, ob der Proband in beiden Versuchen die vermeintlich flachere Oberfläche stets dem kleineren Wert oder stets dem größeren Wert des jeweiligen Parameters zuordnet und damit ein konsistentes Antwortverhalten aufweist. Variierte das Antwortverhalten eines Probanden für einen Parameter, wird dies als inkonsistentes Antwortverhalten bezeichnet. Die Summen aller konsistenten Antworten pro Parameter können abschließend gegenübergestellt werden. Dies ermöglicht eine Aussage über die Eignung der jeweiligen Parameter zur Auralisation des Krümmungsgrads virtueller Oberflächen. Außerdem wird deutlich, in welche Richtung der jeweilige Parameter verändert werden muss, damit bei der Mehrheit der Probanden die Wahrnehmung einer weniger bzw. stärker gekrümmten Oberfläche hervorgerufen wird. Um den Einfluss des Ratens auf die Ergebnisse zu verkleinern, wurde pro Parameter ein bereits durchgeführter Versuch wiederholt. Insgesamt absolvierten die Probanden demnach 12 Versuche, wobei deren Reihenfolge randomisiert wurde. Die Abtastzeit jeder Oberfläche wurde auf wenige Sekunden begrenzt. Die Probanden erhielten keine Rückmeldung bezüglich ihrer Angaben.

Experimentierumgebung Die Durchführung der Untersuchung erfolgte mit der im Abschnitt 4.2 betrachteten Experimentierumgebung. Um den experimentellen Ablauf automatisieren zu können, mussten jedoch weitere MATLAB-Skripte implementiert werden. Die für das Experiment benötigte virtuelle Szene wurde mit dem C^{++}-Framework CHAI 3D konzipiert. Zum Erzeugen der akustischen Signale wurden Pure Data-Patches erstellt.

Tabelle 5.1: Variationen der in den einzelnen Versuchen zur Auralisation genutzten Parameter

Parameter	*Signal 1*	*Referenz*	*Signal 2*
AM Modulationsfrequenz f_m	f=500 Hz	f=500 Hz	f=500 Hz
	f_m=3 Hz	f_m=6 Hz	f_m=9 Hz
	m_d=0.8	m_d=0.8	m_d=0.8
ILD ΔL	f=500 Hz	f=500 Hz	f=500 Hz
	ΔL=4 dB	ΔL=8 dB	ΔL=12 dB
FM Modulationsindex m_i	f=500 Hz	f=500 Hz	f=500 Hz
	f_m=6 Hz	f_m=6 Hz	f_m=6 Hz
	m_i=25	m_i=40	m_i=55
Signalfrequenz f	f=300 Hz	f=500 Hz	f=700 Hz

Versuchspersonen Am Experiment nahmen insgesamt 15 Versuchspersonen (10 männlich, 5 weiblich) im Alter von 19 Jahren bis 47 Jahren (∅ 27 Jahre) auf freiwilliger Basis teil. Sie waren Studenten oder Mitarbeiter der Technischen Universität Dresden und wiesen keine das Hören oder die Interaktion mit dem Kraftwiedergabegerät beeinträchtigende gesundheitliche Einschränkung auf. Erfahrungswerte hinsichtlich der Nutzung eines solchen Geräts lagen nicht oder nur in geringem Maße vor.

Ergebnisse und Diskussion In den Abbildungen 5.15a und b sind die Ergebnisse des Experiments dargestellt. In den Diagrammen ist zu erkennen, dass etwa 87% aller Probanden den Parameter Signalfrequenz konsistent nutzen konnten. Bei der Mehrheit rief ein Absenken des Parameters die Wahrnehmung einer schwächer werdenden Krümmung hervor. Die Amplitudenmodulationsfrequenz wurde von rund 67% der Probanden konsistent zur Krümmungsunterscheidung eingesetzt. In diesem Fall führte das Absenken des Parameters ebenfalls mehrheitlich zur Wahrnehmung einer schwächer werdenden Krümmung. Der Frequenzmodulationsindex wurde nur von 40% der Probanden systematisch genutzt, obwohl deutlich wahrnehmbare Unterschiede aus der Veränderung dieses Parameters resultierten. Auch das Verwenden der ILD gelang nur 40% der Probanden auf konsistente Weise. In diesem Zusammenhang sei berücksichtigt, dass eine Wahrscheinlichkeit von 25% bestand, um durch Raten eine konsistente Antwort abzugeben. Daraus lässt sich ableiten, dass die beiden letztgenannten Parameter nicht wirklich verlässlich genutzt werden konnten und sie damit weniger gut geeignet sind, um die Krümmung einer virtuellen Oberfläche zu auralisieren. Deutlich besser sind hingegen die Amplitudenmodulationsfrequenz und vor allem die Signalfrequenz geeignet, da diese von der Mehrheit der Probanden ohne vorheriges Training konsistent zur Krümmungsunterscheidung eingesetzt wurden. Bei einer Erhöhung oder Verkleinerung des Krümmungsgrads sollte auch der Wert dieser Parameter vergrößert oder verkleinert werden. Abschließend sei angemerkt, dass beide Parameter prinzipiell auch simultan zur Auralisation zum Einsatz kommen können. Zuvor wäre allerdings zu prüfen, ob sich aus dieser Kombination ein positiver oder negativer Effekt ergibt.

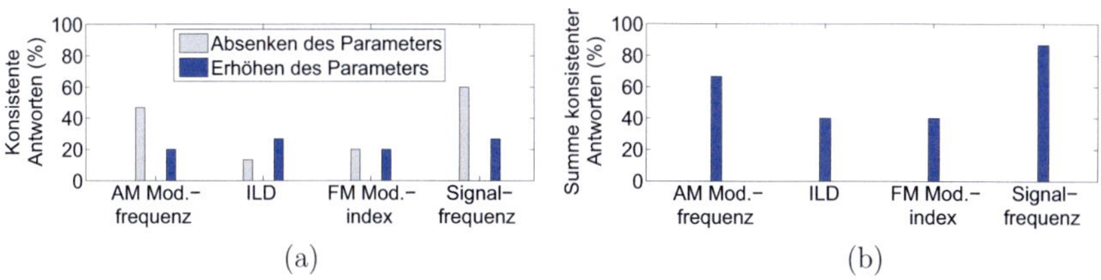

Abbildung 5.15: Ergebnisse des Experiments. (a) Dargestellt ist die Anzahl der konsistenten Antworten in Prozent. Die hellen Balken geben an, wie oft der kleinere von zwei Werten des zur Auralisation genutzten Parameters die Wahrnehmung der schwächer gekrümmten Oberfläche hervorrief, d. h., wie oft ein Absenken des Parameters mit einer geringer werdenden Krümmung korreliert wurde. Die dunklen Balken zeigen, wie oft der größere Wert des Parameters die Wahrnehmung der schwächer gekrümmten Oberfläche hervorrief, d. h., wie oft ein Erhöhen des Parameters mit einer geringer werdenden Krümmung in Verbindung gebracht wurde. (b) Dargestellt ist die Summe aller konsistenten Antworten in Prozent.

5.2.3 Berechnung der Krümmung entlang der Abtastbewegung

Um die Probleme hinsichtlich der unzureichenden Krümmungsdiskrimination überwinden zu können, soll das von den Kraftwiedergabegeräten bereitgestellte kinästhetische Feedback auditiv erweitert werden. Diesbezüglich wurden im Abschnitt 5.2.2.3 verschiedene vorstellbare Verfahren zur Auralisation der Krümmung einer virtuellen Oberfläche erläutert. Hierbei stellte sich heraus, dass es bei Verwendung der beiden zur Auralisation präferiert geeigneten Parameter Signalfrequenz und Amplitudenmodulationsfrequenz am erfolgversprechendsten ist, wenn deren Wert in Abhängigkeit von der Krümmung der Oberfläche entlang der jeweiligen Abtastrichtung variiert wird. Zur näheren Erläuterung des Verfahrens wurden anhand von Abbildung 5.13 drei Beispiele herangezogen, die an dieser Stelle wiederholend beschrieben werden. Das erste Beispiel bezeichnete den Fall, in dem der Nutzer eines Kraftwiedergabgeräts einen stehenden Kreiszylinder in vertikaler Richtung abtastet. Da die Oberfläche entlang dieser Abtastrichtung nicht gekrümmt ist, dürfte demnach auch kein akustisches Signal wiedergegeben werden. Im zweiten Beispiel exploriert der Nutzer den Kreiszylinder in der Horizontalebene. Entlang dieser Abtastrichtung weist der Zylinder einen konstanten Krümmungsverlauf auf, weshalb der jeweilige zur Auralisation genutzte Parameter ebenfalls einen konstanten Wert aufweisen müsste. Im letzten Beispiel wird der Kreiszylinder geringfügig gekippt, aber weiterhin in der Horizontalebene abgetastet. Es ergibt sich somit ein kontinuierlich variierender Krümmungsverlauf, sodass der Wert des zur Auralisation genutzten Parameters ebenfalls zu variieren wäre. Auf Grundlage des beispielhaft beschriebenen Verfahrens sollte es dem Nutzer eines Kraftwiedergabegeräts ermöglicht werden, sehr sicher zwischen unterschiedlichsten Krümmungsgraden und -verläufen zu unterscheiden. Damit das Verfahren jedoch tatsächlich auch beim freien Explorieren beliebiger virtueller Objekte zum Einsatz kommen kann, ist es notwendig, die Krümmung der Objektoberfläche entlang der Abtastrichtung in Echtzeit zu berechnen. In diesem Abschnitt wird nun die entwickelte Methodik beschrieben, auf der diese Berechnung beruht.

In einem ersten Schritt ist es zunächst wichtig, die Bewegungsrichtung des Nutzers auf der Objektoberfläche zu bestimmen. Anschließend kann die Oberfläche dann durch Anwendung eines geeigneten Softwarealgorithmus in unmittelbarer Nähe zum aktuellen Kontaktpunkt des Nutzers und entlang der ermittelten Bewegungsrichtung automatisiert abgetastet werden. Auf diese Weise lassen sich einzelne Punkte auf der Oberfläche des virtuellen Objekts gewinnen, die zum Aufstellen einer diese Punkte verbindenden Funktionsgleichung benötigt werden. Im letzten Schritt erfolgt dann die Berechnung der Krümmung der ermittelten Funktion und somit die Berechnung der Krümmung der Objektoberfläche entlang der Bewegungsrichtung des Nutzers. Die soeben kurz beschriebene Vorgehensweise wird nun nachfolgend und anhand von Abbildung 5.16 detailliert erläutert.

1. *Bestimmen des aktuellen und des vorherigen Kontaktpunkts*

   Liegt eine Kollision zwischen HIP und virtuellem Objekt vor, kann unter Verwendung des *Proxy-basierten Ansatzes* die Abtastposition auf der Objektoberfläche, d. h. die Position des IHIP, ermittelt werden. Die Position des IHIP zur aktuellen Zeit t_n entspricht dem Kontaktpunkt P_n, dessen vorherige Position zur Zeit $t_\mathrm{n-1}$ entspricht dem Kontaktpunkt $P_\mathrm{n-1}$. Detailliertere Erläuterungen zur Kollisionserkennung und dem *Proxy-basierten Ansatz* sind im Abschnitt 2.3.3 zu finden.

2. *Ermittlung der Bewegungsrichtung des Nutzers*

   Zunächst wird die Richtung $\vec{g}_\mathrm{n}$ von derjenigen Geraden bestimmt, die durch die beiden Kontaktpunkte P_n und $P_\mathrm{n-1}$ verläuft:

   $$\vec{g}_\mathrm{n} = P_\mathrm{n} - P_\mathrm{n-1} = \begin{pmatrix} x_\mathrm{n} \\ y_\mathrm{n} \\ z_\mathrm{n} \end{pmatrix} - \begin{pmatrix} x_\mathrm{n-1} \\ y_\mathrm{n-1} \\ z_\mathrm{n-1} \end{pmatrix} . \tag{5.12}$$

   Wichtig zu berücksichtigen ist jedoch, dass bereits durch geringfügiges Zittern des Nutzers sehr starke Schwankungen auftreten können. Aus diesem Grund wird die aktuelle Bewegungsrichtung $\vec{r}_\mathrm{n}$ durch Mittelung der letzten zehn Geradenrichtungen berechnet und somit stabilisiert:

   $$\vec{r}_\mathrm{n} = \frac{1}{10}\sum_{i=0}^{9} \vec{g}_\mathrm{n-i} = \frac{1}{10}\sum_{i=0}^{9} P_\mathrm{n-i} - P_\mathrm{n-1-i} . \tag{5.13}$$

   Nachfolgend wird zur Vereinfachung davon ausgegangen, dass die beiden Vektoren $\vec{g}_\mathrm{n}$ und $\vec{r}_\mathrm{n}$ identisch sind.

3. *Berechnung der Oberflächennormale am aktuellen Kontaktpunkt*

   Die Oberfläche des virtuellen Objekts besteht aus einem Dreiecksnetz. Demnach befindet sich der aktuelle Kontaktpunkt P_n innerhalb von einem bestimmten Dreieck, dessen Normale $\vec{n}_\mathrm{d}$ der gesuchten Normale der Oberfläche entspricht. Zur Berechnung von $\vec{n}_\mathrm{d}$ werden die Eckpunkte (*Vertices*) des Dreiecks P_1, P_2 und P_3 herangezogen:

   $$\vec{h}_1 = P_2 - P_1 , \quad \vec{h}_2 = P_3 - P_2 , \tag{5.14}$$

$$\rightarrow \vec{n}_{\mathrm{d}} = \frac{\vec{h}_1 \times \vec{h}_2}{|\vec{h}_1 \times \vec{h}_2|} . \tag{5.15}$$

4. *Erzeugen von Strahlen zum automatisierten Abtasten der virtuellen Oberfläche*

   Durch die beiden Vektoren $\vec{r}_{\mathrm{n}}$ und $\vec{n}_{\mathrm{d}}$ kann die in Abbildung 5.16b dargestellte Ebene aufgespannt werden. Eine Möglichkeit besteht nun darin, diese Ebene mit dem virtuellen Objekt zu schneiden. Somit ließen sich zahlreiche Schnittpunkte generieren, die zur Berechnung der Krümmung der Oberfläche entlang der Bewegungsrichtung genutzt werden könnten. Aus rechentechnischer Sicht ist dies jedoch keine optimale Lösung, da die Kollisionserkennung und das Berechnen der resultierenden Schnittpunkte aufwendig wäre. Deshalb wird ein anderer Ansatz verfolgt. Durch das Erzeugen einzelner, in dieser Ebene liegender Strahlen soll die Oberfläche des Objekts in unmittelbarer Nähe zum aktuellen Kontaktpunkt P_{n} und entlang der ermittelten Bewegungsrichtung $\vec{r}_{\mathrm{n}}$ automatisiert abgetastet werden. In einem ersten Schritt sind nun zunächst die Startpunkte der Strahlen $P_{\mathrm{s}_0} \dots P_{\mathrm{s}_4}$ zu bestimmen. Anhand von Abbildung 5.16b wird deutlich, dass diese in äquidistantem Abstand auf der in Richtung $\vec{r}_{\mathrm{n}}$ verlaufenden Gerade positioniert werden, d. h.:

$$P_{\mathrm{s_i}} = P_{\mathrm{n}} + \left(\frac{1}{2} i - 1\right) \cdot \frac{\vec{r}_{\mathrm{n}}}{|\vec{r}_{\mathrm{n}}|} \quad \text{mit} \quad i \in \mathbb{Z} \,|\, i = [0; 4] . \tag{5.16}$$

   Nachdem die Startpunkte der Strahlen bestimmt wurden, kann nun deren Richtung festgelegt werden:

$$\vec{s}_i = P_{\mathrm{s_i}} - \lambda \cdot \vec{n}_{\mathrm{d}} \quad \text{mit} \quad i \in \mathbb{Z} \,|\, i = [0; 4] \quad \text{und} \quad \lambda \in \mathbb{R} \,|\, \lambda \geq 0. \tag{5.17}$$

   Es wird deutlich, dass die Strahlen $\vec{s}_0 \dots \vec{s}_4$ entgegengesetzt zur zuvor ermittelten Oberflächennormale $\vec{n}_{\mathrm{d}}$ gerichtet sind und somit die Oberfläche des Objekts schneiden. Angemerkt sei, dass die Anzahl der Strahlen und deren Abstand zueinander in Abhängigkeit von den Abmessungen des zu untersuchenden Objekts und der Größenordnung der vorkommenden Krümmung angepasst werden sollte.

5. *Berechnung der Schnittpunkte zwischen den Strahlen und der Objektoberfläche*

   In Abbildung 5.16b ist zu erkennen, dass die Strahlen die Oberfläche des virtuellen Objekts entlang der Bewegungsrichtung schneiden. Zunächst sind nun die einzelnen Schnittpunkte $SP_0 \dots SP_4$ zu bestimmen. Da sich unter Verwendung eines AABB-Baums, gemäß der Erläuterungen aus Abschnitt 2.3.3, eine räumliche Unterteilung der aus einem Dreiecksnetz bestehenden Objektoberfläche vornehmen lässt, kann durch wenige Kollisionstests der Ort des Schnitts mit einem Strahl $\vec{s}_{\mathrm{i}}$ sehr schnell eingegrenzt werden. Die Genauigkeit der Eingrenzung hängt natürlich vom Aufbau des jeweiligen Baums ab. Idealerweise kann jedoch ein bestimmtes Dreieck aus dem Netz als Kollisionsort identifiziert werden. In der Folge wird dann die Gleichung der Ebene $\vec{e}_{\mathrm{i}}$ bestimmt, in der das jeweilige Dreieck liegt und der Schnittpunkt SP_{i} zwischen Ebene

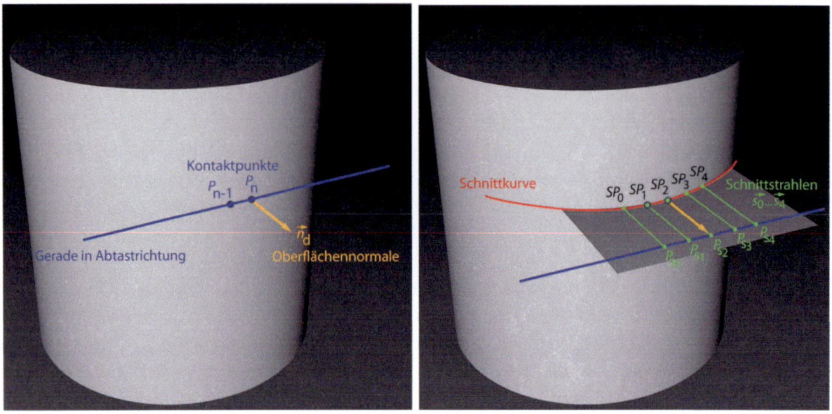

(a) (b)

Abbildung 5.16: Mit Hilfe einzelner Strahlen wird die Objektoberfläche in unmittelbarer Nähe zum aktuellen Kontaktpunkt des Nutzers und entlang der Bewegungsrichtung automatisiert abgetastet. (a) Der aktuelle Kontaktpunkt P_{n} und der vorherige Kontaktpunkt $P_{\mathrm{n}-1}$ dienen zur Bestimmung von derjenigen Gerade, die in Bewegungsrichtung verläuft. (b) Zunächst sind die Startpunkte $P_{\mathrm{s}0} \dots P_{\mathrm{s}4}$ der Strahlen $\vec{s}_0 \dots \vec{s}_4$ zu bestimmen. Die Startpunkte werden in äquidistantem Abstand auf der in Bewegungsrichtung verlaufenden Gerade positioniert. Zur besseren Illustration wurde die genannte Gerade verschoben. Die Strahlen sind entgegengesetzt zur Oberflächennormale $\vec{n}_{\mathrm{d}}$ im Punkt P_{n} gerichtet und treten deshalb durch die Oberfläche des Objekts hindurch. Aus dem Schnitt der Strahlen mit der Objektoberfläche resultieren die Schnittpunkte $SP_0 \dots SP_4$, die durch die zu bestimmende Schnittkurve interpoliert werden.

und Strahl ermittelt:

$$SP_{\mathrm{i}} = \vec{s}_{\mathrm{i}} \cap \vec{e}_{\mathrm{i}} \quad \text{mit} \quad i \in \mathbb{Z} \,|\, i = [0; 4]\,. \tag{5.18}$$

Schließlich muss noch verifiziert werden, dass sich der ermittelte Schnittpunkt auch im Dreieck befindet. Details hierzu sind u. a. in [Sch06, S. 609] nachzulesen.

6. *Aufstellen einer die Schnittpunkte verbindenden Funktionsgleichung*

   Ziel ist es nun, die Gleichung von derjenigen Funktion zu bestimmen, die die ermittelten Schnittpunkte $SP_0 \dots SP_4$ mit einem minimalen Fehler interpoliert. Ausschlaggebend ist jedoch nicht nur die Größe des Fehlers, sondern auch der Verlauf der die Punkte verbindenden Funktion. Im Idealfall sollte diese Funktion, wie die in Abbildung 5.16 dargestellte Schnittkurve, keine Oszillationen aufweisen und flach verlaufen, da so der vom Nutzer in einem sehr kurzen Zeitabschnitt tatsächlich zurückgelegte Weg auf der Objektoberfläche nachgebildet werden kann. Unter Berücksichtigung der genannten Anforderungen erscheint der Einsatz eines Verfahrens zur polynomialen Interpolation geeignet. Zu beachten ist hierbei jedoch, dass Polynome höheren Grades in Abhängigkeit von der Lage der Schnittpunkte einen oszillierenden Verlauf aufweisen können und die Funktion somit nicht den tatsächlich zurückgelegten Weg auf der Objektoberfläche beschreiben würde. Als geeignet erwiesen haben sich in den Untersuchungen Polynome dritten Grades. Gesucht wird also eine solche Funktion (Parameterform):

$$\begin{aligned} x(t) &= a_x + b_x \cdot t + c_x \cdot t^2 + d_x \cdot t^3 \\ y(t) &= a_y + b_y \cdot t + c_y \cdot t^2 + d_y \cdot t^3 \\ z(t) &= a_z + b_z \cdot t + c_z \cdot t^2 + d_z \cdot t^3 \end{aligned} \quad \rightarrow \; f = \begin{pmatrix} x(t) \\ y(t) \\ z(t) \end{pmatrix} = \begin{pmatrix} a_x & b_x & c_x & d_x \\ a_y & b_y & c_y & d_y \\ a_z & b_z & c_z & d_z \end{pmatrix} \begin{pmatrix} 1 \\ t \\ t^2 \\ t^3 \end{pmatrix}. \tag{5.19}$$

Durch Einsetzen eines Schnittpunkts SP_i ergibt sich für einen bestimmten Wert des Laufparameters t_i:

$$SP_i = \begin{pmatrix} x_i \\ y_i \\ z_i \end{pmatrix} = \begin{pmatrix} a_x & b_x & c_x & d_x \\ a_y & b_y & c_y & d_y \\ a_z & b_z & c_z & d_z \end{pmatrix} \begin{pmatrix} 1 \\ t_i \\ t_i^2 \\ t_i^3 \end{pmatrix} = \begin{pmatrix} 1 & t_i & t_i^2 & t_i^3 \end{pmatrix} \begin{pmatrix} a_x & a_y & a_z \\ b_x & b_y & b_z \\ c_x & c_y & c_z \\ d_x & d_y & d_z \end{pmatrix}. \tag{5.20}$$

Um die Koeffizientenmatrix vollständig bestimmen zu können, werden insgesamt zwölf linear unabhängige Gleichungen benötigt. Da im beschriebenen Fall fünf Schnittpunkte vorliegen, können durch Einsetzen dieser Schnittpunkte drei Gleichungssysteme der Form $Ak = p$ mit insgesamt 15 Gleichungen aufgestellt werden:

$$\begin{pmatrix} 1 & t_0 & t_0^2 & t_0^3 \\ 1 & t_1 & t_1^2 & t_1^3 \\ 1 & t_2 & t_2^2 & t_2^3 \\ 1 & t_3 & t_3^2 & t_3^3 \\ 1 & t_4 & t_4^2 & t_4^3 \end{pmatrix} \begin{pmatrix} a_x \\ b_x \\ c_x \\ d_x \end{pmatrix} = \begin{pmatrix} x_0 \\ x_1 \\ x_2 \\ x_3 \\ x_4 \end{pmatrix}, \tag{5.21}$$

$$\begin{pmatrix} 1 & t_0 & t_0^2 & t_0^3 \\ 1 & t_1 & t_1^2 & t_1^3 \\ 1 & t_2 & t_2^2 & t_2^3 \\ 1 & t_3 & t_3^2 & t_3^3 \\ 1 & t_4 & t_4^2 & t_4^3 \end{pmatrix} \begin{pmatrix} a_y \\ b_y \\ c_y \\ d_y \end{pmatrix} = \begin{pmatrix} y_0 \\ y_1 \\ y_2 \\ y_3 \\ y_4 \end{pmatrix}, \tag{5.22}$$

$$\begin{pmatrix} 1 & t_0 & t_0^2 & t_0^3 \\ 1 & t_1 & t_1^2 & t_1^3 \\ 1 & t_2 & t_2^2 & t_2^3 \\ 1 & t_3 & t_3^2 & t_3^3 \\ 1 & t_4 & t_4^2 & t_4^3 \end{pmatrix} \begin{pmatrix} a_z \\ b_z \\ c_z \\ d_z \end{pmatrix} = \begin{pmatrix} z_0 \\ z_1 \\ z_2 \\ z_3 \\ z_4 \end{pmatrix}. \tag{5.23}$$

Im Regelfall existiert jedoch keine exakte Lösung. Demnach ergibt sich beispielsweise für das Gleichungssystem 5.21 ein Fehler, der mit dem Residuenvektor $\vec{r}$ beschrieben werden kann:

$$\vec{r} = \begin{pmatrix} 1 & t_0 & t_0^2 & t_0^3 \\ 1 & t_1 & t_1^2 & t_1^3 \\ 1 & t_2 & t_2^2 & t_2^3 \\ 1 & t_3 & t_3^2 & t_3^3 \\ 1 & t_4 & t_4^2 & t_4^3 \end{pmatrix} \begin{pmatrix} a_\mathrm{x} \\ b_\mathrm{x} \\ c_\mathrm{x} \\ d_\mathrm{x} \end{pmatrix} - \begin{pmatrix} x_0 \\ x_1 \\ x_2 \\ x_3 \\ x_4 \end{pmatrix}. \tag{5.24}$$

Ziel ist es nun, diesen Fehler zu minimieren. Deshalb kommt die Methode der kleinsten Quadrate (engl. *least squares fitting*) zum Einsatz. Da die obigen Gleichungssysteme 5.21 - 5.23 überbestimmt sind, können die gesuchten Koeffizienten durch das Lösen des Normalgleichungssystems bestimmt werden:

$$A^\mathrm{T} A k = A^\mathrm{T} p \quad \rightarrow \quad k = (A^\mathrm{T} A)^{-1} A^\mathrm{T} p\,. \tag{5.25}$$

7. *Berechnung der Krümmung der die Schnittpunkte interpolierenden Funktion*

   Nachdem die Funktion f zur Interpolation der Schnittpunkte bestimmt wurde, kann nun die Krümmung κ dieser im aktuellen Kontaktpunkt P_n, d. h. im vorliegenden Fall im Schnittpunkt SP_2, berechnet werden:

$$\kappa = \frac{\left|\dot{\vec{f}} \times \ddot{\vec{f}}\right|}{\left|\dot{\vec{f}}^3\right|}\,. \tag{5.26}$$

Um prüfen zu können, ob das beschriebene Berechnungsverfahren die richtigen Ergebnisse liefert, wurde es im praktischen Einsatz getestet. In einem ersten Test ging es darum, den in Abbildung 5.17a dargestellten Kreiszylinder mit einem Radius von 4 cm entlang der Schnittkante zwischen Zylinder und der in der Horizontalebene liegenden Ebene abzufahren. Durch das Führen der Bewegung entlang dieser Kante konnte sichergestellt werden, dass der resultierende Abtastpfad einer Kreisbewegung entspricht. In Abbildung 5.17b ist nun das Ergebnis der Berechnung der Krümmung dargestellt. Es ist ein nahezu konstanter Krümmungsverlauf mit $\kappa = 25/\mathrm{m}$ zu erkennen. Die geringen Schwankungen sind höchstwahrscheinlich auf die kleinen Fehler zurückzuführen, die beim Aufstellen der zur Interpolation der Schnittpunkte genutzten Funktionen auftreten. Die Fehler lassen sich durch die Methode der kleinsten Quadrate zwar minimieren, aber nicht vollständig eliminieren, sodass in der Folge die berechneten Krümmungswerte geringfügig variieren. Abhilfe kann hierbei ein nachgeschalteter Filter zur Bildung des gleitenden Mittelwerts leisten. In einem zweiten Test wurde der Kreiszylinder durch einen elliptischen Zylinder mit Halbachsen der Länge von 4 cm und 3.5 cm ausgetauscht. Die Berechnungsergebnisse in Abbildung 5.17c zeigen den erwarteten kontinuierlich variierenden Krümmungsverlauf. Anhand der beiden Tests lässt sich beispielhaft demonstrieren, dass das beschriebene Berechnungsverfahren richtige Ergebnisse liefert und somit für den vorgesehenen Zweck eingesetzt werden kann.

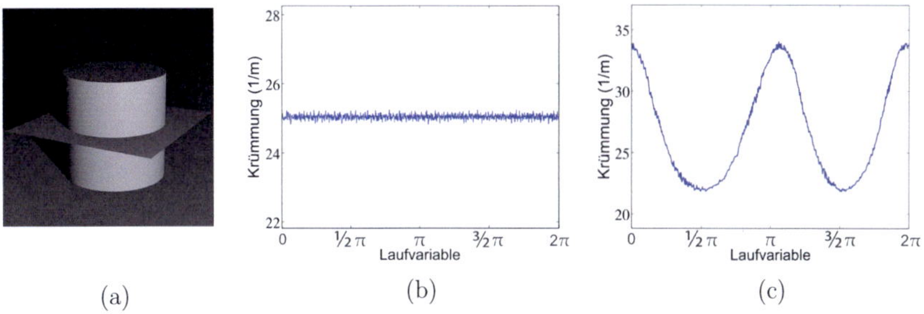

Abbildung 5.17: Test des Verfahrens zur Berechnung der Krümmung. (a) Im ersten Test wurde ein Kreiszylinder mit einem Radius von 4 cm entlang der Schnittkante zwischen Zylinder und der dargestellten Ebene abgetastet. Im zweiten Test wurde ein elliptischer Zylinder mit Halbachsen der Länge von 4 cm und 3.5 cm abgetastet. (b) Die berechneten Krümmungswerte für den Kreiszylinder liegen bei $(25 \pm 0.3)/\mathrm{m}$ und sind daher als richtig zu bewerten. Die dargestellten Werte wurden geringfügig geglättet. (c) Die abgetragenen Berechnungsergebnisse für den elliptischen Zylinder zeigen den erwarteten kontinuierlich variierenden Krümmungsverlauf und sind daher ebenfalls korrekt.

Angemerkt sei, dass es prinzipiell auch möglich wäre, auf die Ermittlung der Schnittpunkte $SP_0 \dots SP_4$ zwischen den erzeugten Strahlen $\vec{s}_0 \dots \vec{s}_4$ und der Oberfläche des betasteten virtuellen Objekts zu verzichten. Beim Umrunden der beiden Zylinder würden dann zur Berechnung der Krümmung nur die von der Sensorik des PHANToM gemessenen und von CHAI 3D aufbereiteten Abtastpositionen des Nutzers berücksichtigt werden. Die Verwendung dieses Ansatzes ist jedoch aus zwei Gründen problematisch. Zum einen haben die praktischen Tests gezeigt, dass die aktuelle Abtastposition durch die Hardware nicht ausreichend genau angegeben werden kann. Daraus resultierend wichen die die Positionswerte interpolierenden Funktionen geringfügig vom tatsächlich zurückgelegten Weg auf der Objektoberfläche ab, sodass in der Folge auch die berechneten Krümmungswerte stärker schwankten. Zum anderen liefert dieser Ansatz generell falsche Berechnungsergebnisse, wenn der Nutzer beispielsweise die nicht gekrümmte Grundfläche eines Zylinders abtastet. Grund hierfür ist, dass in diesem Fall nicht die Krümmung der Oberfläche, sondern anhand der Positionswerte die Krümmung des Bewegungspfads des Nutzers berechnet wird.

Der oben anhand von sieben Schritten beschriebene und in Abbildung 5.18 dargestellte Ablauf zur Berechnung der Krümmung einer virtuellen Oberfläche entlang der Bewegungsrichtung vom Nutzer eines Kraftwiedergabegeräts wird im Rahmen des haptischen Renderings durchgeführt. Demnach ist es notwendig, dass durch die Implementierung des entwickelten Verfahrens dessen zeiteffiziente Ausführung ermöglicht wird. Um die berechneten Krümmungswerte in geeigneter Weise auf den für die Auralisation genutzten akustischen Parameter abbilden zu können, muss in einem letzten Schritt ein psychoakustisch motivierter Mappingalgorithmus entworfen werden. Der Entwurf wird im nachfolgenden Abschnitt beschrieben.

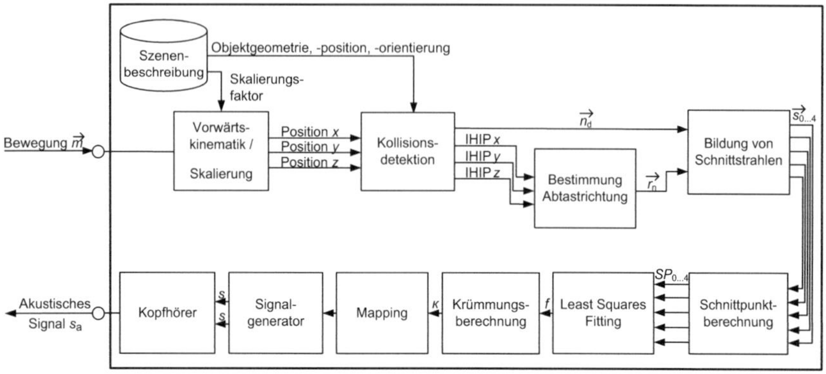

Abbildung 5.18: Verfahren zur Auralisierung der Krümmung einer virtuellen Oberfläche.

5.2.4 Entwurf eines Mappingalgorithmus

Im Abschnitt 5.2.2 wurde gezeigt, welche Parameter zur Auralisation der Krümmung einer virtuellen Oberfläche bei Verwendung eines sinusoidalen Grundsignals zu bevorzugen sind. Dabei handelt es sich um die Signalfrequenz und die Amplitudenmodulationsfrequenz, deren Werte bei einer Erhöhung des Krümmungsgrads vergrößert und bei einer Verringerung des Krümmungsgrads verkleinert werden sollten. Im Folgenden wird zur Auralisation die Signalfrequenz genutzt. Grund hierfür ist, dass das menschliche Gehör Frequenzunterschiede sehr genau auflösen und der Nutzer eines Kraftwiedergabegeräts somit höchstwahrscheinlich in besonderem Maße vom zusätzlich bereitgestellten auditiven Feedback profitieren kann. Um solches Feedback erzeugen zu können, muss jedoch eine Abbildungsfunktion definiert werden, die vorgibt, wie der Wertebereich der berechneten Krümmung auf den Wertebereich der Signalfrequenz übertragen wird. Zur Erläuterung des Entwurfs dieser Abbildungsfunktion sei zunächst auf das Diagramm in Abbildung 5.19a verwiesen. Dieses stellt den nachfolgend angegebenen und von Zwicker definierten psychoakustischen Zusammenhang zwischen der Frequenz f in Hz und der Tonheit Z in Mel, d. h. der wahrgenommenen Tonhöhe, dar [FZ07, S. 111ff, 164]:

$$Z = 1300 \cdot \arctan(0.00076 \cdot f) + 350 \cdot \arctan\left(\left(\frac{f}{7500}\right)^2\right). \tag{5.27}$$

Im Diagramm ist zu erkennen, dass sich die beiden zuvor genannten Größen für Frequenzen bis zu ca. 2000 Hz näherungsweise direkt proportional zueinander verhalten. Wenn die Frequenz also beispielsweise verdoppelt wird, so wird in der Folge auch die Tonhöhe als doppelt so hoch wahrgenommen. Ziel ist es nun in einem ersten Schritt, den auf der y-Achse dargestellten Wertebereich der Tonheit durch denjenigen Wertebereich der Krümmung auszutauschen, der in denen zur Spezifizierung der Problemstellung genutzten Experimenten betrachtet wurde. Diese Experimente stehen im folgenden Abschnitt erneut

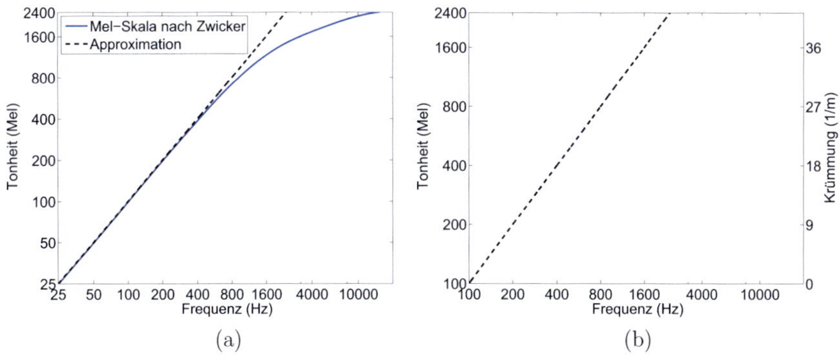

Abbildung 5.19: (a) Darstellung der Tonheit in Abhängigkeit von der Frequenz nach der Definition von Zwicker. (b) Gegenüberstellung des Wertebereichs der Tonheit für Frequenzen $f > 100$ Hz mit dem interessierenden Wertebereich der Krümmung.

im Fokus, um die Leistungsfähigkeit des entwickelten Lösungsansatzes durch den Vergleich der ohne und der mit zusätzlichem auditiven Feedback gemessenen Unterschiedsschwellen evaluieren zu können. Im Diagramm in Abbildung 5.19b sind die genannten Wertebereiche auf den y-Achsen gegenübergestellt. Die Krümmung κ in 1/m ergibt sich in Abhängigkeit von der Frequenz f in Hz dementsprechend zu:

$$\kappa = 13 \cdot \ln\left(\frac{f}{100}\right) \quad \text{für} \quad f > 100\,\text{Hz}\,. \tag{5.28}$$

In einem folgenden Schritt muss von dieser Gleichung nun die Umkehrfunktion gebildet werden, da die Signalfrequenz f in Abhängigkeit von der Krümmung κ variiert werden soll, d. h. der Krümmungswert die abhängige Größe ist. Es ergibt sich daher die in Abbildung 5.20 in nicht-logarithmischer Darstellung abgetragene Funktion. Die Gleichung dieser Funktion lautet:

$$f = 100 \cdot \exp\left(0.077 \cdot \kappa\right) \quad \text{für} \quad \kappa > 0/\text{m}\,. \tag{5.29}$$

Abschließend sei darauf hingewiesen, dass kein akustisches Signal wiedergegeben wird, wenn der Nutzer eine nicht gekrümmte virtuelle Oberfläche betastet. Liegt eine Krümmung von $\kappa > 0/\text{m}$ vor, erfolgt die Auswahl der zur Auralisation genutzten Signalfrequenz anhand der dargestellten Abbildungsfunktion. Die untere Grenzfrequenz liegt bei 100 Hz, um eine stets unproblematische akustische Wiedergabe über beliebige Lautsprecher sowie Kopfhörer zu ermöglichen. Außerdem ist durch die Abbildungsfunktion indirekt auch eine obere Begrenzung sichergestellt, da die im Rahmen der Evaluation des Lösungsansatzes vorkommende höchste Signalfrequenz ca. 1600 Hz beträgt und somit sehr lästige Geräusche vermieden werden können.

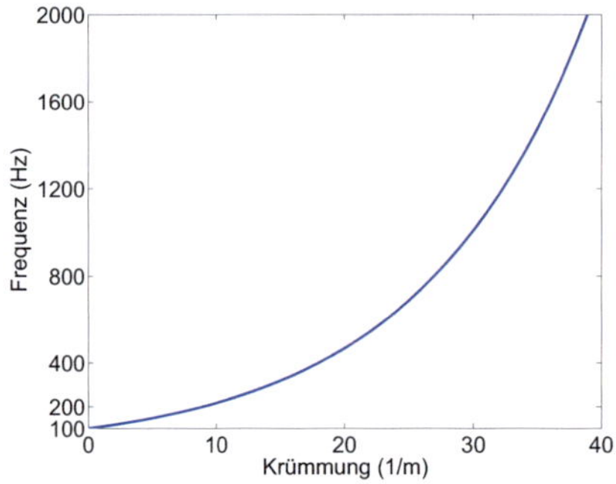

Abbildung 5.20: Darstellung der zur Auralisation genutzten Abbildungsfunktion. Die Frequenz wird in Abhängigkeit vom berechneten Krümmungswert variiert.

5.3 Evaluation des Lösungsansatzes

Um überprüfen zu können, inwieweit der Nutzer eines Kraftwiedergabegeräts mit Hilfe des vom Gerät bereitgestellten kinästhetischen Feedbacks ähnlich gekrümmte virtuelle Oberflächen voneinander unterscheiden kann, wurden Experimente zur Bestimmung der gerade noch wahrnehmbaren Änderung des Krümmungsgrads (JNDC) sowie der gerade noch wahrnehmbaren Variation des Krümmungsgrads (JNVC) durchgeführt. Die Beschreibung und Diskussion der Ergebnisse erfolgte in den Abschnitten 5.1.2.4 und 5.1.2.5. Im Rahmen der genannten Experimente wurde gleichzeitig untersucht, inwieweit eine Verbesserung der Krümmungsdiskrimination durch eine auditive Erweiterung des kinästhetischen Feedbacks möglich ist. Die Ergebnisse werden nachfolgend präsentiert. In diesem Zusammenhang wird auch ein Vergleich der ohne und mit zusätzlichem auditiven Feedback gemessenen JNDCs und JNVCs durchgeführt. Auf Basis des Vergleichs lässt sich die Leistungsfähigkeit des entwickelten Lösungsansatzes zur Krümmungsauralisation evaluieren.

5.3.1 Bestimmung der JNDCs und JNVCs

Die Prozedur der Experimente zur Messung der JNDCs und JNVCs, die Experimentierumgebung sowie die an der Untersuchung teilnehmende Probandengruppe wurden bereits ausführlich im Abschnitt 5.1.2 beschrieben, sodass an dieser Stelle auf eine erneute Erläuterung verzichtet wird.

5.3.1.1 Ergebnisse

In Abbildung 5.21a sind die Ergebnisse der JNDC-Messung abgetragen. Wenn ausschließlich kinästhetisches Feedback zur Verfügung gestellt wird, beträgt die JNDC für eine Oberfläche mit der Krümmung von 13/m etwa 2.9/m und für eine Oberfläche mit der Krümmung von 25/m etwa 5.6/m. Die Probanden können demzufolge sicher zwischen Krümmungsgraden von 13/m und 15.9/m sowie zwischen 25/m und 30.6/m diskriminie-

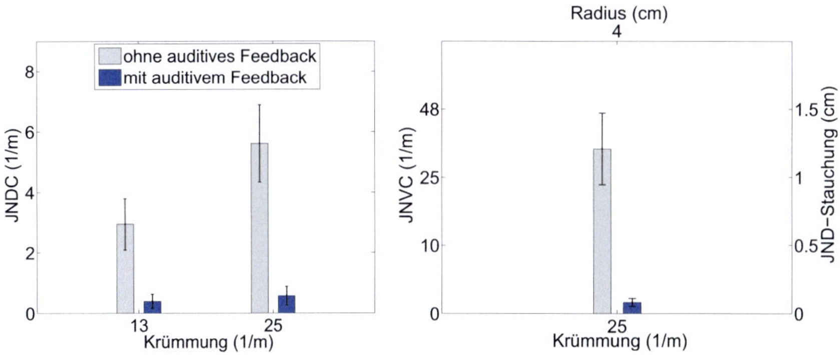

(a) (b)

Abbildung 5.21: (a) Ergebnisse der JNDC-Messung. (b) Ergebnisse der JNVC-Messung. Dargestellt sind jeweils die Mittelwerte ± Standardabweichung.

ren. Wenn die Krümmung beim Abtasten jedoch auralisiert, d. h. zusätzliches auditives Feedback bereitgestellt wird, liegt die JNDC für eine Oberfläche mit der Krümmung von 13/m bei etwa 0.4/m und für eine Oberfläche mit der Krümmung von 25/m bei etwa 0.6/m. Die Probanden können somit zwischen Krümmungsgraden von 13/m und 13.4/m sowie zwischen 25/m und 25.6/m unterscheiden. Die aus dem unterschiedlichen Feedback resultierende Differenz zwischen den gemessenen JNDCs für die Krümmung von 13/m ist statistisch signifikant (ANOVA für wiederholte Messungen; $p < 0.01$). Gleiches gilt für die Differenz zwischen den gemessenen JNDCs für die Krümmung von 25/m ($p < 0.001$).

Die Ergebnisse der JNVC-Messung sind in Abbildung 5.21b zu erkennen. Bei ausschließlich verfügbarem kinästhetischen Feedback muss ein Kreiszylinder mit einem Radius von 4 cm um 1.2 cm gestaucht werden, damit ein Krümmungsunterschied zwischen diesem Kreiszylinder und dem aus der Stauchung hervorgehenden elliptischen Zylinder sicher detektiert wird. Folglich muss der beim Abtasten in seitlicher Richtung auftretende Krümmungsverlauf eines elliptischen Zylinders um 35/m variieren, damit dieser von der in der gleichen Richtung auftretenden konstanten Krümmung des Kreiszylinders in Höhe von 25/m unterscheidbar ist. Wenn jedoch zusätzliches auditives Feedback bereitgestellt wird, ist der gleiche Kreiszylinder nur um 0.08 cm zu stauchen, um ihn von dem aus der Stauchung resultierenden elliptischen Zylinder unterscheiden zu können. Die erforderliche Variation des Krümmungsverlaufs des elliptischen Zylinders beträgt somit lediglich 1.6/m. Die aus dem unterschiedlichen Feedback resultierende Differenz zwischen den gemessenen JNVCs von 35/m und 1.6/m ist wiederum statistisch signifikant (ANOVA für wiederholte Messungen; $p < 0.001$).

5.3.1.2 Diskussion

Bei Anwendung des entwickelten Lösungsansatzes zur Krümmungsauralisation wirken auf den Probanden während des Betastens einer gekrümmten virtuellen Oberfläche, wie in Abbildung 5.22 dargestellt, nicht nur die Kräfte $s_{f_0} \dots s_{f_n}$, sondern auch die akustischen Signale $s_{a_0} \dots s_{a_n}$ ein. Die daraus resultierenden bimodalen Wahrnehmungsereignisse $e_0 \dots e_n$ werden im Gehirn abgespeichert und im weiteren Zeitverlauf integriert, sodass ein Wahrnehmungsobjekt o, d. h. eine Vorstellung über die Oberflächenkrümmung, entsteht. Anhand der Ergebnisse der Experimente wird deutlich, dass das Wahrnehmungsobjekt durch die zusätzlichen akustischen Signale deutlich genauer spezifiziert und daher die Krümmungsdiskrimination erheblich verbessert werden kann. Das auditive Feedback besitzt demnach einen hohen Informationsgehalt und kann das vom Gerät bereitgestellte kinästhetische Feedback sehr zuverlässig ergänzen.

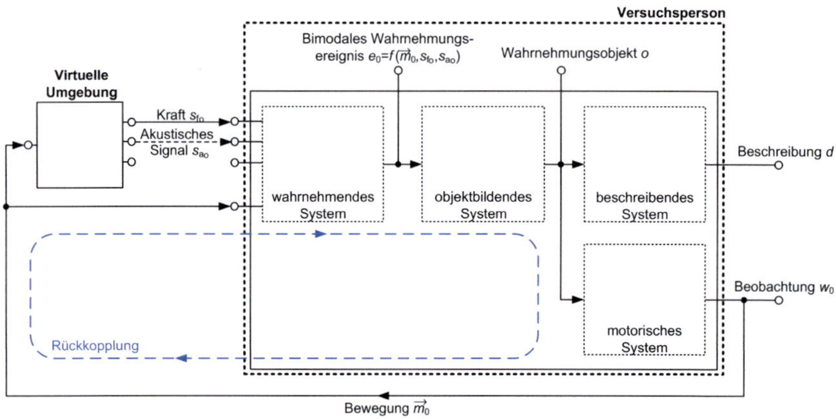

Abbildung 5.22: Beim Einsatz des entwickelten Verfahrens zur Krümmungsauralisation wirken auf die Versuchsperson beim Betasten einer gekrümmten Objektoberfläche nicht nur Kräfte, sondern auch hinsichtlich der Krümmungsdiskrimination sehr zuverlässig nutzbare akustische Signale ein.

Mittels der gemessenen JNDCs lässt sich feststellen, dass es den Versuchspersonen durch das zusätzliche auditive Feedback ermöglicht wird, sicher zwischen konstanten Oberflächenkrümmungen zu diskriminieren. Wie durch die Untersuchung nachgewiesen wurde, kann bereits zwischen Krümmungen von 13/m und 13.4/m sowie zwischen 25/m und 25.6/m unterschieden werden. Entsprechend des im Abschnitt 5.2.4 beschriebenen Mappingalgorithmus betragen die für die genannten Krümmungen κ zur Auralisation verwendeten und sicher unterscheidbaren Signalfrequenzen $f(\kappa)$:

$$f(13/\mathrm{m}) = 272\,\mathrm{Hz}, \quad f(13.4/\mathrm{m}) = 280\,\mathrm{Hz} \quad \rightarrow \quad \Delta f_1 = 8\,\mathrm{Hz},$$

$$f(25/\mathrm{m}) = 686\,\mathrm{Hz}, \quad f(25.6/\mathrm{m}) = 717\,\mathrm{Hz} \quad \rightarrow \quad \Delta f_2 = 31\,\mathrm{Hz}.$$

Die Differenzen Δf_1 und Δf_2 liegen deutlich über der im Forschungsbereich der Psychoakustik gemessenen, gerade noch wahrnehmbaren Änderung der Frequenz (JNDF, engl. *just-noticeable difference in frequency*) eines Sinussignals von etwa 1 Hz [FZ07,

S. 185f]. Grund hierfür ist, dass die Probanden während des Experiments beim Explorieren der bezüglich der Krümmung zu vergleichenden Oberflächen in der Regel leicht vom optimalen Abtastpfad abweichen. Da somit die berechneten Krümmungswerte und in der Folge auch die zur Auralisation genutzten Signalfrequenzen geringfügig schwanken, fällt der Abgleich der hörbaren Signale schwerer. Selbst wenn die Probanden jedoch akkurat entlang des vorgesehenen Abtastpfads explorieren würden, unterlägen die ermittelten Krümmungswerte kleinen Schwankungen. Diese resultieren aus dem Interpolationsverfahren, das im Rahmen der Krümmungsberechnung angewandt werden muss. Nähere Erläuterungen hierzu sind im Abschnitt 5.2.3 zu finden. Desweiteren sei darauf hingewiesen, dass die Differenz Δf_2 größer als Δf_1 ist. Dies liegt zum einen daran, dass die JNDFs ab 500 Hz leicht ansteigen [FZ07, S. 185f]. Zum anderen schwanken die zur Auralisation genutzten Signalfrequenzen im höheren Krümmungsbereich stärker, wenn der Nutzer vom vorgesehenen Abtastpfad abweicht. Ursache hierfür ist die für den Mappingalgorithmus genutzte exponentielle Funktion. Um deutliche, zur Krümmungsdiskrimination nutzbare Unterschiede hören zu können, müssen sich die Signalfrequenzen somit tatsächlich auch stärker unterscheiden.

Anhand der gemessenen JNVCs lässt sich feststellen, dass durch das zusätzliche auditive Feedback die Fähigkeit zur Diskrimination zwischen einem konstanten und einem kontinuierlich variierenden Krümmungsverlauf erheblich verbessert wird. Wie exemplarisch nachgewiesen wurde, kann die konstante Krümmung eines Kreiszylinders in Höhe von 25/m bereits von einer lediglich geringfügig um diesen Wert variierenden Krümmung eines elliptischen Zylinders sicher unterschieden werden. Entsprechend des Mappingalgorithmus betragen die im genannten Beispiel zur Erkennung des elliptischen Zylinders genutzten und daher sicher unterscheidbaren Signalfrequenzen:

$$f(24.5/\mathrm{m}) = 660\,\mathrm{Hz}, \quad f(26/\mathrm{m}) = 740\,\mathrm{Hz} \quad \rightarrow \quad \Delta f = 80\,\mathrm{Hz}.$$

Die durch psychoakustische Experimente gemessene, gerade noch wahrnehmbare Variation der Frequenz (JNVF, engl. *just-noticeable variation in frequency*) eines Sinussignals beträgt im genannten Frequenzbereich etwa 5 Hz bis 6 Hz [FZ07, S. 182ff]. Die Variation Δf ist jedoch größer. Als Hauptursache lassen sich auch hier die während des Explorierens der Oberflächen auftretenden Abweichungen vom optimalen Abtastpfad und die damit einhergehenden, bereits oben erläuterten Auswirkungen auf die Auralisation aufführen.

Die Einordnung der Messergebnisse im Hinblick auf bestehende Literaturdaten ist lediglich für die ermittelten JNDCs möglich und erfolgt anhand von Abbildung 5.23. Es wird deutlich, dass die bei Verwendung eines Kraftwiedergabegeräts zum Betasten virtueller Oberflächen sowie die bei Nutzung des Zeigefingers zum Betasten realer Oberflächen auftretenden Unterschiedsschwellen mit Hilfe des entwickelten Lösungsansatzes deutlich unterboten werden können. Gemäß der Definition von *Beyond Being There* ist es demnach gelungen, den bei der Interaktion mit Kraftwiedergabegeräten auftretenden Informationsmangel zu überkompensieren, da dem Nutzer durch den Lösungsansatz Feedback bereitgestellt werden kann, das besser und daher anders ist als das während des Abtastvorgangs eines realen Objekts zur Verfügung stehende. Außerdem sei diesbezüglich angemerkt, dass die entwickelte Lösung den in [PCKN05], [FSSB08] und [WSKH08] verfolgten *Being The-*

re-Ansätzen zur taktilen Erweiterung des durch ein Kraftwiedergabegerät bereitgestellten kinästhetischen Feedbacks überlegen ist, da auch die in den referenzierten Studien gemessenen Unterschiedsschwellen unterboten werden konnten. Ein weiterer Vorteil besteht bei Verwendung des beschriebenen Verfahrens zur Krümmungsauralisation darin, dass die technische Komplexität der haptischen Geräte nicht weiter erhöht und somit deren flexibler Einsatz nicht eingeschränkt wird.

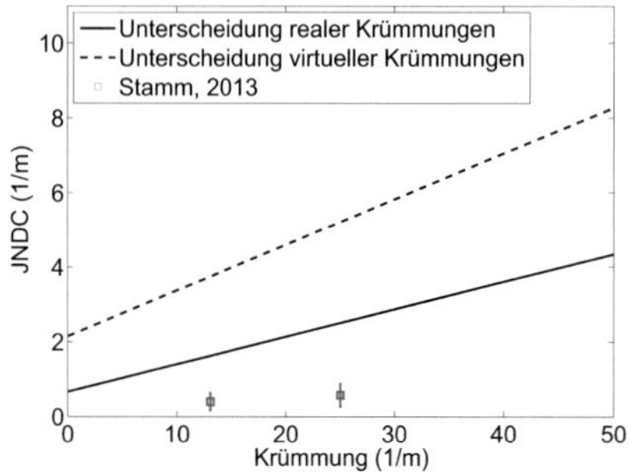

Abbildung 5.23: Durch das entwickelte Verfahren zur Krümmungsauralisation können nicht nur die bisher mit Kraftwiedergabegeräten gemessenen, sondern auch die bei Nutzung des Zeigefingers zum Betasten realer Oberflächen gemessenen Unterschiedsschwellen deutlich unterboten werden.

Dass akustische Signale prinzipiell zur Übermittlung von Informationen über die geometrische Eigenschaft der Krümmung geeignet sind, konnte in vereinfachter Weise auch in [SAH+09] gezeigt werden. Dem Autor der vorliegenden Arbeit ist jedoch nicht bekannt, dass ein Verfahren zur Berechnung und Auralisation der Krümmung einer beliebigen dreidimensionalen Oberfläche entlang der Abtastrichtung eines explorierenden Nutzers zuvor entwickelt und evaluiert wurde. Die präsentierten Messergebnisse zeigen, dass dieses neue Verfahren großes Potential besitzt, da die Leistungsfähigkeit in Bezug auf die Krümmungsdiskrimination erheblich gesteigert werden kann. Höchstwahrscheinlich lässt sich durch das Auralisationsverfahren auch die Richtungsabhängigkeit der Krümmungswahrnehmung eliminieren. Dieser Zusammenhang könnte in einer folgenden Untersuchung nachgeprüft werden.

Kapitel 6

Orientierung in der virtuellen Szene*

Wichtige Voraussetzung für die Interaktion in virtuellen Umgebungen ist, dass sich der mit der Umgebung interagierende Nutzer innerhalb dieser ausreichend gut orientieren kann. Bei der haptischen Exploration von virtuellen Objekten mit dem Stand der Technik entsprechenden Kraftwiedergabegeräten wurden diesbezüglich jedoch Probleme erkannt. Die Probleme werden zu Beginn des Kapitels mittels experimenteller Daten quantitativ spezifiziert. Im Anschluss daran erfolgt die Erläuterung der im Rahmen der vorliegenden Arbeit entwickelten Lösungsansätze, durch die zur Verbesserung der Orientierung nutzbares auditives Feedback bereitgestellt werden soll. Auf Grundlage der Ergebnisse unterschiedlicher Experimente wird schließlich evaluiert, inwieweit dieses Feedback für den Nutzer eines Kraftwiedergabegeräts tatsächlich als Orientierungshilfe verwendbar ist. In diesem Kontext werden zudem auf den gesammelten Erkenntnissen beruhende Richtlinien abgeleitet, die zur Verbesserung der Orientierungsfähigkeit in der virtuellen Szene beitragen.

6.1 Spezifizierung der Problemstellung

6.1.1 Vorbetrachtungen

Während der im Abschnitt 4.3 betrachteten Experimente zur Evaluation von kinästhetischem Feedback konnte beobachtet werden, dass die Versuchspersonen Schwierigkeiten bei der Orientierung in der virtuellen Szene aufweisen. Diese Schwierigkeiten wurden im genannten Abschnitt erläutert, sollen hier jedoch wiederholend beschrieben werden. In diesem Zusammenhang ist zuerst zu erwähnen, dass die Versuchspersonen während der Interaktion in der virtuellen Szene häufig unbeabsichtigt an die Grenzen des mechanischen Arbeitsbereichs vom PHANToM gelangten. Diese Arbeitsbereichsgrenzen setzen der Bewegung einen Widerstand entgegen, weshalb die Versuchspersonen annahmen, ein virtuelles Objekt zu berühren. Anhand der Beobachtung wird deutlich, dass sie die aktuelle Position des HIP im virtuellen Arbeitsbereich nur unzureichend abschätzen konnten und ihre Orientierungsfähigkeit demnach eingeschränkt ist. Des Weiteren wurde beobachtet, dass den Versuchspersonen die Orientierung schwerfiel, wenn sie den Kontakt zum betasteten virtuellen Objekt verloren. So konnten sie die relative Position des HIP zum virtuellen Objekt nur unzureichend genau bestimmen und mussten folglich zusätzliche Zeit aufwenden, um erneut Objektkontakt zu erlangen. Außerdem setzten sie den Abtastvorgang nach dem Wiederfinden des Objekts dann meist an einer anderen Stelle auf

*Dieses Kapitel basiert auf den Publikationen [SAMR12] und [SA13] von Stamm et al.

der Oberfläche fort. Dieses Problem wird auch in [CPK98] beschrieben und kann den Explorationsprozess erheblich beeinträchtigen.

Auf Basis der erläuterten Beobachtungen ist es zwar möglich, die Probleme der Versuchspersonen hinsichtlich der Orientierung in der virtuellen Szene zu erkennen. Für eine quantitative Spezifizierung der Probleme sind die Beobachtungen jedoch nicht geeignet. Aus diesem Grund sollten weitere Untersuchungen durchgeführt werden, um eine quantitative Spezifizierung zu ermöglichen. Die Notwendigkeit solcher Untersuchungen wird auch unter Berücksichtigung der nachfolgend betrachteten Literaturdaten deutlich.

Um sich innerhalb eines definierten haptischen Arbeitsbereichs ohne visuelle Informationen orientieren zu können, muss der Nutzer eines Kraftwiedergabegeräts die absolute Position des eigenen Hand-Arm-Komplexes bestimmen und dessen Bewegungen genau verfolgen. Dieser Prozess wird unbewusst mittels des im Abschnitt 2.1.1 beschriebenen somatosensorischen Systems durch die kinästhetische Wahrnehmung realisiert. Untersuchungen zur Genauigkeit der kinästhetischen Wahrnehmung wurden im Rahmen zahlreicher Studien in den unterschiedlichsten Wissenschaftsgebieten, wie z. B. in den Computerwissenschaften, der Elektrotechnik, dem Maschinenbau, der Medizin, den Neurowissenschaften und der Psychologie, durchgeführt. Diese Studien verfolgten primär zwei Ziele. Zum einen sollte die Fähigkeit zur Detektion von Gelenkrotationen untersucht werden, um die entsprechenden Wahrnehmungsschwellen der unterschiedlichen Gelenke bestimmen zu können [HM83; CH86; Cla92]. Zum anderen sollte die Fähigkeit zur Unterscheidung zwischen zwei ähnlichen Gelenkstellungen untersucht werden, um die Diskriminationsschwellen der Gelenke hinsichtlich von Winkeländerungen zu ermitteln [JH92; TSEC94]. In den letztgenannten Untersuchungen wurde beispielsweise herausgefunden, dass die Diskriminationsschwelle für ein Fingergelenk bei $2.5°$, für das Hand- und Ellenbogengelenk bei $2°$ und für das Schultergelenk bei $0.8°$ liegt [TSEC94]. Demnach scheinen die näher am Rumpf befindlichen Gelenke eine höhere Auflösungsgenauigkeit zu besitzen als die Gelenke in der Körperperipherie. Wird die Auflösungsgenauigkeit allerdings in der durch die oben genannten Gradzahlen resultierenden Verschiebung der Fingerspitzen bemessen, verhält sich dies genau umgekehrt [TSEC94]. So verschiebt sich die Spitze des Mittelfingers um 13 mm, wenn sich das Schultergelenk des ausgestreckten Arms um $1°$ dreht. Jedoch verschiebt sich dieselbe Fingerspitze nur um 0.5 mm, wenn sich das distale Interphalangealgelenk des Mittelfingers ebenfalls um $1°$ dreht [Jon00]. Zu berücksichtigen ist, dass die in den zuvor referenzierten Studien gemessenen Wahrnehmungs- und Diskriminationsschwellen verschiedenen Einflussfaktoren unterliegen. Bei diesen Faktoren handelt es sich beispielsweise um das Bewegungsausmaß, die Bewegungsgeschwindigkeit, die Bewegungsrichtung, den Ort der Bewegung sowie den Kontraktionszustand der involvierten Muskeln [DM95]. Darüber hinaus ist auch der Einfluss der bereits im Abschnitt 5.1.2.5 erläuterten HVT zu berücksichtigen. Diese haptische Illusion trägt dazu bei, dass Bewegungen des Arms in horizontaler und vertikaler Richtung trotz gleicher zurückgelegter Distanz ungleich wahrgenommen werden. So wird die Länge horizontaler Armbewegungen gegenüber der Länge vertikaler Bewegungen unterschätzt. Die Stärke der HVT ist u. a. davon abhängig, wie intensiv der gesamte Arm und somit die Schulter- und Ellenbogengelenke während einer Bewegung involviert sind [HWS+10]. Anhand der Erkenntnisse der die Wahrnehmungs- und Diskriminationsschwellen sowie deren Einflussfaktoren untersuchenden Studien kann die Genauigkeit der kinästhetischen Wahrnehmung quantitativ beschrieben werden. Trotzdem bleibt die Aussagekraft der Studien begrenzt, da die Bewegungen der Versuchspersonen während dieser Untersuchungen beispielsweise auf einzelne Gelenke sowie bestimmte Geschwindigkeiten und Richtungen eingeschränkt wurden. In diesem Zusammenhang stellt sich deshalb die Frage, wie genau die aktuelle Position und die Bewegungen des Hand-Arm-Komplexes in einem definierten haptischen Arbeitsbereich kinästhetisch wahrgenommen werden können, wenn keine Einschränkungen hinsichtlich der auszuführenden Bewegungen vorliegen. Diese Frage ist insbesondere für die Nutzer eines Kraftwiedergabegeräts während des freien Explorierens virtueller Objekte von Bedeutung und wird motiviert durch die beobachteten, oben beschriebenen Schwierigkeiten bei der Orientierung in der virtuellen Szene. Im folgenden Abschnitt werden zwei Experimente beschrieben, mit denen sich die genannte Fragestellung untersuchen lässt. Auch während dieser Experimente werden den Probanden die Augen verbunden, da der Fokus auf der Untersuchung der kinästhetischen Wahrnehmung liegt. Dennoch besitzen auf diese Weise gesammelte Erkenntnisse auch große Relevanz für den Fall, dass visuelle Informationen zur Verfügung stehen. Das wurde bereits im Abschnitt 3.2 bei der Erläuterung der Randbedingungen der vorliegenden Forschungsarbeit mittels zahlreicher Quellen nachgewiesen. An dieser Stelle seien jedoch nochmals wichtige, auf die konkrete Problemstellung bezogene Zusammenhänge erwähnt. Zunächst ist darauf hinzuweisen, dass im Alltag die Bestimmung der Position der Hand im Raum nicht allein durch den Sehsinn erfolgt, sondern das Ergebnis der statistisch optimalen Integration der visuellen und kinästhetischen Wahrnehmung ist [BWH02]. In Tiefenrichtung wird die Hand sogar maßgeblich durch das somatosensorische System lokalisiert [BWH02]. Die Bedeutung des somatosensorischen Systems nimmt bei der Interaktion in virtuellen Umgebungen gegenüber dem visuellen System weiter zu. Grund hierfür sind jene durch die visuelle Darstellung hervorgerufene Unsicherheiten, die z. B. aus einer ungeeigneten Perspektive, aus einer ungeeigneten Beleuchtung der virtuellen Szene oder aus visuellen Verdeckungen innerhalb der Szene resultieren. Zudem treten durch die zweidimensionale Repräsentation einer dreidimensionalen Szene auf dem Computerbildschirm große Unsicherheiten beim Abschätzen von räumlicher Tiefe auf [KL09]. Die genannten Gründe tragen dazu bei, dass die visuellen Informationen nicht immer verlässlich genutzt werden können und somit der kinästhetischen Wahrnehmung hinsichtlich der Orientierung in der virtuellen Szene eine wichtige Rolle zufällt. Darüber hinaus sei darauf hingewiesen, dass der visuelle Kanal beim gleichzeitigen Verwenden eines haptischen Geräts und eines Computermonitors sowieso sehr beansprucht wird. Im Normalfall liegt der Fokus des Nutzers deshalb stets auf der gerade zu bewältigenden Aufgabe und nicht auf der Beobachtung der eigenen Bewegungen. Auch in diesem Zusammenhang wird noch einmal deutlich, dass die kinästhetische Wahrnehmung für die virtuelle Interaktion sehr bedeutend ist und die im nächsten Abschnitt beschriebenen Experimente zur quantitativen Untersuchung dieser deshalb große Relevanz besitzen.

6.1.2 Bestimmung der kinästhetischen Lokalisationsgenauigkeit

Um quantitativ untersuchen zu können, wie gut sich der frei bewegende Nutzer eines Kraftwiedergabegeräts in einem virtuellen Arbeitsbereich orientieren kann, d. h. wie genau dieser die aktuelle Position des HIP lokalisiert, ist es möglich, die vom Nutzer wahrgenommene Position des HIP an verschiedenen Stellen des Arbeitsbereichs abzufragen und mit der tatsächlichen zu vergleichen. Durch Bildung der Differenz lässt sich dann der kinästhetische Lokalisationsfehler berechnen. Auf die beschriebene Weise wird auch in den nachfolgend näher erläuterten Experimenten vorgegangen.

6.1.2.1 Prozedur

Die Versuchsperson sitzt mit Augenbinde und aufgesetztem Kopfhörer auf einem Stuhl ohne Armlehnen. Durch das über den Kopfhörer wiedergegebene Rosa Rauschen sollen vom PHANToM emittierte Geräusche maskiert werden. Während der Untersuchung ist eine bestimmte Anzahl an Versuchen zu absolvieren. Zu Beginn eines jeden Versuchs wird eine virtuelle Kugel mit einem Durchmesser von 1 cm, das sogenannte Zielobjekt, zufällig innerhalb eines quaderförmigen Gebiets im Arbeitsbereich des PHANToM versteckt. Dieses quaderförmige Gebiet ist in Abbildung 6.1a zu erkennen und wird nachfolgend auch als virtueller Arbeitsbereich bezeichnet. Dessen Größe beträgt 25 cm in der Breite, 17 cm in der Höhe und 9 cm in der Tiefe. Die Größe ist so gewählt, dass der Großteil des zur Verfügung stehenden mechanischen Arbeitsbereichs abgedeckt werden kann. Das quaderförmige Gebiet lässt sich in insgesamt 3825 Würfel mit einer Seitenlänge von 1 cm einteilen. Die auf den drei Raumachsen befindlichen Würfel sind ebenfalls beispielhaft in

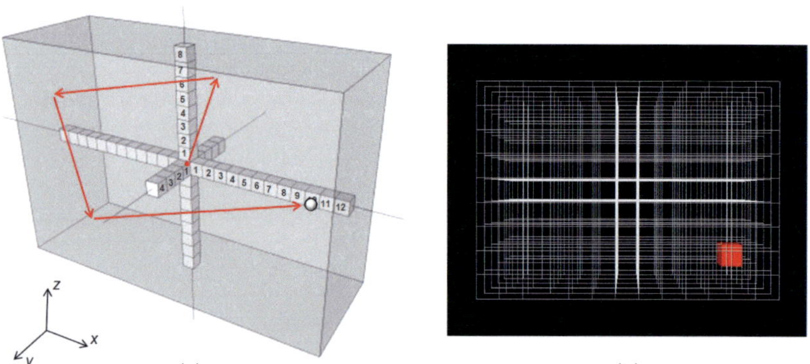

(a) (b)

Abbildung 6.1: (a) Der mechanische Arbeitsbereich des PHANToM kann näherungsweise durch ein quaderförmiges Gebiet, das eine Breite von 25 cm, eine Höhe von 17 cm und eine Tiefe von 9 cm aufweist, beschrieben werden. Dieses quaderförmige Gebiet wird als virtueller Arbeitsbereich bezeichnet und in 3825 Würfel mit einer Kantenlänge von 1 cm eingeteilt. Die auf den Raumachsen positionierten Würfel sind beispielhaft dargestellt. (b) Zu Beginn der Trainingsphase wird für den Probanden der virtuelle Arbeitsbereich, dessen Einteilung in Würfel und die aktuelle Position des HIP anhand des jeweiligen eingefärbten Würfels auf dem Computermonitor visualisiert. Bewegt der Proband nun den eigenen Arm und somit den Stylus des PHANToM, wird zugleich der HIP verschoben. Wenn der HIP durch diese Bewegung aus einem Würfel aus- und in einen benachbarten Würfel eintritt, wird letztgenannter eingefärbt und somit die Positionsveränderung angezeigt.

Abbildung 6.1a dargestellt. Die Würfel können nicht betastet werden, da es sich hierbei nicht um virtuelle Objekte handelt. Sie dienen lediglich dazu, eine bestimmte Position innerhalb des quaderförmigen virtuellen Arbeitsbereichs zu definieren.

Die Aufgabe der Versuchsperson besteht nun darin, das sich in einem dieser Würfel befindliche Zielobjekt zu lokalisieren. Dazu greift sie nach dem Stylus des PHANToM, der zuvor vom Versuchsleiter zum Ausgangspunkt bewegt wurde. Der Ausgangspunkt entspricht dem Zentrum des Quaders. Die Versuchsperson hält den Stylus derart, dass die gedachte Verlängerung des Zeigefingers der Stylusspitze entspricht. Nun führt sie zufällige Bewegungen aus. Ein systematisches Scannen ist nicht erlaubt. Sobald sich der durch die Bewegungen gesteuerte HIP in unmittelbarer Nähe zum Zielobjekt befindet, wirkt ein haptischer Magneteffekt, der den HIP an das Zielobjekt heranzieht. Ohne weitere Bewegungen auszuführen, gibt die Versuchsperson nun die Position des Zielobjekts bzw. die des Würfels, in dem es sich befindet, in Bezug zum Ausgangspunkt an. Hierzu werden Richtungsangaben unter Verwendung der Begriffe *links/rechts*, *oben/unten* und *vorn/hinten* sowie Zahlen (Zentimeterangaben) zur Spezifizierung der wahrgenommenen Distanz zum Ausgangspunkt genutzt. Die Position des in Abbildung 6.1a beispielhaft dargestellten Zielobjekts ließe sich demnach wie folgt beschreiben: 10 cm nach rechts, 1 cm nach vorn, keine Verschiebung nach oben oder unten. Die Differenz aus der wahrgenommenen und tatsächlichen Position ergibt den Lokalisationsfehler. Es wird kein Feedback darüber gegeben, inwieweit richtig oder falsch geantwortet wurde.

Im Rahmen der Untersuchung absolviert die Versuchsperson zunächst ein Training und dann entweder 10 Versuche im ersten oder im zweiten Experiment.

Training Am Anfang soll sich die Versuchsperson an den Umgang mit dem PHANToM gewöhnen und die Größe des mechanischen sowie des virtuellen Arbeitsbereichs kennenlernen. Um ein besseres Verständnis zu schaffen, wird der virtuelle Arbeitsbereich, dessen Rasterung und die aktuelle Position des HIP zunächst auf dem Computerbildschirm visualisiert. Die genutzte Visualisierung ist anhand eines Screenshots in Abbildung 6.1b dargestellt. Anschließend werden der Versuchsperson die Augen verbunden, um den oben beschriebenen experimentellen Ablauf in vier Versuchen trainieren zu können. Sobald das Zielobjekt während eines Versuchs ausfindig gemacht und die Position geschätzt wurde, erhält die Versuchsperson eine Information über den Lokalisationsfehler. Nach Abschluss der Trainingsphase kann sie ihre Schätzung bezüglich der Position des Zielobjekts innerhalb weniger Sekunden abgeben.

Experiment 1 Im ersten Experiment wird das PHANToM, wie anhand von Abbildung 6.2a angedeutet, auf Tischhöhe platziert. Aufgrund der geringen Größe und der Position des Arbeitsbereichs muss die Versuchsperson den Arm beim Suchen des Zielobjekts nicht ausstrecken. Außerdem kann der Arm während des Suchvorgangs am als Referenz dienenden Rumpf angelegt bleiben.

Experiment 2 Im zweiten Experiment wird das PHANToM, wie durch Abbildung 6.2b illustriert, auf Kopfhöhe positioniert. Die Versuchsperson ist nun gezwungen, den Arm beim Suchen des Zielobjekts auszustrecken. Somit kann sie ihn auch nicht mehr am Rumpf anlegen. Mittels der vertikalen Verschiebung des PHANToM auf Kopfhöhe lässt sich demnach ein größerer Arbeitsbereich simulieren.

Durch den Vergleich der in beiden Experimenten ermittelten Lokalisationsfehler kann der Einfluss sich unterscheidender Armbewegungen und somit gleichzeitig der Einfluss unterschiedlich großer Arbeitsbereiche auf den Lokalisationsfehler untersucht werden.

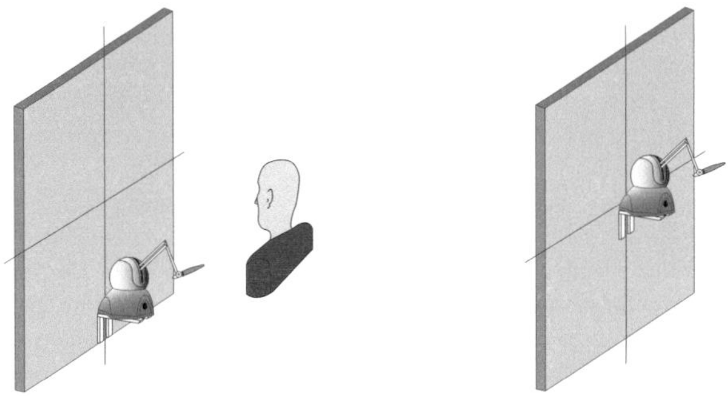

(a) (b)

Abbildung 6.2: (a) Im ersten Experiment wird das PHANToM auf Tischhöhe platziert. (b) Im zweiten Experiment wird das PHANToM auf Kopfhöhe positioniert. Das Gerät steht auf zwei metallenen Winkeln, die an einer Holzplatte fixiert wurden.

6.1.2.2 Experimentierumgebung

Die Bestimmung der kinästhetischen Lokalisationsgenauigkeit erfolgte mit der bereits im Abschnitt 4.2 beschriebenen Experimentierumgebung und der oben abgebildeten Vorrichtung. Die für die Untersuchung benötigte virtuelle Szene, einschließlich der Visualisierung, wurde in C^{++} unter Nutzung des Frameworks CHAI 3D implementiert. Mit MATLAB-Skripten wurde der experimentelle Ablauf gesteuert.

6.1.2.3 Versuchspersonen

Am ersten Experiment nahmen zwölf Personen (zehn männlich, zwei weiblich) im Alter von 21 Jahren bis 30 Jahren (∅ 24 Jahre) teil. Am zweiten Experiment haben ebenfalls zwölf Personen (neun männlich, drei weiblich) im Alter von 21 Jahren bis 49 Jahren (∅ 29 Jahre) teilgenommen. Sie stellten sich freiwillig als Versuchspersonen zur Verfügung und wiesen keine die Untersuchung beeinträchtigenden gesundheitlichen Einschränkungen auf. Die beiden Probandengruppen bestanden aus Auszubildenden, Studenten und Mitarbeitern der Technischen Universität Dresden.

6.1.2.4 Ergebnisse und Diskussion

Die Ergebnisse des ersten Experiments sind in Abbildung 6.3a dargestellt. Anhand der hellen Balken ist zu erkennen, dass der gemittelte Betrag des Lokalisationsfehlers von 1.4 cm in Tiefenrichtung (y-Achse) zu 1.8 cm in vertikaler Richtung (z-Achse) und zu 2.4 cm in

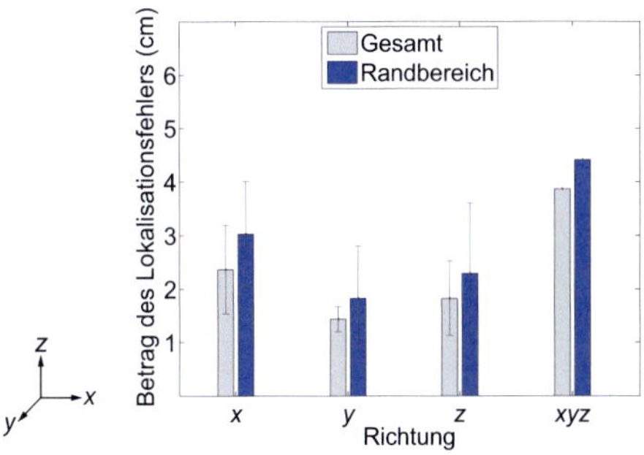

(a)

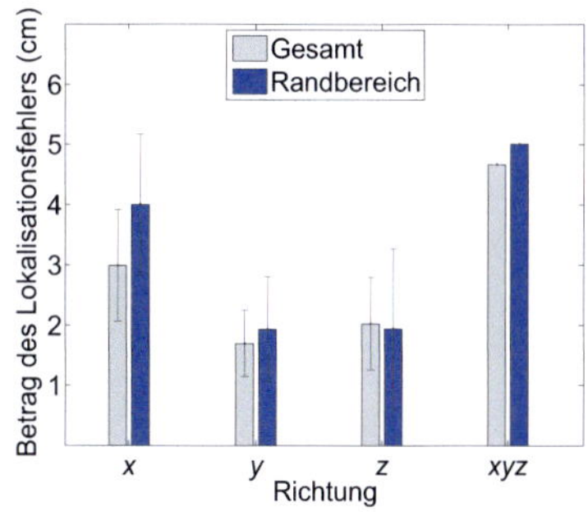

(b)

Abbildung 6.3: (a) Ergebnisse des ersten Experiments und (b) Ergebnisse des zweiten Experiments. Dargestellt sind die Mittelwerte vom Betrag des Lokalisationsfehlers ± Standardabweichung in x-, y- und z-Richtung sowie vom Betrag des Lokalisationsfehlers im dreidimensionalen virtuellen Arbeitsbereich. Die hellen Balken ergeben sich unter Berücksichtigung aller Versuche. Die dunklen Balken ergeben sich unter Berücksichtigung derjenigen Versuche, in denen das Zielobjekt im Randbereich des virtuellen Arbeitsbereichs versteckt war.

lateraler Richtung (x-Achse) ansteigt. Als Ursache für das Ansteigen des Fehlers konnte die unterschiedliche Ausdehnung des quaderförmigen virtuellen Arbeitsbereichs in den genannten Richtungen identifiziert werden. So beträgt die Tiefe des quaderförmigen Gebiets 9 cm, dessen Höhe 17 cm und dessen Breite 25 cm. Mit zunehmender Ausdehnung fällt den Probanden die Lokalisierung demnach schwerer. Indirekt verifizieren lässt sich diese Aussage, indem der Lokalisationsfehler nur für diejenigen Versuche berechnet wird, in denen das Zielobjekt innerhalb des virtuellen Arbeitsbereichs in einem um den Ausgangspunkt zentrierten würfelförmigen Gebiet mit einer konstanten Ausdehnung von 9 cm in der Tiefe, Breite und Länge versteckt war. Der berechnete mittlere Lokalisationsfehler bleibt dann nahezu gleich groß und beträgt 1.4 cm in Tiefenrichtung sowie 1.7 cm in vertikaler und lateraler Richtung. Die kinästhetische Lokalisationsgenauigkeit scheint in einem kleinen Arbeitsbereich wie dem des PHANToM somit nicht von der Bewegungsrichtung abzuhängen, sondern vom Bewegungsausmaß, d. h. von der zurückgelegten Distanz zwischen Ausgangspunkt und Zielobjekt. Da das Zielobjekt bei einer randomisierten Positionierung im virtuellen Arbeitsbereich im Mittel am weitesten in lateraler Richtung vom Ausgangspunkt entfernt ist, muss folglich auch der Lokalisationsfehler in dieser Richtung am größten sein. Der Einfluss des Bewegungsausmaßes lässt sich zudem mittels der dunklen Balken in Abbildung 6.3a veranschaulichen. Zur Berechnung der durch diese Balken gekennzeichneten Lokalisationsfehler werden nur ausgewählte Versuche berücksichtigt. Dabei handelt es sich um diejenigen Versuche, in denen das Zielobjekt im Randbereich des virtuellen Arbeitsbereichs versteckt war. Eine durch die ganzzahligen Koordinaten x, y und z definierte Position befindet sich in lateraler Richtung, Tiefenrichtung oder vertikaler Richtung im Randbereich, wenn der Betrag der entsprechenden Koordinate $|x|$, $|y|$ oder $|z|$ einem der in den nachfolgend angegebenen Intervallen liegenden Wert entspricht:

$$
\begin{aligned}
x, y, z \in \mathbb{Z}; \quad |x| =& [7, 12]\,\text{cm}\,, \\
|y| =& [3, 4]\,\text{cm}\,, \\
|z| =& [5, 8]\,\text{cm}\,.
\end{aligned} \tag{6.1}
$$

Demnach wird der äußere Teil des virtuellen Arbeitsbereichs als Randbereich bezeichnet. Anhand der dunklen Balken lässt sich erkennen, dass der Fehler bei der Lokalisation von Zielobjekten im Randgebiet in allen drei Richtungen größer als der durch die hellen Balken gekennzeichnete, über alle Versuche gemittelte Lokalisationsfehler ist. Auch die Standardabweichungen sind aufgrund des scheinbar höheren Schwierigkeitsgrads und den daraus resultierenden breiter gestreuten Schätzwerten größer. Eine ANOVA für wiederholte Messungen zeigt, dass die Differenz zwischen dem durch den hellen und dem durch den dunklen Balken gekennzeichneten Lokalisationsfehler in lateraler Richtung statistisch signifikant ist ($F = 19.164$, $p < 0.01$).

In Abbildung 6.3b sind die Ergebnisse des zweiten Experiments dargestellt. Wird das PHANToM in Kopfhöhe platziert, steigt der gemittelte Betrag des Lokalisationsfehlers von 1.7 cm in Tiefenrichtung (y-Achse) zu 2.0 cm in vertikaler Richtung (z-Achse) und zu 3.0 cm in lateraler Richtung (x-Achse). Als Ursache für das Ansteigen des Fehlers lässt sich wiederum die unterschiedliche Ausdehnung des quaderförmigen virtuellen Arbeitsbereichs in den genannten Richtungen und das damit einhergehende, sich unterscheidende Bewegungsausmaß aufführen. Zur Erläuterung sei wiederholend angemerkt, dass das Zielobjekt bei einer randomisierten Positionierung im virtuellen Arbeitsbereich in lateraler Richtung im Mittel weiter vom Ausgangspunkt als in vertikaler und Tiefenrichtung entfernt ist. Demnach muss der Nutzer durch seine Armbewegung eine im Mittel größere Distanz in lateraler Richtung zurücklegen. In der Folge steigt der Lokalisationsfehler. Eine Richtungsabhängigkeit der kinästhetischen Wahrnehmung hinsichtlich der Lokalisationsgenauigkeit konnte nicht festgestellt werden. Das wurde auf die bereits im Rahmen der Auswertung des ersten Experiments erläuterte Weise verifiziert. Außerdem wurden zum Nachweis des Einflusses des Bewegungsausmaßes erneut die gemittelten Beträge der Lokalisationsfehler im Randbereich berechnet. Diese werden durch die dunklen Balken in Abbildung 6.3b dargestellt. Es ist erkennbar, dass die in lateraler Richtung und Tiefenrichtung gemessenen Fehler bei der Lokalisation im Randgebiet größer als die über alle Versuche gemittelten Lokalisationsfehler in diesen Richtungen sind. Auch die Standardabweichungen steigen. Die Differenz zwischen dem durch den hellen und dem durch den dunklen Balken gekennzeichneten Lokalisationsfehler in lateraler Richtung ist statistisch signifikant (ANOVA für wiederholte Messungen; $F = 9.692$, $p < 0.05$).

Beim Vergleich der Ergebnisse des zweiten mit denen des ersten Experiments wird deutlich, dass der über alle Versuche gemittelte Betrag des Lokalisationsfehlers in allen drei Richtungen steigt. Auch der in lateraler und Tiefenrichtung auftretende Fehler im Randbereich nimmt zu. Grund hierfür sind wahrscheinlich die von den Probanden während der beiden Experimente ausgeführten und sich unterscheidenden Armbewegungen. Da das PHANToM im ersten Experiment auf Tischhöhe platziert wurde, brauchte die Versuchsperson den Arm bei der Suche nach dem Zielobjekt nicht auszustrecken.

Der Arm konnte wegen der Position und der geringen Größe des Arbeitsbereichs sogar am Rumpf angelegt bleiben. Im zweiten Experiment wurde durch die vertikale Verschiebung des PHANToM auf Kopfhöhe ein größerer Arbeitsbereich simuliert. Die Versuchsperson musste nun den gesamten Arm bewegen und ausstrecken, um nach dem Zielobjekt suchen zu können. Ein Anlegen des Arms am Rumpf war somit nicht mehr möglich. Bereits in [HWS+10] wurde im Rahmen der Untersuchung der HVT gezeigt, dass der Rumpf während der Bewegungen als kalibrierende Referenz dienen kann. Lässt er sich aber nicht mehr als Referenz nutzen und wird zudem der gesamte Arm bewegt, sinkt die Genauigkeit der kinästhetischen Wahrnehmung deutlich. Anhand dieser Erkenntnisse ließe sich auch erklären, warum die im zweiten Experiment ermittelten kinästhetischen Lokalisationsfehler größer als die im ersten Experiment sind.

Entscheidend für die Interaktion in virtuellen Umgebungen ist nun der resultierende, über die Probandengruppe gemittelte Betrag des Lokalisationsfehlers im dreidimensionalen virtuellen Arbeitsbereich $|F_{\mathrm{xyz}}|$. Dieser lässt sich unter Berücksichtigung der für jeden Proband $i = 1 \dots n$ in den einzelnen Richtungen ermittelten Fehler $|F_{\mathrm{x_i}}|$, $|F_{\mathrm{y_i}}|$ und $|F_{\mathrm{z_i}}|$ wie folgt berechnen:

$$|F_{\mathrm{xyz}}| = \frac{1}{n} \sum_{i=1}^{n} \sqrt{|F_{\mathrm{x_i}}|^2 + |F_{\mathrm{y_i}}|^2 + |F_{\mathrm{z_i}}|^2}\,. \tag{6.2}$$

Der für das erste Experiment in Abbildung 6.3a abgetragene Fehler $|F_{\mathrm{xyz}}|$ beträgt 3.9 cm und der für das zweite Experiment in Abbildung 6.3b gekennzeichnete Fehler $|F_{\mathrm{xyz}}|$ beträgt 4.7 cm. Dies sind beträchtliche Werte, wenn berücksichtigt wird, dass z. B. die Ausdehnungen der Objekte in den Experimenten zur Evaluation von kinästhetischem Feedback maximal 6 cm bzw. 12 cm betrugen. Anhand dieser großen Fehler ließen sich somit auch die in den Evaluationsexperimenten beobachteten Schwierigkeiten der Probanden bei der Orientierung in der virtuellen Szene erklären. Außerdem sei berücksichtigt, dass diese Fehler in einem Arbeitsbereich ermittelt wurden, dessen Größe im Vergleich kleiner als die eines Schuhkartons ist. Daher werden die kinästhetischen Lokalisationsfehler in größeren Arbeitsbereichen aufgrund der deutlich größeren zurückzulegenden Distanzen höchstwahrscheinlich weiter steigen.

Im Folgenden sind unterschiedliche Lösungsansätze beschrieben, mit denen die durch die gesammelten Erkenntnisse nun quantitativ spezifizierten Orientierungsschwierigkeiten vom Nutzer eines Kraftwiedergabegeräts verringert werden sollen.

6.2 Entwicklung von Lösungsansätzen

Um das Lokalisations- bzw. Orientierungsvermögen im virtuellen Arbeitsbereich verbessern zu können, soll zusätzliches auditives Feedback bereitgestellt werden. Dies ist ein erfolgversprechender Ansatz, da der Mensch das Gehör auch im Alltag effektiv zur Orientierung einsetzen kann. So lässt sich beispielswiese im Straßenverkehr die Richtung und Distanz eines sich nähernden Fahrzeugs vollkommen ohne visuelle Informationen nur anhand von akustischen Signalen abschätzen. Es ist daher sinnvoll, als Orientierungshilfe nutzbare akustische Signale auch in virtuellen Umgebungen zur Verfügung zu stellen. In der vorliegenden Arbeit werden diesbezüglich zwei Ansätze verfolgt.

6.2.1 Definition und Auralisation virtueller Arbeitsbereichsgrenzen

Während der zuvor beschriebenen Experimente zur Untersuchung der Lokalisationsgenauigkeit bestimmten die Probanden die Position des Zielobjekts vornehmlich unter Nutzung der kinästhetischen Wahrnehmung. Darüber hinaus erhielten sie Hinweise über die ungefähre Position des HIP, wenn sie während der Suche nach dem Zielobjekt durch ihre Bewegungen an die mechanischen Arbeitsbereichsgrenzen des PHANToM gelangten und dort einen Widerstand spürten. Diese Grenzen befinden sich geringfügig außerhalb des in Abbildung 6.1a dargestellten virtuellen Arbeitsbereichs, in dem das Zielobjekt versteckt war. Den Probanden standen während der Experimente zur Bestimmung der Lokalisationsgenauigkeit demnach die gleichen Informationen zur Verfügung wie in den Experimenten zur Evaluation von kinästhetischem Feedback, in denen die Schwierigkeiten hinsichtlich der Orientierung in der virtuellen Szene ursprünglich beobachtet wurden. Das war eine wichtige Voraussetzung, um die beobachteten Schwierigkeiten auch quantitativ spezifizieren zu können. Wichtig zu erwähnen ist nun jedoch, dass die mechanischen Arbeitsbereichsgrenzen aufgrund der Konstruktion des Roboterarms einen unregelmäßigen, abgerundeten Verlauf aufweisen. Es ist daher unwahrscheinlich, dass die Versuchspersonen für die Orientierung hilfreiche Informationen erhielten, wenn sie in Kontakt mit diesen Grenzen gelangten. Wahrscheinlicher ist, dass sie gewissermaßen verwirrt und somit deren Lokalisationsgenauigkeit beeinträchtigt wurde. Eine Möglichkeit zur Lösung dieser Problematik besteht nun darin, klare und somit für den Probanden hilfreiche Arbeitsbereichsgrenzen zu definieren. Umsetzen ließe sich dies beispielsweise, indem die gerade und somit regelmäßig verlaufenden Seitenflächen des quaderförmigen virtuellen Arbeitsbereichs als Begrenzung genutzt werden. So könnte über einen Kopfhörer oder einen Lautsprecher ein akustisches Signal ertönen bzw. ein bereits hörbares verstummen, sobald der HIP die Begrenzung überschreitet. Das akustische Signal kann der Proband demnach als kalibrierende Referenz nutzen und darüber hilfreiche Informationen beziehen. Inwieweit sich die Lokalisationsgenauigkeit auf die beschriebene Weise verbessern lässt, wird im Abschnitt 6.3.1 bei der Evaluation des Lösungsansatzes untersucht.

6.2.2 SIH-Technik

Durch die Definition und Auralisation gerader und somit regelmäßig verlaufender virtueller Arbeitsbereichsgrenzen ist es möglich, dem Nutzer eines Kraftwiedergabegeräts verlässliche Informationen über die Position des HIP zu übermitteln, wenn dieser sich weit vom Zentrum entfernt befindet. Während der Bewegungen innerhalb des virtuellen Arbeitsbereichs erhält der Nutzer dadurch jedoch keine zusätzlich nutzbaren Informationen. Damit das Orientierungsvermögen an möglichst allen Positionen im Arbeitsbereich verbessert werden kann, wäre es daher denkbar, räumliche Lokalisationsinformationen bereitzustellen. Auf diese Weise könnte der Nutzer eines Kraftwiedergabegeräts hören, wo sich der HIP genau befindet. Zur Generierung eines räumlichen, dreidimensionalen Höreindrucks bestehen unterschiedliche Möglichkeiten. Einerseits können Verfahren zur mehrkanaligen Wiedergabe über Lautsprecherarrays genutzt werden, z. B. Ambisonics [MM95], Vector Base Amplitude Panning (VBAP, [Pul97]) oder Wellenfeldsynthese [BVV93]. Andererseits besteht die Möglichkeit, sogenannte kopfbezogene Übertragungsfunktionen (HRTFs, engl. *head-related transfer functions*) für die zweikanalige Wiedergabe über Kopfhörer zu nutzen [Møl92]. In diesem Fall wird das akustische Signal vor der Wiedergabe mit einer Freifeld-Transferfunktion, die die Übertragung von einer bestimmten Position einer Schallquelle zum Ohrkanal des Hörers beschreibt, gefiltert.

Dass akustisch übermittelte räumliche Lokalisationsinformationen dem mit einer virtuellen Umgebung interagierenden Nutzer als Orientierungshilfe dienen können, wurde bereits in unterschiedlichen Studien nachgewiesen. In diesen Studien steuerte der Nutzer durch das haptische Gerät jedoch keinen HIP, sondern zumeist einen Avatar, d. h. eine virtuelle Repräsentation von sich selbst. Mit Hilfe der räumlichen Lokalisationsinformationen ließ sich dieser Avatar beispielsweise erfolgreich durch eine virtuelle Straßenverkehrssituation navigieren [MRG05b] oder zu einem zu lokalisierenden, schallemittierenden Alltagsgegenstand in einem durch die virtuelle Szene nachgebildeten Raum bewegen [Szy08, S. 25ff]. Die zum Bereitstellen der Lokalisationsinformationen verwendete Methodik basierte dabei auf der sogenannten *ears-in-hand interaction technique* [Szy08, S. 12, 19ff], die anhand des letztgenannten Beispiels erläutert werden kann. Die Benennung dieser Technik resultiert daraus, dass der Nutzer den Avatar und somit gleichzeitig dessen Kopf und Ohren durch die mit dem haptischen Gerät interagierende Hand kontrolliert. Hört der Nutzer also beispielsweise das Geräusch vom zu lokalisierenden Alltagsgegenstand von der rechten Seite, so dreht er den Avatar in diese Richtung. In der Folge kann er das Geräusch direkt von vorn wahrnehmen. Je weiter er den Avatar nun nach vorn bewegt, desto lauter wird das Geräusch. Somit kann er die Distanz zum Gegenstand abschätzen. Bei Verwendung dieser Technik ändert sich also die Lokalisationsrichtung und die Lautstärke in Abhängigkeit von der Position und Orientierung des durch die Hand des Nutzers gesteuerten Avatars. Der beschriebene Ansatz kann jedoch nicht für die vorliegende Arbeit verwendet werden, da eine andere Ausgangssituation und auch eine andere Zielstellung vorliegt. So wurde der Avatar in den referenzierten Studien durch einen virtuellen Raum oder eine virtuelle Straßenverkehrsszene bewegt, wobei schallemittierende Gegenstände lokalisiert oder zur Navigation durch die Szene genutzt werden sollten. In der vorliegenden Arbeit wird jedoch kein Avatar kontrolliert, sondern vielmehr der HIP, d. h. die virtuelle Repräsentation der Fingerspitze des Nutzers. Ziel ist es, dem Nutzer Informationen über die aktuelle Position des HIP zu übermitteln, um die Orientierung im virtuellen Arbeitsbereich verbessern zu können. Umsetzen ließe sich dies, indem fortwährend räumliche Lokalisationsinformationen über die ausgeführten Bewegungen übermittelt werden. Dazu wird an den HIP eine virtuelle Schallquelle fixiert, deren Position sich folglich zusammen mit der vom HIP durch die Bewegungen des Nutzers vom Kraftwiedergabegerät verändert. Der von der virtuellen Quelle emittierte Schall kann nun in Abhängigkeit von deren aktueller Position, unter Verwendung eines Verfahrens zur Erzeugung eines räumlichen Höreindrucks, aus einer ganz bestimmten Richtung wahrgenommen werden und erlaubt somit die auditive Lokalisation des HIP. Da der Nutzer den HIP und somit die Schallquelle durch seine eigene Hand bewegt, wird die beschriebene Methodik in Anlehnung an die zuvor genannte als *sound source-in-hand interaction technique* (SIH-Technik) bezeichnet. Im Folgenden ist nun beschrieben, wie mittels VBAP sowie bei Verwendung von HRTFs ein räumlicher Höreindruck zur Umsetzung der SIH-Technik erzeugt werden kann. Als akustisches Signal kommt in beiden Fällen ein breitbandiges Rauschen (Rosa

Rauschen) zum Einsatz, da dieser Signaltyp aufgrund des breiten Spektrums bevorzugt zur auditiven Lokalisation genutzt wird. Anhand einer Gegenüberstellung der beiden genannten Wiedergabeverfahren im Abschnitt 6.3.2 wird dann evaluiert, welches für den vorgesehenen Einsatzzweck zu präferieren ist.

6.2.2.1 Vector-Base Amplitude Panning

VBAP basiert auf der Methode des Amplituden-Pannings, das zuerst bei der zweikanaligen Wiedergabe über Stereo-Setups zum Einsatz kam [Pul97]. In diesen Setups werden zwei Lautsprecher in der Horizontalebene direkt vor dem Hörer platziert. Wenn diese kohärente Signale ausgeben und die Amplituden der vom linken und rechten Lautsprecher wiedergegebenen Signale dabei getrennt variiert werden, lässt sich das wahrgenommene Hörereignis als sogenannte virtuelle Schallquelle auf einer Linie zwischen den Lautsprechern verschieben [PK01]. Pulkki schrieb diese Methode in [Pul97] unter Verwendung von Vektoren um, sodass das ursprünglich für zwei Lautsprecher ausgelegte Amplituden-Panning auch für drei verwendet werden kann. Basierend auf der zuvor referenzierten Publikation soll das Verfahren nachfolgend kurz erläutert werden. Dazu sind in Abbildung 6.4 drei, ein Dreieck formende Lautsprecher dargestellt. Die Lautsprecher sind in gleicher Distanz zum Hörer auf einer sphärischen Oberfläche angeordnet. Die Richtungen, in der sich die Lautsprecher befinden, können ausgehend vom Hörer mit den Einheitsvektoren $\vec{l_1} = (l_{11}\ l_{12}\ l_{13})^{\mathrm{T}}$, $\vec{l_2} = (l_{21}\ l_{22}\ l_{23})^{\mathrm{T}}$ und $\vec{l_3} = (l_{31}\ l_{32}\ l_{33})^{\mathrm{T}}$ beschrieben werden. Um die virtuelle Schallquelle in eine beliebige, als Einheitsvektor angegebene Richtung $\vec{q} = (q_1\ q_2\ q_3)^{\mathrm{T}}$ horizontal und/oder vertikal innerhalb des Dreiecks verschieben zu können, müssen die Amplituden der von den drei Lautsprechern wiederzugebenden kohärenten Signale, d. h. die Verstärkungsfaktoren $\vec{v} = (v_1\ v_2\ v_3)$, richtig gewählt werden. Die Richtung $\vec{q}$ lässt sich dann durch eine Linearkombination wie folgt angeben [Pul97]:

$$\vec{q} = v_1\,\vec{l_1} + v_2\,\vec{l_2} + v_3\,\vec{l_3}\,, \tag{6.3}$$

$$\vec{q}^{\,\mathrm{T}} = \vec{v}\,\vec{L}_{123} \quad \text{mit} \quad \vec{L}_{123} = (\vec{l_1}\ \vec{l_2}\ \vec{l_3})^{\mathrm{T}}\,. \tag{6.4}$$

Durch Umstellen lässt sich nach den gesuchten Verstärkungsfaktoren $\vec{v} = (v_1\ v_2\ v_3)$ lösen [Pul97]:

$$\vec{v} = \vec{q}^{\,\mathrm{T}}\,\vec{L}_{123}^{-1} = (q_1\ q_2\ q_3)\begin{pmatrix} l_{11} & l_{12} & l_{13} \\ l_{21} & l_{22} & l_{23} \\ l_{31} & l_{32} & l_{33} \end{pmatrix}. \tag{6.5}$$

Abschließend ist der berechnete Vektor $\vec{v}$ z. B. anhand von nachfolgender Gleichung zu normalisieren, wenn stets eine konstante Lautstärke beibehalten werden soll [Pul97]:

$$|\vec{v}| = \frac{\vec{v}}{\sqrt{v_1^2 + v_2^2 + v_3^2}}\,. \tag{6.6}$$

Die in Abbildung 6.4 dargestellte Anordnung lässt sich beliebig erweitern, indem durch zusätzliche Lautsprecher weitere Dreiecke geformt werden. Somit wird es möglich, die virtuelle Schallquelle auch über größere Distanzen und beispielsweise um den Hörer herum sehr exakt zu verschieben. Zu berücksichtigen ist jedoch, dass unabhängig von der Gesamtanzahl der Lautsprecher zu einer bestimmten Zeit immer nur maximal drei zum Panning genutzt werden.

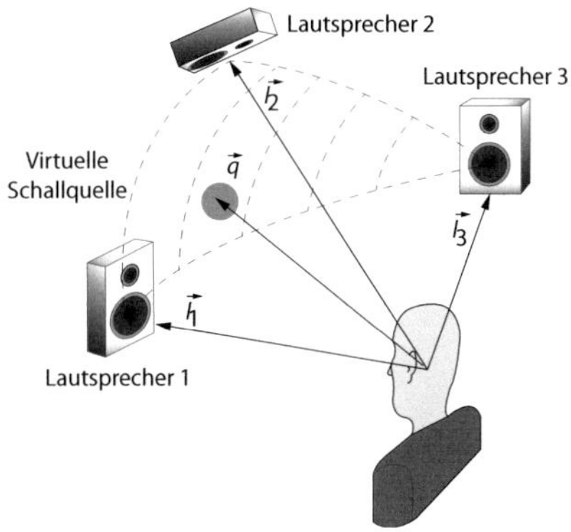

Abbildung 6.4: Mittels VBAP kann die virtuelle Schallquelle an eine beliebige Position innerhalb des durch die Lautsprecher geformten Dreiecks in horizontaler und vertikaler Richtung verschoben werden (adaptiert von [Pul97]).

Das im Rahmen der vorliegenden Arbeit entwickelte, auf die Nutzung von VBAP ausgerichtete Setup zur Umsetzung der im vorherigen Abschnitt beschriebenen SIH-Technik ist in Abbildung 6.5a schematisch und in Abbildung 6.5b als Fotografie dargestellt. Acht in eine quadratische Holzplatte (1.2 m x 1.2 m) integrierte Breitbandlautsprecher (Visaton FR 8) werden zur akustischen Wiedergabe verwendet. Der Basiswinkel zwischen dem in mittlerer Höhe angeordneten äußeren linken und äußeren rechten Lautsprecher wurde so gewählt, dass er mit dem Basiswinkel von den bewährten klassischen Stereo-Setups übereinstimmt, d. h., $2\theta = 60°$ (Azimut). Der Basiswinkel zwischen dem oberen und unteren Lautsprecher beträgt ebenfalls $2\phi = 60°$ (Elevation). Nach dem Einbau der Lautsprecher wurde die Holzplatte mit akustisch transparentem Stoff abgedeckt. Die Berechnung der Verstärkungsfaktoren sowie die Auswahl des oder der zum Positionieren der virtuellen Schallquelle benötigten Lautsprecher wird von Pure Data gesteuert. Zum Einsatz kommt dabei vom Entwickler von VBAP zur Verfügung gestellter Quellcode [Vba]. Hinsichtlich der Wiedergabe ist zu berücksichtigen, dass der Hörer auf einem zentral vor der Holzplatte positionierten Stuhl sitzt. Dieser Stuhl wird in der Höhe so verstellt, dass sich der Kopf des Hörers und somit dessen Ohren immer in mittlerer Höhe befinden. Dies ist zur Veranschaulichung ebenfalls in Abbildung 6.5a dargestellt. Um die Funktionalität von VBAP zu gewährleisten, sollten alle Lautsprecher in einem äquidistanten Abstand zum Kopf des Hörers angeordnet, d. h. auf einer sphärischen Oberfläche verteilt sein. Im vorliegenden Fall wird die sphärische Verteilung der Lautsprecher in Pure Data simuliert, indem die einzelnen Lautsprechersignale unter Verwendung geeigneter Verzögerungsglieder zu unterschiedlichen Zeiten ausgegeben werden.

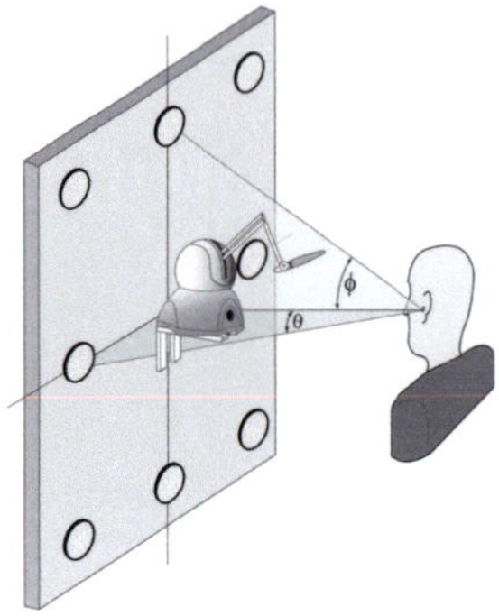

(a)

(b)

Abbildung 6.5: Auf die Nutzung von VBAP ausgerichtetes Setup zur Umsetzung der SIH-Technik. (a) Schematische Darstellung. (b) Fotografie.

6.2.2.2 Kopfbezogene Übertragungsfunktionen

Ein dreidimensionaler räumlicher Höreindruck lässt sich auch mittels einer zweikanaligen Wiedergabe über Kopfhörer erzeugen. Voraussetzung dafür ist, dass das akustische Signal vor der Wiedergabe gefiltert wird. Zur Filterung benötigt werden HRTFs, die als Freifeld-Transferfunktionen die Schallübertragung von bestimmten Positionen einer Schallquelle zum Ohrkanal des Hörers beschreiben. Die HRTFs müssen für unterschiedliche Schalleinfallsrichtungen für beide Ohren getrennt bestimmt werden. Außerdem ist zu berücksichtigen, dass der Verlauf der HRTFs von anatomischen Eigenheiten des Rumpfes, Kopfes und Außenohres abhängt und somit interindividuelle Unterschiede auftreten. Da es jedoch sehr aufwändig wäre, HRTFs für jede in Frage kommende Person und unterschiedlichste Schalleinfallsrichtungen zu bestimmen, wird üblicherweise und auch in der vorliegenden Arbeit auf gemittelte Datensätze zurückgegriffen. Eine umfangreiche Sammlung solcher gemittelten, mit einem KEMAR Kunstkopf aufgenommenen Datensätze wird vom Massachusetts Institute of Technology zur Verfügung gestellt [GM94]. Konkret handelt es sich hierbei um kopfbezogene Impulsantworten (HRIRs, engl. *head-related impulse responses*) für das linke und rechte Ohr von insgesamt 710 verschiedenen Anregungspositionen, die auf einer sphärischen Oberfläche (360° Azimut, –45° bis +90° Elevation) verteilt waren. Im weiteren Verlauf werden jedoch nur die Impulsantworten für den Bereich zwischen –30° und +30° in Azimut und Elevation genutzt, da die Basiswinkel auch beim zuvor beschriebenen, auf die Nutzung von VBAP ausgerichteten Setup 60° in Azimut und Elevation betrugen. Aufgrund dieser Übereinstimmung lässt sich im Rahmen der Evaluation eine sinnvolle Gegenüberstellung der beiden, zur Umsetzung der SIH-Technik genutzten Verfahren gewährleisten. Um nun kontinuierlich Lokalisationsinformationen über den sich bewegenden HIP mittels einer an diesen gekoppelten virtuellen Schallquelle binaural wiedergeben zu können, wird ein Algorithmus benötigt, der eine HRIR basierend auf bereits gemessenen HRIRs in Echtzeit interpolieren kann. Das ist notwendig, da nicht für alle

Schalleinfallsrichtungen Messdaten vorliegen. Eine wichtige Anforderung ist hierbei, dass auch die Verarbeitung sehr schneller Bewegungen ohne hörbare Unterbrechungen oder Artefakte ermöglicht wird. Überzeugend bewältigen kann diese Aufgabe der in [XCP05] beschriebene Algorithmus, der auf die vom Massachusetts Institute of Technology zur Verfügung gestellten 128 Samples-langen HRIRs zurückgreift und die für den aktuellen Signalblock benötigte HRIR basierend auf vier gemessene HRIRs linear interpoliert. Nachfolgend ist die Vorgehensweise basierend auf der zuvor referenzierten Publikation sowie von Abbildung 6.6 kurz beschrieben.

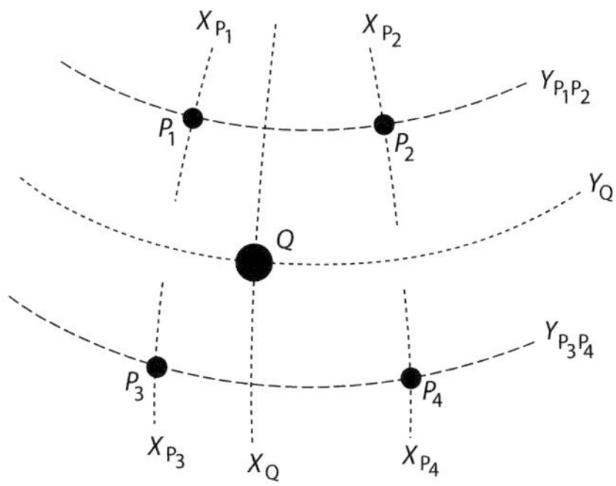

Abbildung 6.6: Die an den Punkten P_1, P_2, P_3 und P_4 gemessenen HRIRs I_{P_1}, I_{P_2}, I_{P_3} und I_{P_4} werden genutzt, um die HRIR I_{Q} für die Zielposition Q der virtuellen Schallquelle zu bestimmen (adaptiert von [XCP05]).

Im dargestellten Beispiel soll die virtuelle Schallquelle an die Zielposition Q verschoben werden. Für diese Position liegt jedoch keine gemessene HRIR vor. Aus diesem Grund wird zunächst geprüft, für welche sich in unmittelbarer Nähe zu Q befindenden Punkte Messdaten vorhanden sind. In der Abbildung ist angedeutet, dass es sich hierbei um P_1, P_2, P_3 und P_4 handelt. Die an diesen Punkten gemessenen HRIRs werden entsprechend mit I_{P_1}, I_{P_2}, I_{P_3} und I_{P_4} bezeichnet und genutzt, um die HRIR an der Position Q zu berechnen [XCP05]:

$$
\begin{aligned}
I_{\mathrm{Q}} = {} & \frac{Y_{\mathrm{Q}} - Y_{\mathrm{P_1P_2}}}{Y_{\mathrm{P_3P_4}} - Y_{\mathrm{P_1P_2}}} \cdot \left(\frac{X_{\mathrm{Q}} - X_{\mathrm{P_1}}}{X_{\mathrm{P_2}} - X_{\mathrm{P_1}}} \cdot I_{\mathrm{P_1}} - \frac{X_{\mathrm{P_2}} - X_{\mathrm{Q}}}{X_{\mathrm{P_2}} - X_{\mathrm{P_1}}} \cdot I_{\mathrm{P_2}} \right) + \\
& \frac{Y_{\mathrm{P_3P_4}} - Y_{\mathrm{Q}}}{Y_{\mathrm{P_3P_4}} - Y_{\mathrm{P_1P_2}}} \cdot \left(\frac{X_{\mathrm{Q}} - X_{\mathrm{P_3}}}{X_{\mathrm{P_4}} - X_{\mathrm{P_3}}} \cdot I_{\mathrm{P_3}} - \frac{X_{\mathrm{P_4}} - X_{\mathrm{Q}}}{X_{\mathrm{P_4}} - X_{\mathrm{P_3}}} \cdot I_{\mathrm{P_4}} \right) .
\end{aligned}
\tag{6.7}
$$

Im nächsten Schritt muss nun das entsprechende akustische Signal für die binaurale Wiedergabe vorbereitet werden. Dazu wird der aktuelle Signalblock x von diesem sogenannten Eingangssignal in den Signalblock y des wiederzugebenden Ausgangssignals transformiert. Beide Blöcke lassen sich in ihrer Länge durch die Blockgröße $b = 64$ Samples spezifizieren. Die Transformation erfolgt im Zeitbereich durch die Faltung des Signalblocks x mit einem 128-Tap-Filter. Der Filter ist das Ergebnis einer linearen Interpolation basierend auf den 128 Samples-langen HRIRs I_{Q} und I_{Q_0}. I_{Q} wurde für den aktuellen Signalblock x und die aktuelle Zielposition Q bestimmt, I_{Q_0} wurde für den vorherigen Signalblock x_0 und die vorherige Zielposition Q_0 berechnet. Demnach lässt sich nun jedes Sample k des auszugebenden Signalblocks y mit folgender Gleichung ermitteln [XCP05]:

$$y(k) = \sum_{n=0}^{127} x(k-n) \cdot \left(\frac{k}{b} \cdot I_{\mathrm{Q}}(n) + \frac{b-k}{b} \cdot I_{\mathrm{Q}_0}(n) \right) \qquad \text{mit} \quad k = 0, 1, \ \ldots \ , b-1 \, . \tag{6.8}$$

Die Interpolationen und Faltungen werden mit Hilfe der in [XCP05] beschriebenen Erweiterung für Pure Data realisiert. Zur Umsetzung der SIH-Technik wurde die Erweiterung entsprechend angepasst und im Software-Setup der Experimentierumgebung integriert.

6.2.2.3 *Akustische Streckung* des Arbeitsbereichs

Um die kinästhetische Lokalisationsgenauigkeit durch zusätzlich bereitgestellte räumliche Lokalisationsinformationen tatsächlich verbessern zu können, sieht die entwickelte SIH-Technik eine lineare *akustische Streckung* des virtuellen Arbeitsbereichs vor. Eine solche Streckung bewirkt, dass die virtuelle Schallquelle stets stärker als der durch die Bewegung des Nutzers verschobene HIP ausgelenkt wird. Dieser Zusammenhang ist nachfolgend mathematisch definiert. Die entsprechenden Richtungen der virtuellen Schallquelle θ in Azimut und ϕ in Elevation werden in Abhängigkeit von der durch x angegebenen lateralen Verschiebung und der durch z angegebenen vertikalen Verschiebung des HIP nach diesen Gleichungen bestimmt:

$$\theta(x) = \frac{\theta_{\max}}{x_{\max}} \cdot x \qquad \text{mit} \quad x = [-x_{\max},\ x_{\max}] \, , \tag{6.9}$$

$$\phi(z) = \frac{\phi_{\max}}{z_{\max}} \cdot z \qquad \text{mit} \quad z = [-z_{\max},\ z_{\max}] \, . \tag{6.10}$$

Die linke Grenze $-x_{\max} = -12.5\,\mathrm{cm}$ und die rechte Grenze $x_{\max} = 12.5\,\mathrm{cm}$ des in Abbildung 6.1a dargestellten, quaderförmigen virtuellen Arbeitsbereichs korrespondieren mit einer maximalen lateralen Verschiebung der virtuellen Schallquelle von $-\theta_{\max} = -30°$ und $\theta_{\max} = 30°$. Ähnlich verhält sich dies für die untere Grenze $-z_{\max} = -8.5\,\mathrm{cm}$ und die obere Grenze $z_{\max} = 8.5\,\mathrm{cm}$, die mit einer maximalen vertikalen Verschiebung der virtuellen Schallquelle von $-\phi_{\max} = -30°$ und $\phi_{\max} = 30°$ korrespondieren. Der beschriebene Zusammenhang ist in Abbildung 6.7 schematisch dargestellt. Anhand dieser Abbildung sowie der oben aufgeführten Gleichungen wird zudem deutlich, dass in vertikaler Richtung eine stärkere Streckung als in horizontaler Richtung vollzogen wird. Grund hierfür ist, dass das Gehör in der Höhe verschobene Hörereignisse im Vergleich zu lateral verschobenen weniger gut lokalisieren kann [PK01; Pul01].

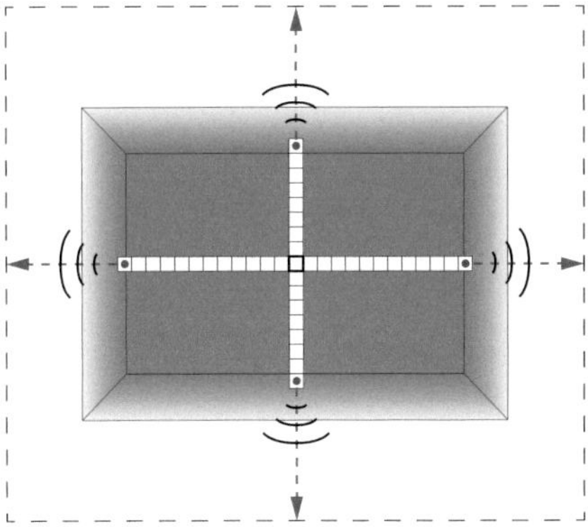

Abbildung 6.7: Schematische Darstellung der *akustischen Streckung* des Arbeitsbereichs in horizontaler und vertikaler Richtung.

Bisher nicht betrachtet wurde die Verschiebung des HIP in Tiefenrichtung. Um Informationen mittels akustischer Signale über nach vorn und hinten gerichtete Bewegungen übermitteln zu können, erscheint es erfolgversprechend, die Distanz des durch die Bewegungen gesteuerten HIP und somit die Distanz der virtuellen Schallquelle durch eine Variation des Schalldruckpegels auszudrücken. Der beschriebene Zusammenhang ist auch aus alltäglichen Situationen bekannt, da eine vom Hörer weit entfernte Schallquelle im Normalfall deutlich leiser als eine sich in unmittelbarer Nähe befindliche Quelle wahrgenommen wird. Um die kinästhetische Lokalisationsgenauigkeit nun durch die zusätzlich bereitgestellten räumlichen Lokalisationsinformationen verbessern zu können, wird auch in Tiefenrichtung eine lineare *akustische Streckung* des virtuellen Arbeitsbereichs vorgenommen. Diese Streckung bewirkt, dass die virtuelle Schallquelle bei einer Bewegung des HIP in Tiefenrichtung deutlich weiter nach vorn und hinten wandert, d. h. sich weiter annähert und entfernt. Demzufolge verändert sich der Schalldruckpegel auch stärker als dies normalerweise bei einer Bewegung um wenige Zentimeter der Fall wäre, sodass von der hohen Auflösung des Gehörs hinsichtlich von Schalldruckpegeländerungen ($\Delta L \approx 1\,\mathrm{dB}$, [FZ07, S. 180ff]) profitiert werden kann. Der aktuelle Schalldruckpegel L des zur Auralisation der Bewegungen genutzten Breitbandrauschens wird in Abhängigkeit von der durch y angegebenen Verschiebung des HIP in Tiefenrichtung mit $L_{\mathrm{init}} = 60\,\mathrm{dB(A)}$, $\Delta L = 12\,\mathrm{dB(A)}$ und $y_{\max} = 4.5\,\mathrm{cm}$ nach folgender Gleichung bestimmt:

$$L(y) = L_{\mathrm{init}} + \frac{\Delta L}{y_{\max}} \cdot y \qquad \text{mit} \quad y = [-y_{\max},\, y_{\max}]\,. \tag{6.11}$$

Demnach beträgt der Schalldruckpegel der virtuellen Schallquelle $L = 48\,\mathrm{dB(A)}$, wenn der HIP an die hintere Grenze des virtuellen Arbeitsbereichs $-y_{\max} = -4.5\,\mathrm{cm}$ verschoben wurde. An der vorderen Grenze $y_{\max} = 4.5\,\mathrm{cm}$ beträgt der Schalldruckpegel $L = 72\,\mathrm{dB(A)}$. Berücksichtigt sei zudem, dass die Schallquelle nur dann hörbar ist, wenn sich der HIP innerhalb des virtuellen Arbeitsbereichs bewegt.

Der zur Verbesserung der kinästhetischen Lokalisationsgenauigkeit entwickelte Lösungsansatz wird *Beyond Being There* zugeordnet, da das auf die beschriebene Weise bereitgestellte auditive Feedback außerhalb virtueller Umgebungen nicht zur Verfügung steht. In Abbildung 6.8 ist der Ablauf zur Umsetzung der SIH-Technik am Beispiel der Verwendung von HRTFs noch einmal abschließend dargestellt.

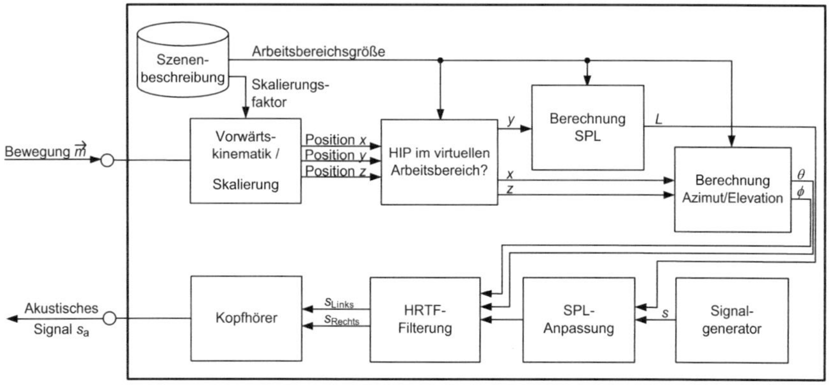

Abbildung 6.8: Umsetzung der SIH-Technik am Beispiel der Verwendung von HRTFs.

6.3 Evaluation der Lösungsansätze

Zu Beginn dieses Kapitels wurden im Abschnitt 6.1 die Schwierigkeiten der Nutzer eines Kraftwiedergabegeräts bezüglich der Orientierung in der virtuellen Szene durch das Bestimmen der kinästhetischen Lokalisationsgenauigkeit quantitativ spezifiziert. Im Abschnitt 6.2 wurden dann die entwickelten Lösungsansätze vorgestellt, mit denen die Lokalisationsgenauigkeit unter Nutzung von zusätzlichem auditiven Feedback verbessert werden soll. In diesem Abschnitt liegt der Fokus nun auf der Untersuchung der Eignung und Leistungsfähigkeit dieser Lösungsansätze.

6.3.1 Definition und Auralisation virtueller Arbeitsbereichsgrenzen

Wie zuvor bereits erläutert, weisen die mechanischen Arbeitsbereichsgrenzen von Kraftwiedergabegeräten konstruktionsbedingt unregelmäßige, abgerundete Verläufe auf. Es ist deshalb nicht vorstellbar, dass die Nutzer der Geräte beim Kontaktieren dieser Begrenzungen für die Orientierung effektiv nutzbare Hinweise erhalten. Eher werden sie durch die Begrenzungen irritiert, was folglich die Lokalisationsgenauigkeit beeinträchtigt. Der zur Lösung dieser Problematik vorgestellte Ansatz hat nun das Ziel, gerade verlaufende virtuelle Arbeitsbereichsgrenzen zu definieren und dem jeweiligen Nutzer akustisch zu signalisieren, wenn der von ihm gesteuerte HIP die Grenzen berührt oder überschreitet.

Testweise umgesetzt wird dies, indem die Begrenzungsflächen des in Abbildung 6.1a dargestellten, quaderförmigen Gebiets als virtuelle Arbeitsbereichsgrenzen genutzt werden. Befindet sich der HIP nun innerhalb des quaderförmigen Gebiets, wird über Kopfhörer ein Rauschsignal (Rosa Rauschen) dargeboten. Berührt oder überschreitet der HIP die Begrenzungsflächen, wird kein akustisches Signal wiedergegeben. Auf diese Weise soll dem Nutzer eine einfach nutzbare Orientierungshilfe bereitgestellt werden. Nachfolgend wird nun beschrieben, wie sich die Wirksamkeit dieser Orientierungshilfe untersuchen lässt.

6.3.1.1 Bestimmung der audio-kinästhetischen Lokalisationsgenauigkeit

Um den Einfluss der virtuellen Arbeitsbereichsgrenzen auf die Lokalisationsgenauigkeit untersuchen zu können, werden die beiden schon zur Spezifizierung der Problemstellung genutzten Experimente durchgeführt. Die Aufgabe der Versuchsperson besteht während der einzelnen Versuche dieser Experimente darin, das sich im virtuellen Arbeitsbereich befindliche Zielobjekt durch mit dem Stylus des PHANToM ausgeführte zufällige Bewegungen zu finden. Nachdem das Zielobjekt gefunden wurde, gibt die Versuchsperson schließlich dessen Position an. Durch Bildung der Differenz aus der wahrgenommenen und tatsächlichen Position kann somit auf den Lokalisationsfehler geschlossen werden.

Prozedur Die Versuchsperson nimmt entweder am ersten oder am zweiten Experiment teil. Im ersten wird das PHANToM wiederum auf Tischhöhe und im zweiten auf Kopfhöhe positioniert. Somit können unterschiedliche Armbewegungen erzwungen werden. Während der Experimente sind zwei Blöcke in randomisierter Reihenfolge mit insgesamt 20 Versuchen zu absolvieren. Ein Block dient zur Untersuchung der Wirksamkeit der virtuellen Arbeitsbereichsgrenzen, der andere zur Untersuchung der SIH-Technik. Nur der erstgenannte Block wird zunächst betrachtet und ausgewertet. Dieser beinhaltet eine Trainingsphase und zehn zu absolvierende Versuche. Eine detaillierte Erläuterung des Trainings- und Versuchsablaufs erfolgte im Abschnitt 6.1.2.1 bei der Beschreibung der Experimente zur Bestimmung der kinästhetischen Lokalisationsgenauigkeit.

Experimentierumgebung Die Durchführung des Blocks zur Untersuchung des Einflusses der virtuellen Arbeitsbereichsgrenzen erfolgte mit der im Abschnitt 4.2 beschriebenen Experimentierumgebung. Es kamen zudem die für die Untersuchung zur kinästhetischen Lokalisationsgenauigkeit erstellte virtuelle Szene sowie die MATLAB-Skripte zum Automatisieren des Versuchsablaufs zum Einsatz. Die akustische Wiedergabe wurde mit einem Pure Data-Patch gesteuert.

Versuchspersonen Zwölf Personen (zehn männlich, zwei weiblich) im Alter von 21 Jahren bis 34 Jahren (∅ 27 Jahre) stellten sich freiwillig für das erste Experiment zur Verfügung. Auch am zweiten Experiment nahmen zwölf Personen (zehn männlich, zwei weiblich) im Alter von 21 Jahren bis 49 Jahren (∅ 29 Jahre) teil. Die beiden Probandengruppen bestanden aus Studenten und Mitarbeitern der Technischen Universität Dresden und wiesen keine das Hören oder die haptische Wahrnehmung betreffende gesundheitlichen Beeinträchtigungen auf.

Ergebnisse und Diskussion Die experimentellen Ergebnisse sind in den Abbildungen 6.9a und 6.9b anhand der dunklen Balken dargestellt. Die hellen Balken kennzeichnen die mittleren Beträge der Fehler, auf die bereits im Abschnitt 6.1.2.4 bei der Auswertung der Experimente zur Bestimmung der kinästhetischen Lokalisationsgenauigkeit eingegangen wurde. Sie sind hier nochmals dargestellt, damit der direkte Vergleich ermöglicht und somit die Wirksamkeit der virtuellen Arbeitsbereichsgrenzen eingeschätzt werden kann. Die Ergebnisse des ersten Experiments zeigen, dass die Lokalisationsgenauigkeit in lateraler Richtung steigt, wenn gerade und somit regelmäßig verlaufende virtuelle Arbeitsbereichsgrenzen definiert werden und das Berühren oder Überschreiten dieser mittels auditivem Feedback angezeigt wird. Durch eine ANOVA für unabhängige Stichproben wurde festgestellt, dass dieser Effekt statistisch signifikant ist ($F = 4.607$, $p < 0.05$). In Tiefenrichtung und vertikaler Richtung kann die Lokalisationsgenauigkeit auf die beschriebene Weise jedoch nicht verbessert werden. Die Ergebnisse des zweiten Experiments zeigen, dass die Lokalisationsgenauigkeit durch das zusätzliche auditive Feedback sowohl in lateraler Richtung, Tiefenrichtung als auch in vertikaler Richtung geringfügig verbessert werden kann. Ein statistisch signifikanter Effekt wurde jedoch nicht gefunden.

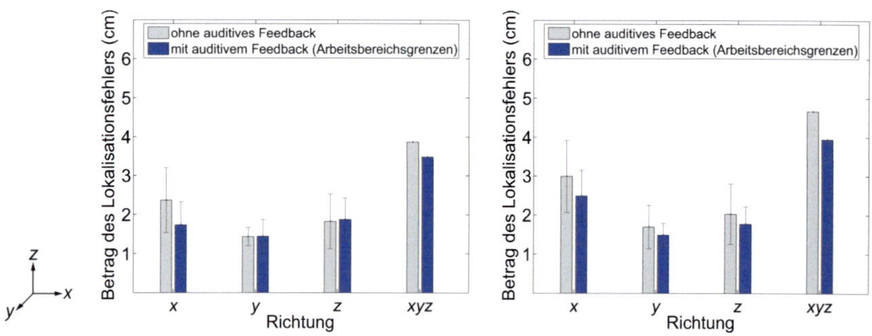

(a) (b)

Abbildung 6.9: (a) Die Ergebnisse des ersten Experiments und (b) die Ergebnisse des zweiten Experiments sind anhand der dunklen Balken gekennzeichnet. Die hellen Balken dienen dem direkten Vergleich und kennzeichnen die Ergebnisse aus den Experimenten zur Bestimmung der kinästhetischen Lokalisationsgenauigkeit. Dargestellt sind jeweils die Mittelwerte vom Betrag des Lokalisationsfehlers ± Standardabweichung in x-, y- und z-Richtung sowie vom Betrag des Lokalisationsfehlers im dreidimensionalen virtuellen Arbeitsbereich.

Zusammenfassend ist insbesondere auf zwei Aspekte hinsichtlich des untersuchten Lösungsansatzes hinzuweisen. Zum einen konnte durch das über die Begrenzung des virtuellen Arbeitsbereichs informierende auditive Feedback verhindert werden, dass die Probanden während der Interaktion mit dem PHANToM die Grenzen des mechanischen Arbeitsbereichs berühren und dort, aufgrund des der Bewegung entgegengesetzten Widerstands, ein virtuelles Objekt vermuten. Zum anderen konnte die Lokalisationsgenauigkeit geringfügig gesteigert werden. Der gewählte Ansatz stellt somit bereits einen Fortschritt dar.

6.3.2 SIH-Technik

Durch den zuvor evaluierten Lösungsansatz ist es möglich, dem Nutzer eines Kraftwiedergabegeräts Informationen über die Position des HIP zu übermitteln, wenn dieser sich an den Begrenzungsflächen des virtuellen Arbeitsbereichs befindet. Um aber kontinuierlich und ortsunabhängig Informationen über die Position des HIP zur Verbesserung des Lokalisations- bzw. Orientierungsvermögens bereitstellen zu können, wurde der Ansatz erweitert und die SIH-Technik entwickelt. Mit dieser Technik wird unter Verwendung von VBAP oder von HRTFs eine virtuelle Schallquelle erzeugt und durch die mit dem haptischen Gerät interagierende Hand des Nutzers gesteuert, damit zu jeder Zeit die auditive Lokalisation des HIP innerhalb des virtuellen Arbeitsbereichs ermöglicht werden kann.

6.3.2.1 Hörversuch

Hinsichtlich der Evaluation des Lösungsansatzes ist in einem ersten Schritt zu überprüfen, wie genau der HIP innerhalb des virtuellen Arbeitsbereichs anhand der erzeugten virtuellen Schallquelle auditiv lokalisiert werden kann. Eine sehr gute auditive Lokalisation ist Voraussetzung, um die kinästhetische Lokalisationsgenauigkeit verbessern zu können.

Prozedur Während der Untersuchung absolviert der Proband zwei Versuchsblöcke, wobei die Durchführung dieser in randomisierter Reihenfolge erfolgt. In einem Block werden die zur Erzeugung der virtuellen Schallquelle benötigten akustischen Signale mittels der auf VBAP ausgerichteten Vorrichtung wiedergegeben. In dem anderen Block wird die Wiedergabe der akustischen Signale unter Nutzung von HRTFs über Kopfhörer realisiert.

Vor Beginn eines Versuchsblocks absolviert die Versuchsperson ein Training. Im ersten Teil des Trainings bewegt sie den HIP innerhalb des virtuellen Arbeitsbereichs, indem sie mit dem PHANToM interagiert. Die resultierenden Positionsveränderungen kann sie anhand der in Abbildung 6.1b dargestellten Visualisierung nachverfolgen. Durch die Bewegungen des HIP wird gleichzeitig die virtuelle Schallquelle gemäß der SIH-Technik verschoben. Die Versuchsperson hört somit, wie weit diese Schallquelle in Abhängigkeit von der Position des HIP nach vorn, hinten, links, rechts sowie oben und unten ausgelenkt werden kann. Im zweiten Teil des Trainings werden der Versuchsperson die Augen verbunden. Das PHANToM wird nicht mehr benötigt. Der Versuchsleiter verschiebt den HIP nun softwaregesteuert vom Zentrum des virtuellen Arbeitsbereichs entlang der Raumachse in lateraler Richtung. Die Bewegung wird immer dann kurz unterbrochen, wenn der HIP um 2 cm verschoben wurde. Der Versuchsleiter nennt stets die aktuelle Distanz zum Zentrum des virtuellen Arbeitsbereichs, damit die Versuchsperson diese Distanz mit der wahrgenommenen Richtung der virtuellen Schallquelle vergleichen kann. Der beschriebene Vorgang wird auch für die beiden anderen Raumachsen wiederholt. Im letzten Teil des Trainings wird der nachfolgend beschriebene experimentelle Ablauf viermal durchgeführt.

Während eines Versuchsblocks absolviert der Proband insgesamt 10 Versuche. Zu Beginn eines jeden Versuchs wird der HIP automatisiert im Zentrum des virtuellen Arbeitsbereichs platziert. Daher hört der Proband die virtuelle Schallquelle auch direkt von vorn.

Anschließend wird der HIP innerhalb des virtuellen Arbeitsbereichs auf einem zufälligen Pfad mit variierender Geschwindigkeit verschoben. Daraus resultierend ergibt sich eine Verschiebung der virtuellen Schallquelle gemäß der SIH-Technik nach den zuvor definierten Gleichungen 6.9, 6.10 und 6.11. Nach etwa zehn Sekunden erreicht der HIP einen randomisiert bestimmten Zielort, der anhand der wahrgenommenen Richtung der virtuellen Schallquelle spezifiziert werden soll. Der Proband nutzt hierzu, wie auch in den Experimenten zuvor, die Begriffe *links/rechts*, *oben/unten* und *vorn/hinten* sowie Zahlen zur Spezifizierung der Distanz des HIP zum Zentrum des virtuellen Arbeitsbereichs. Die Differenz der Angabe des Probanden zur tatsächlichen Position ergibt den auditiven Lokalisationsfehler. Im Gegensatz zur Trainingsphase wird nicht darüber informiert, inwieweit richtig oder falsch geantwortet wurde.

Experimentierumgebung Die zur Durchführung der Untersuchung genutzte Experimentierumgebung basiert auf dem im Abschnitt 4.2 beschriebenen Hard- und Software-Setup. Das Hardware-Setup musste jedoch erweitert werden, da die Wiedergabe der akustischen Signale nicht nur unter Verwendung von HRTFs über Kopfhörer, sondern auch unter Verwendung von VBAP möglich sein sollte. Aus diesem Grund kam zusätzlich die im Rahmen dieser Arbeit konzipierte, in Abbildung 6.5a und b dargestellte Wiedergabevorrichtung zum Einsatz. Die Ansteuerung der acht Lautsprecher Visaton FR 8 wurde über vier der Verstärker Renkforce SAP-702 realisiert. Auch am Software-Setup waren geringfügige Änderungen erforderlich, da die zur Erzeugung und Verschiebung der virtuellen Schallquelle benötigten Pure Data-Patches integriert werden mussten.

Versuchspersonen Die auf freiwilliger Basis am Hörversuch teilnehmende Probandengruppe setzte sich aus acht Personen (sechs männlich, zwei weiblich) im Alter von 22 Jahren bis 54 Jahren (∅ 33 Jahre) zusammen. Dabei handelte es sich um Studenten und Mitarbeiter der Technischen Universität Dresden, die keine das Hören betreffende Einschränkungen aufwiesen.

Ergebnisse und Diskussion Die Ergebnisse des Hörversuchs sind in Abbildung 6.10 dargestellt. Sie ermöglichen eine Aussage darüber, ob eine weitere Verbesserung der Lokalisationsgenauigkeit durch Anwendung der SIH-Technik überhaupt theoretisch möglich ist und welches akustische Wiedergabeverfahren zur Umsetzung dieser Technik dabei zu präferieren wäre.

Wird VBAP zur akustischen Wiedergabe verwendet, beträgt der mittlere Betrag des auditiven Lokalisationsfehlers im virtuellen Arbeitsbereich in lateraler Richtung etwa 2.8 cm oder umgerechnet 7°, in Tiefenrichtung etwa 0.7 cm oder umgerechnet 2 dB(A) und in vertikaler Richtung etwa 3.7 cm oder umgerechnet 13° bis 14°. Werden HRTFs für die akustische Wiedergabe über Kopfhörer genutzt, beträgt der mittlere Betrag des auditiven Lokalisationsfehlers im virtuellen Arbeitsbereich in lateraler Richtung etwa 1.8 cm, d. h. 4° bis 5°, in Tiefenrichtung etwa 0.7 cm, d. h. 2 dB(A), und in vertikaler Richtung etwa 3.8 cm, d. h. 13° bis 14°. In diesem Zusammenhang sei nun an die beiden im vorherigen Abschnitt beschriebenen Experimente erinnert, mit deren Hilfe untersucht wurde, wie genau die Lokalisation auf Basis der kinästhetischen Wahrnehmung und zusätzlichem, über die Begrenzung des virtuellen Arbeitsbereichs informierendem auditiven Feedback erfolgt.

Im ersten dieser Experimente wurde das PHANToM auf Tischhöhe und im zweiten auf Kopfhöhe platziert. Es traten in lateraler Richtung mittlere Beträge des Lokalisationsfehlers von 1.8 cm und von 2.5 cm auf. Demnach sollte also zumindest letztgenannter Fehler deutlich reduziert werden können, wenn es der mit einem Kraftwiedergabegerät interagierenden Versuchsperson mittels HRTFs ermöglicht wird, den HIP auditiv zu lokalisieren. In Tiefenrichtung trat im ersten Experiment ein Fehler von 1.4 cm und im zweiten Experiment ein Fehler von 1.7 cm auf. Diese sollten sowohl mittels VBAP als auch durch den Einsatz von HRTFs sogar halbiert werden. Eine Verbesserung der Lokalisation in vertikaler Richtung ist hingegen generell nicht zu erwarten.

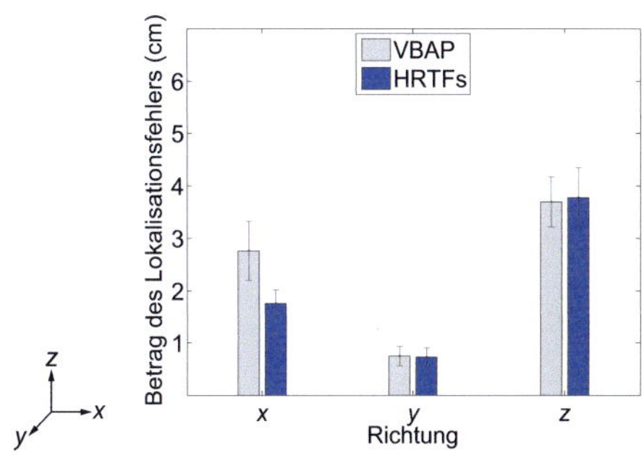

Abbildung 6.10: Ergebnisse des Hörversuchs. Dargestellt sind die Mittelwerte vom Betrag des auditiven Lokalisationsfehlers ± Standardabweichung in x-, y- und z-Richtung.

Anhand der vorherigen Erläuterungen lässt sich feststellen, dass zur Umsetzung der SIH-Technik bevorzugt HRTFs zum Einsatz kommen sollten. Hinsichtlich der in vertikaler Richtung und Tiefenrichtung gemessenen auditiven Lokalisationsfehler ist in Abbildung 6.10 zwar kein Unterschied zwischen den beiden, zur Erzeugung eines räumlichen Höreindrucks genutzten Verfahren feststellbar. Es lässt sich jedoch erkennen, dass in lateraler Richtung eine deutlich genauere Lokalisation möglich ist, wenn die Wiedergabe unter Verwendung von HRTFs über Kopfhörer erfolgt. Der Fehler, der sich aus der Nutzung der auf VBAP ausgerichteten Wiedergabevorrichtung ergibt, ist signifikant größer (ANOVA für wiederholte Messungen; $F = 14.365$, $p < 0.01$). Ursache hierfür ist wahrscheinlich die größere Anfälligkeit von VBAP gegenüber äußeren Einflüssen. So ist es beim Amplituden-Panning beispielsweise notwendig, dass der Proband möglichst bewegungslos und stets mittig vor der Lautsprecheranordnung sitzt. Wenn dies nicht sichergestellt wird, können bereits geringe Abweichungen von einer mittigen Sitzposition in lateraler sowie vertikaler Richtung zu erheblichen Beeinträchtigungen führen. Desweiteren zu berücksichtigen ist, dass im zur Wiedergabe genutzten Raum im Idealfall Freifeldbedingungen vorliegen sollten, da ansonsten beispielsweise unerwünschte Wandreflexionen die Lokalisation negativ beeinflussen. Unabhängig von den genannten Einflussfaktoren wäre eventuell eine Verbesserung der Lokalisation möglich, wenn als akustisches Signal ein auf Dauer zwar lästiger wahrgenommenes, aber die Lokalisation vereinfachendes gepulstes Rauschen mit wiederkehrenden steigenden und fallenden Flanken verwendet wird. So ist der in der vorliegenden

Arbeit bei der Nutzung von VBAP aufgetretene mittlere Betrag vom Lokalisationsfehler von etwa 7° in Azimutrichtung größer als jener, der von Pulkki bei Verwendung solcher Signale, allerdings unter Freifeldbedingungen und mit einer sich stark unterscheidenden Messmethodik, ermittelt wurde und mit kleiner 3° angegeben werden kann [Pul01]. Die in vorliegender Arbeit ermittelte Lokalisationsgenauigkeit in Elevationsrichtung ließe sich dadurch wahrscheinlich auch verbessern, wobei auch in der referenzierten Studie größere Variationen bei der Wahrnehmung von einer in der Höhe verschobenen Schallquelle festgestellt wurden. Abschließend sei darauf hingewiesen, dass sich natürlich auch das auditive Lokalisationsvermögen bei der Wiedergabe über Kopfhörer durch den Einsatz individueller HRTFs optimieren lässt. Schließlich kann auch die Position einer realen Schallquelle beim *natürlichen* Hören mit einer Genauigkeit von bis zu 1° in Azimutrichtung und 4° in Elevationsrichtung bestimmt werden [Bla97, S. 38f, 44]. Die Messung individueller HRTFs ist allerdings mit einem erheblichen Aufwand verbunden, sodass geprüft werden sollte, ob eine solche hohe Genauigkeit tatsächlich notwendig ist.

6.3.2.2 Bestimmung der audio-kinästhetischen Lokalisationsgenauigkeit

Wichtig zu prüfen ist nun, ob das Lokalisationsvermögen vom Nutzer eines Kraftwiedergabegeräts, wie die Hörversuchsergebnisse vermuten lassen, durch den Einsatz der SIH-Technik tatsächlich weiter verbessert werden kann. Die Untersuchung dieses Zusammenhangs erfolgte innerhalb derselben Experimente, die auch zur Untersuchung der Wirksamkeit der virtuellen Arbeitsbereichsgrenzen durchgeführt wurden.

Prozedur Zur Erinnerung sei angemerkt, dass sich das PHANToM im ersten Experiment auf Tischhöhe und im zweiten auf Kopfhöhe befand. Der Proband absolvierte nun entweder im Rahmen des ersten oder des zweiten Experiments zwei Blöcke in randomisierter Reihenfolge mit insgesamt 20 Versuchen. Einer der Blöcke diente zur Untersuchung des Einflusses der virtuellen Arbeitsbereichsgrenzen auf die Lokalisationsgenauigkeit. Dieser wurde bereits im Abschnitt 6.3.1.1 betrachtet und ausgewertet. Der andere Block diente zur Untersuchung der SIH-Technik und steht nachfolgend im Vordergrund. Im Rahmen der Durchführung des letztgenannten Blocks durchlief der Proband zunächst ein Training. Das Training entsprach jenem, das vor Beginn der im vorherigen Abschnitt beschriebenen Hörversuche durchlaufen wurde. Anschließend waren zehn Versuche zu absolvieren. In diesen Versuchen konnte der Proband, gemäß der SIH-Technik, zusätzlich räumliche Lokalisationsinformationen als Orientierungshilfe nutzen. Die Wiedergabe der akustischen Signale erfolgte dabei unter Verwendung von HRTFs über Kopfhörer, da der Hörversuch gezeigt hat, dass somit eine bessere auditive Lokalisation möglich ist. Darüber hinaus entsteht bei der Wiedergabe über Kopfhörer auch kein Problem, wenn der Nutzer durch die Bewegung des Arms seine Sitzposition geringfügig verändert. Auf den genauen Versuchsablauf wird an dieser Stelle nicht erneut eingegangen. Dieser wurde bereits im Abschnitt 6.1.2.1 bei der Beschreibung der Experimente zur Untersuchung der kinästhetischen Lokalisationsgenauigkeit erläutert.

Experimentierumgebung Für die Durchführung des Blocks zur Untersuchung der SIH-Technik kamen die im Abschnitt 4.2 vorgestellte Experimentierumgebung sowie die zur

Versuchssteuerung zuvor implementierten MATLAB-Skripte, die virtuelle Szene und Pure Data-Patches zum Erzeugen und Verschieben der virtuellen Schallquelle zum Einsatz.

Versuchspersonen Die an den beiden Experimenten teilnehmenden Probandengruppen wurden bereits im Abschnitt 6.3.1.1 beschrieben.

Ergebnisse und Diskussion Die Ergebnisse des ersten und zweiten Experiments sind in den Abbildungen 6.11a und b anhand der weißen Balken dargestellt. Verglichen werden diese Ergebnisse nun zunächst mit den durch die dunkelblauen Balken gekennzeichneten Ergebnissen der Experimente, in denen die Lokalisation auf Basis der kinästhetischen Wahrnehmung und über die Begrenzungsflächen des virtuellen Arbeitsbereichs informierendem auditiven Feedback erfolgte. Durch den Vergleich wird der Nachweis dafür geliefert, dass eine durch die Hörversuchsergebnisse vorhergesagte weitere Verbesserung der Lokalisationsgenauigkeit tatsächlich möglich ist, wenn dem Nutzer eines Kraftwiedergabegeräts gemäß der SIH-Technik zusätzliches auditives Feedback bereitgestellt wird. So lässt sich der im zweiten Experiment auftretende Lokalisationsfehler in lateraler Richtung bei Anwendung der SIH-Technik von 2.5 cm auf 1.9 cm nochmals statistisch signifikant senken (ANOVA für wiederholte Messungen; $F = 5.532$, $p < 0.05$). Diese Erkenntnis ist insbesondere dann wichtig, wenn haptische Geräte mit größeren Arbeitsbereichen zum Einsatz kommen und der gesamte Arm bewegt sowie ausgestreckt werden muss. Der genannte Fall wurde im zweiten Experiment simuliert, indem das PHANToM auf Kopfhöhe

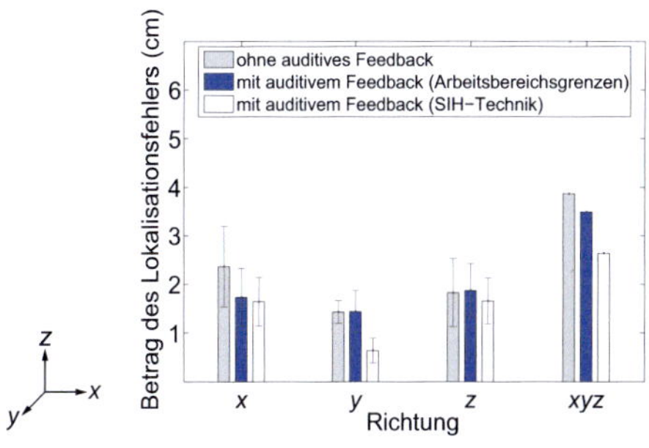

(a)

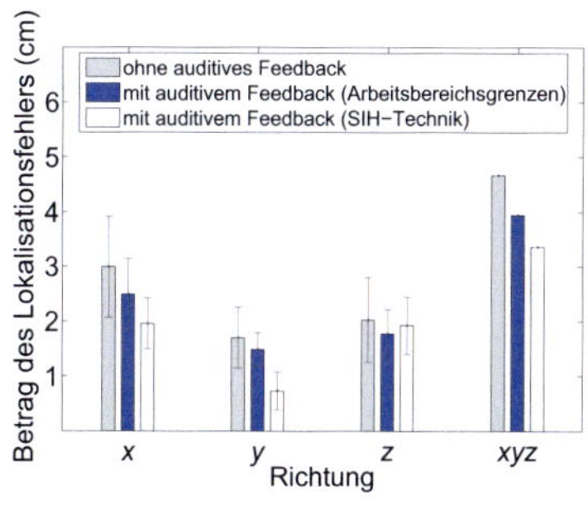

(b)

Abbildung 6.11: (a) Die Ergebnisse des ersten Experiments und (b) die Ergebnisse des zweiten Experiments sind anhand der weißen Balken gekennzeichnet. Die grauen und dunkelblauen Balken dienen dem direkten Vergleich. Die grauen Balken kennzeichnen die Ergebnisse aus den Experimenten zur Bestimmung der kinästhetischen Lokalisationsgenauigkeit, in denen kein auditives Feedback zur Verfügung stand. Die dunkelblauen Balken geben die Ergebnisse der Experimente an, in denen die Lokalisation auf Basis der kinästhetischen Wahrnehmung und über die Begrenzung des virtuellen Arbeitsbereichs informierendem auditiven Feedback erfolgte. Dargestellt sind jeweils die Mittelwerte vom Betrag des Lokalisationsfehlers $\pm$ Standardabweichung in x-, y- und z-Richtung sowie vom Betrag des Lokalisationsfehlers im dreidimensionalen virtuellen Arbeitsbereich.

positioniert war. Auch in Tiefenrichtung ist eine Verbesserung der Lokalisation bei Anwendung der SIH-Technik möglich. Der Fehler konnte im ersten Experiment von 1.4 cm auf 0.6 cm signifikant gesenkt werden (ANOVA für wiederholte Messungen; $F = 57.863$, $p < 0.001$). Der im zweiten Experiment ermittelte Fehler ließ sich von 1.5 cm ebenfalls um mehr als die Hälfte auf 0.7 cm signifikant verkleinern (ANOVA für wiederholte Messungen; $F = 25.226$, $p < 0.001$). Hinsichtlich der Lokalisation in vertikaler Richtung hat der Einsatz der SIH-Technik jedoch keine Veränderungen bewirkt. Unter Berücksichtigung der Ergebnisse des Hörversuchs war auch keine Verbesserung zu erwarten, da die Position der in der Höhe verschobenen virtuellen Schallquelle nicht ausreichend genau bestimmt werden kann. Genau aus diesem Grund wäre es aber auch möglich gewesen, dass das zusätzlich dargebotene auditive Feedback zu einer Verschlechterung der Lokalisation in vertikaler Richtung führt. Dieser Fall trat jedoch nicht ein. Somit lässt sich feststellen, dass die durch das somatosensorische sowie auditive System wahrgenommenen Signale optimal integriert und die in lateraler Richtung, Tiefenrichtung und vertikaler Richtung auftretenden Lokalisationsfehler folglich minimiert werden.

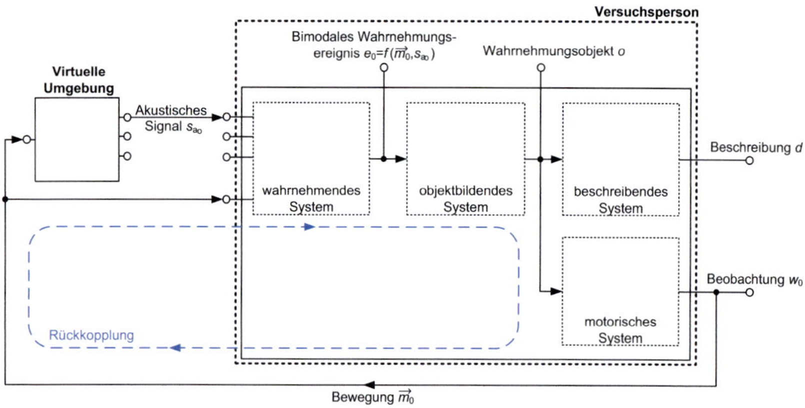

Abbildung 6.12: Bei Anwendung der SIH-Technik wirken auf den Proband, der die Position und die Bewegungen des eigenen Hand-Arm-Komplexes kinästhetisch wahrnimmt, zusätzliche und als Orientierungshilfe im Arbeitsbereich nutzbare akustische Signale ein.

Abschließend sei nochmals auf die in den Abbildungen 6.11a und b dargestellten grauen Balken verwiesen, die die Ergebnisse der bereits im Abschnitt 6.1.2 beschriebenen Experimente zur Bestimmung der kinästhetischen Lokalisationsgenauigkeit kennzeichnen. Durch diese Experimente wurde deutlich, dass die Probanden die Position bzw. die Bewegungen des Hand-Arm-Komplexes nur mit einer eingeschränkten Genauigkeit kinästhetisch wahrnehmen können. So traten im dreidimensionalen Arbeitsbereich in Abhängigkeit von der Platzierung des PHANToM Lokalisationsfehler von 3.9 cm und 4.7 cm auf. In Bezug auf die in den Experimenten zur Evaluation von kinästhetischem Feedback verwendeten virtuellen Objekte mit Ausdehnungen von maximal 6 cm bzw. 12 cm handelt es sich dabei um beträchtliche Werte, anhand derer auch die in denselben Experimenten beobachteten

Schwierigkeiten der Probanden hinsichtlich der Orientierung in der virtuellen Szene erklärt werden können. In diesem Zusammenhang sei zudem berücksichtigt, dass die genannten kinästhetischen Lokalisationsfehler in einem relativ kleinen Arbeitsbereich ermittelt wurden. Bei der Nutzung von Kraftwiedergabegeräten mit größeren Arbeitsbereichen werden die Fehler wegen der größeren zu überwindenden Distanzen sicher weiter ansteigen. Durch die im Rahmen der vorliegenden Arbeit entwickelten und beschriebenen Lösungsansätze ist es allerdings möglich, das Orientierungs- bzw. Lokalisationsvermögen vom Nutzer eines Kraftwiedergabegeräts zu verbessern. Wie in Abbildung 6.12 zu erkennen, werden zur Umsetzung der Ansätze die akustischen Signale $s_{a_0} \dots s_{a_n}$ wiedergegeben, die dem Nutzer, neben den kinästhetisch wahrgenommenen eigenen Bewegungen $\overrightarrow{m}_0 \dots \overrightarrow{m}_n$, als zusätzliche Orientierungshilfe im Arbeitsbereich dienen sollen. Die aus der kinästhetischen und auditiven Wahrnehmung resultierenden bimodalen Wahrnehmungsereignisse $e_0 \dots e_n$ werden im Gehirn abgespeichert und im weiteren Verlauf integriert, sodass ein Wahrnehmungsobjekt o, d. h. eine Vorstellung über den Arbeitsbereich und die aktuelle Position des HIP in diesem, entsteht. Anhand der experimentellen Ergebnisse lässt sich erkennen, dass die Lokalisationsfehler im dreidimensionalen virtuellen Arbeitsbereich mit Hilfe des zusätzlich bereitgestellten auditiven Feedbacks um etwa 30% von 3.9 cm auf 2.8 cm bzw. von 4.7 cm auf 3.4 cm verringert werden können und somit eine genauere Spezifizierung des Wahrnehmungsobjekts möglich wird.

6.3.3 Richtlinien zur Verbesserung der Orientierung in der virtuellen Szene

Basierend auf den gesammelten Erkenntnissen der Untersuchungen dieser Arbeit werden im letzten Abschnitt des Kapitels Richtlinien abgeleitet, um das Orientierungs- bzw. Lokalisationsvermögen vom Nutzer eines Kraftwiedergabegeräts verbessern zu können.

1. *Positionierung des Kraftwiedergabegeräts*
   Die Genauigkeit der kinästhetischen Lokalisation hängt davon ab, wie stark der gesamte Arm während einer Bewegung involviert ist. Wenn das Kraftwiedergabegerät auf die Körpermitte zentriert und auf Tischhöhe positioniert wird, kann der Nutzer bei der Interaktion mit dem Gerät den Arm zumeist am Rumpf anlegen und den Rumpf somit als Referenz nutzen. Dies stellt den Idealfall dar. Eine Verschiebung des Geräts in der Höhe ist nicht zu empfehlen, da während der Interaktion dann der gesamte Arm bewegt und ausgestreckt werden muss. Auch eine seitliche Verschiebung des Geräts nach links für Linkshänder und nach rechts für Rechtshänder wurde vom Autor der vorliegenden Arbeit untersucht und ist nicht empfehlenswert.

   In Untersuchungen zur HVT konnte ebenfalls gezeigt werden, dass das Bewegen des gesamten Arms die Genauigkeit der kinästhetischen Wahrnehmung beeinträchtigt [HCBG97].

2. *Virtuelle Arbeitsbereichsgrenzen*
   Die mechanischen Arbeitsbereichsgrenzen von Kraftwiedergabegeräten verlaufen konstruktionsbedingt zumeist unregelmäßig und abgerundet, was den Nutzer irritieren kann. Aus diesem Grund sollten gerade und somit regelmäßig verlaufende virtuelle

Arbeitsbereichsgrenzen definiert werden. Damit sich diese auch als Orientierungshilfe nutzen lassen, könnte beispielsweise ein akustisches Signal ertönen oder ein bereits hörbares verstummen, sobald der HIP an die virtuellen Grenzen gelangt. Auf diese Weise ist es auch möglich, zu verhindern, dass der Nutzer während der Interaktion mit dem Gerät in Kontakt mit den Grenzen des mechanischen Arbeitsbereichs gerät und den dann spürbaren Widerstand als virtuelles Objekt fehlinterpretiert.

3. *Lokalisation in lateraler Richtung*
Durch den Einsatz der SIH-Technik lässt sich die Lokalisationsgenauigkeit vom Nutzer eines Kraftwiedergabegeräts in lateraler Richtung erhöhen. Die genannte Technik beruht darauf, dass mit der Bewegung des HIP gleichzeitig auch eine virtuelle Schallquelle verschoben wird und der HIP somit zusätzlich auditiv lokalisiert werden kann. Vorgesehen ist dabei eine lineare *akustische Streckung* des virtuellen Arbeitsbereichs, d. h., die virtuelle Schallquelle wird stets stärker als der durch die Bewegung des Nutzers gesteuerte HIP in einem Bereich zwischen –30° und +30° in Azimutrichtung ausgelenkt. Auf diese Weise lassen sich auch kleine Positionsveränderungen des HIP auditiv wahrnehmen. Der Einsatz der Technik ist vor allem dann zu empfehlen, wenn die kinästhetische Lokalisation in lateraler Richtung nicht ausreichend genau möglich ist. Dieser Fall liegt beispielsweise vor, wenn während der Interaktion mit dem haptischen Gerät der gesamte Arm bewegt und ausgestreckt werden muss. Hinsichtlich der Bereitstellung des auditiven Feedbacks lässt sich die Wiedergabe von einem breitbandigen Rauschsignal über Kopfhörer unter Verwendung von HRTFs empfehlen. Bei einer Wiedergabe über Lautsprecher besteht stets eine gewisse Abhängigkeit von den akustischen Eigenschaften des jeweiligen Raumes, in dem die Lautsprecher positioniert sind. Außerdem ist bei einem Wiedergabeverfahren wie VBAP zu berücksichtigen, dass durch die vom Nutzer ausgeführten Bewegungen während der Interaktion mit dem Kraftwiedergabegerät Veränderungen der Sitzposition auftreten können und in der Folge die auditive Lokalisation beeinträchtigt wird.

   Hinzuweisen ist auf eine weitere Untersuchung vom Autor der vorliegenden Arbeit, in der geprüft wurde, ob das zur Verbesserung der Orientierung bereitgestellte auditive Feedback die Erkennung der geometrischen Eigenschaften von virtuellen Objekten beeinträchtigen kann. Diese Fragestellung wurde an einem konkreten Beispiel untersucht. Ziel war es herauszufinden, ob ein in lateraler Richtung betastetes virtuelles Objekt aufgrund der stärkeren Verschiebung der virtuellen Schallquelle auch länger wahrgenommen wird. Die Ergebnisse der Untersuchung deuten darauf hin, dass ein solches Problem nicht auftritt. Weitere Details dazu sind in [SAM11a; SAM11b] nachzulesen.

4. *Lokalisation in Tiefenrichtung*
Die Lokalisation in Tiefenrichtung lässt sich bei Anwendung der SIH-Technik deutlich verbessern. Der Einsatz dieser Technik bewirkt, dass bei einer Bewegung des HIP nach vorn oder hinten simultan auch eine virtuelle Schallquelle in die gleiche Richtung verschoben und somit deren Distanz zum Nutzer verändert wird. Die Veränderung der Distanz führt dabei zu einer Erhöhung oder Abnahme vom Schalldruckpegel des wiedergegebenen akustischen Signals. Damit auch kleine Positionsveränderungen des HIP auditiv wahrgenommen werden können, wird eine lineare *akustische Streckung* des virtuellen

Arbeitsbereichs vorgenommen. Diese Streckung führt dazu, dass sich der Schalldruckpegel vom wiedergegebenen akustischen Signal deutlich stärker verändert, als dies normalerweise bei einer Positionsveränderungen um wenige Zentimeter geschehen würde.

5. *Lokalisation in vertikaler Richtung*
   Die Lokalisation in vertikaler Richtung lässt sich durch den Einsatz der SIH-Technik nach derzeitigem Stand nicht verbessern. Ursache hierfür ist, dass die in der Höhe verschobene virtuelle Schallquelle nicht ausreichend genau lokalisiert werden kann, obwohl sie durch die lineare *akustische Streckung* des virtuellen Arbeitsbereichs stets stärker als der durch die Bewegung des Nutzers verschobene HIP in einem Bereich zwischen –30° und +30° in Elevationsrichtung ausgelenkt wird. Das auditive Feedback ist demnach nicht verlässlich nutzbar und kann beim Nutzer vom Kraftwiedergabegerät im ungünstigen Falle sogar Irritationen hervorrufen. Aus diesem Grund sollte die virtuelle Schallquelle nicht in der Höhe verschoben und auf die Anwendung der SIH-Technik in vertikaler Richtung verzichtet werden.

Sicher anzunehmen ist, dass sich das Orientierungs- bzw. Lokalisationsvermögen in der virtuellen Szene beim Einsatz der SIH-Technik weiter verbessern lässt, wenn eine noch genauere auditive Lokalisation der durch die Bewegung des HIP verschobenen virtuellen Schallquelle ermöglicht wird. Dies ließe sich auf verschiedene Weisen realisieren. Zum einen könnte die Kopfhörerwiedergabe unter Verwendung individueller HRTFs erfolgen, sodass die SIH-Technik auch zur Verbesserung der Lokalisation in vertikaler Richtung eingesetzt werden kann. Die Genauigkeit der Lokalisation in lateraler Richtung würde somit wahrscheinlich ebenfalls steigen. Außerdem wäre es möglich, den bisher zur Verschiebung der virtuellen Schallquelle genutzten Bereich auf z. B. –60° bis +60° in Azimut- sowie Elevationsrichtung zu erweitern und auf diese Weise eine stärkere *akustische Streckung* des virtuellen Arbeitsbereichs zu vollziehen. Die genauen Auswirkungen der genannten Möglichkeiten müssten im Rahmen weiterer Forschungsarbeiten untersucht werden.

Kapitel 7

Kantenerkennung

Dem Nutzer eines dem Stand der Technik entsprechenden Kraftwiedergabegeräts ist es nicht möglich, die Kanten eines betasteten virtuellen Objekts zu detektieren, ohne den Kontakt zur Objektoberfläche zu verlieren. Dieses erhebliche Problem wird zu Beginn des Kapitels mittels experimentell gewonnener Daten verdeutlicht. Anschließend erfolgt die Beschreibung der entwickelten Lösungsansätze, durch die dem Nutzer eines solchen Geräts zusätzliches taktiles oder auditives Feedback bereitgestellt werden soll. Inwieweit dieses Feedback zur besseren Erkennung der Kanten betasteter virtueller Objekte beitragen kann, wird abschließend im Rahmen der Evaluation der Lösungsansätze betrachtet.

7.1 Spezifizierung der Problemstellung

7.1.1 Vorbetrachtungen

Im Optimalfall wäre es dem Nutzer eines Kraftwiedergabegeräts möglich, die Kanten eines virtuellen Objekts sehr sicher zu detektieren. Somit ließe sich gewährleisten, dass beim Abtasten in Kantennähe nicht der Kontakt zur Objektoberfläche verloren wird. Wenn kein Kontaktverlust zur Oberfläche auftreten würde, könnte diese möglichst lang und intensiv betastet werden. Das ist Voraussetzung, um in kurzer Zeit viele Informationen über das virtuelle Objekt zu sammeln. Darüber hinaus ließe sich durch das sichere Erkennen von Objektkanten gewährleisten, dass auch entlang dieser exploriert und somit die exakte Form einer betasteten Teilfläche effektiv bestimmt werden kann. Der beschriebene Optimalfall ist mit einem dem Stand der Technik entsprechenden Kraftwiedergabegerät jedoch nicht realisierbar. In den Experimenten zur Evaluation von kinästhetischem Feedback wurde beobachtet, dass ein Erkennen von Kanten ohne Kontaktverlust und auch ein Abtasten entlang von Objektkanten mit diesen Geräten nicht möglich ist. Aus diesem Grund gestaltete sich der Explorationsprozess sehr aufwändig und schwierig. Die Auswirkungen wurden folglich an den Erkennungsraten und Explorationszeiten deutlich. Weitere Informationen hierzu sind im Abschnitt 4.3.5 zu finden. Es lässt sich somit schlussfolgern, dass das von den Kraftwiedergabegeräten bereitgestellte kinästhetische Feedback nicht zur Erkennung von Kanten geeignet und somit unzureichend ist.

Anhand der einführenden Erläuterungen kann die Problemstellung bereits beschrieben werden. Nachfolgend soll nun jedoch eine quantitative Spezifizierung hinsichtlich des beim Abtasten auftretenden Kontaktverlusts erfolgen. Die aus der Spezifizierung gewonnenen

Daten werden dann im Abschnitt 7.3 zum Vergleich herangezogen, um die Leistungsfähigkeit der entwickelten Lösungsansätze bewerten zu können.

7.1.2 Untersuchung zum Kontaktverlust

Mit Hilfe des in diesem Abschnitt beschriebenen Experiments soll untersucht werden, wie oft der Nutzer von einem dem Stand der Technik entsprechenden Kraftwiedergabegerät beim Betasten eines bestimmten virtuellen Objekts den Kontakt zur Objektoberfläche verliert. Um eine Gegenüberstellung der Untersuchungsergebnisse mit denen aus [DL06] zu ermöglichen, wird die in der referenzierten Studie beschriebene Aufgabenstellung übernommen. Die Aufgabe besteht im nachfolgend näher erläuterten Experiment deshalb darin, die Oberfläche einer virtuellen Brücke zu betasten. Der Proband soll den IHIP über diese Brücke bewegen und dabei möglichst nicht oder zumindest möglichst selten den Kontakt zur Oberfläche verlieren.* Die zur Bewältigung der Aufgabenstellung benötigte Zeit wird gemessen.

7.1.2.1 Prozedur

Training Die Versuchsperson erhält am Anfang der Trainingsphase die Möglichkeit, das PHANToM auszutesten und mit diesem ein virtuelles Objekt zu betasten. Im Anschluss daran wird sie über das Experiment informiert, sodass der im Folgenden beschriebene Versuchsablauf unter Berücksichtigung der unterschiedlichen Konditionen zuerst ohne und in Vorbereitung auf das Experiment schließlich mit verbundenen Augen testweise durchgeführt werden kann.

Experiment Zu Beginn eines jeden Versuchs wird der IHIP vom Versuchsleiter mit dem Stylus des PHANToM zur Startposition auf der für diesen Versuch zufällig ausgewählten Brücke bewegt. Die fünf zur Verfügung stehenden Auswahlmöglichkeiten sind in den Abbildungen 7.1a-e dargestellt. Die Startposition befindet sich, wie in Abbildung 7.1a beispielhaft illustriert, stets am rechten Ende auf der Oberseite der jeweiligen Brücke. Ziel ist es nun, den IHIP an das linke Ende auf der Oberseite zu führen. Die Priorität liegt hierbei darauf, möglichst nicht oder zumindest möglichst selten den Kontakt zur Oberfläche zu verlieren. Sobald die Versuchsperson die Brücke zu explorieren beginnt, wird die Information gegeben, dass die Zeitmessung angestoßen wurde. Wenn durch die ausgeführten Bewegungen der Kontakt zum Objekt verloren werden sollte, versucht die Versuchsperson zunächst eigenständig den letzten Kontaktpunkt auf der Oberseite der Brücke zu lokalisieren. Falls sie den Explorationsprozess jedoch an einer anderen Stelle fortzusetzen versucht, greift der Versuchsleiter ein, indem er den IHIP zum letzten Kontaktpunkt zurücksetzt. Die Zählung der Kontaktverluste erfolgt automatisiert. Sobald sich der IHIP am linken Ende der jeweiligen Brücke befindet, wird die Zeitmessung beendet und der Versuch gilt als abgeschlossen. Es wird keine Rückmeldung über die aufgenommenen Messwerte gegeben.

*Während eines Explorationsvorgangs durchdringt der vom Nutzer direkt gesteuerte HIP die Oberfläche des betasteten virtuellen Objekts. Gemäß des im Abschnitt 2.3.3 beschriebenen *Proxy-basierten Ansatzes* bezeichnet der IHIP die Repräsentation des HIP auf der Objektoberfläche.

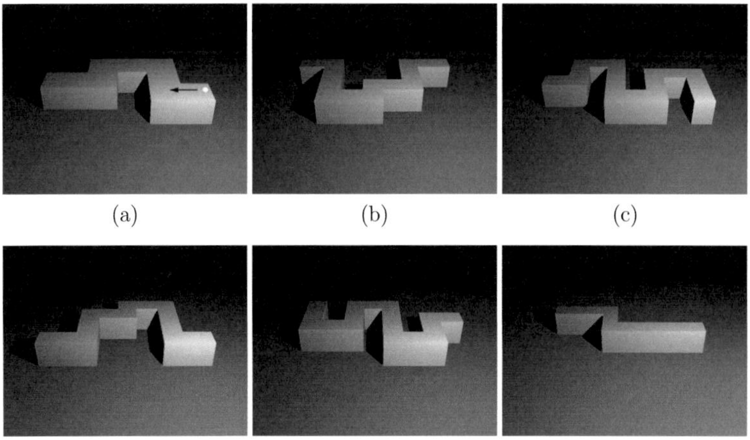

(a) (b) (c) (d) (e) (f)

Abbildung 7.1: (a-e) Die dargestellten Brücken kamen während des im Rahmen der vorliegenden Arbeit durchgeführten Experiments zum Einsatz. Die Ausdehnung der Brücken in lateraler Richtung beträgt maximal 21 cm, deren Ausdehnung in Tiefenrichtung maximal 11 cm. Die Höhe ist nicht relevant. (f) Die dargestellte Brücke wurde zur Durchführung des in [DL06] beschriebenen Experiments genutzt und ist in [KCF$^+$09] abgebildet.

Während des Experiments wurden insgesamt 25 Versuche in randomisierter Reihenfolge zur Untersuchung von fünf experimentellen Konditionen durchgeführt. Pro Kondition waren von der Versuchsperson dabei fünf Versuche zu absolvieren, sodass jede der in den Abbildungen 7.1a-e dargestellten fünf Brücken einmal exploriert werden konnte. Die Konditionen unterschieden sich in Bezug auf das Feedback, das der Versuchsperson während der Exploration zur Verfügung stand. Im Folgenden liegt der Fokus zunächst nur auf derjenigen Kondition, in der die Versuchsperson das vom Kraftwiedergabegerät bereitgestellte kinästhetische Feedback nutzen konnte. Die Ergebnisse werden anschließend präsentiert. In den anderen vier Konditionen stand neben dem kinästhetischen zusätzliches taktiles oder auditives Feedback zur Verfügung. Diese Konditionen und die entsprechenden Ergebnisse werden im Abschnitt 7.3 bei der Evaluation der entwickelten Lösungsansatze näher betrachtet.*

7.1.2.2 Experimentierumgebung

Die Durchführung der experimentellen Kondition, in der dem Proband lediglich kinästhetisches Feedback zur Verfügung stand, erfolgte mit der im Abschnitt 4.2 erläuterten Experimentierumgebung. Zur Steuerung des Versuchsablaufs wurden weitere MATLAB-Skripte erstellt. Die virtuelle Szene wurde in C^{++} unter Nutzung von CHAI 3D implementiert.

*Die Spezifizierung der Problemstellung sowie die Entwicklung und die Evaluation der Lösungsansätze werden in diesem Kapitel nacheinander beschrieben, um dem Leser ein besseres Verständnis zu ermöglichen. Aus diesem Grund werden auch die experimentellen Konditionen separat betrachtet.

7.1.2.3 Versuchspersonen

Für die Untersuchung stellten sich 14 Personen (zwölf männlich, zwei weiblich) im Alter von 21 Jahren bis 34 Jahren (∅ 28 Jahre) freiwillig als Versuchspersonen zur Verfügung. Sie waren Studenten oder Mitarbeiter der Technischen Universität Dresden und hinsichtlich der Interaktion mit einem haptischen Gerät nicht oder wenig erfahren. Sie hatten keine gesundheitlichen Einschränkungen, die sich auf die Untersuchung auswirken konnten.

7.1.2.4 Ergebnisse und Diskussion

Anhand von Abbildung 7.2 wird deutlich, dass die Probanden bei der Exploration der virtuellen Brücken während der im Rahmen der vorliegenden Arbeit durchgeführten Untersuchung im Mittel 21mal den Kontakt zur Oberfläche verloren. Für die Bewältigung der Aufgabe wurden durchschnittlich 72 s benötigt. In [DL06] wurden bei Verwendung eines anderen Kraftwiedergabegeräts der PHANToM-Serie im Mittel 19 Kontaktverluste registriert. Der Unterschied zwischen den genannten Werten ist höchstwahrscheinlich auf die unterschiedliche Komplexität der Brückenformen zurückzuführen. Da sich die Komplexität der in der vorliegenden Arbeit untersuchten und in den Abbildungen 7.1a-e dargestellten Brücken gegenüber der in [DL06] verwendeten und in Abbildung 7.1f zu erkennenden Brücke jedoch deutlich unterscheidet, wären eigentlich größere Unterschiede zu erwarten gewesen. Es sei darauf hingewiesen, dass die Ergebnisse aus [DL06] in [KCF+09] grafisch dargestellt sind. Außerdem werden in letztgenannter Publikation auch die Ergebnisse einer weiteren Untersuchung präsentiert. Diese eignen sich jedoch nicht für einen direkten Vergleich, da den Probanden für die Exploration kein ausschließlich auf einem Einpunkt-Kontakt basierendes kinästhetisches Feedback zur Verfügung gestellt wurde.

Durch den während des Betastens der virtuellen Brücken häufig auftretenden Kontaktverlust zur Oberfläche kann deutlich gezeigt werden, dass der Nutzer unabhängig vom

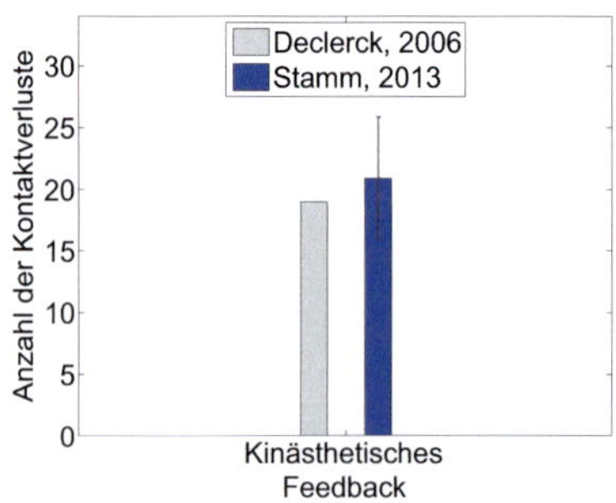

Abbildung 7.2: Anzahl der aufgetretenen Kontaktverluste bei ausschließlicher Verwendung von kinästhetischem Feedback. Der dunkle Balken kennzeichnet das Ergebnis der im Rahmen der vorliegenden Arbeit durchgeführten Untersuchung. Der helle Balken dient dem Vergleich und kennzeichnet das Ergebnis der in [DL06] beschriebenen und in [KCF+09] ausgewerteten Untersuchung. Dargestellt sind die Mittelwerte (± Standardabweichung).

verwendeten Kraftwiedergabegerät keine Möglichkeit hat, Kanten und Ecken zu erfühlen. Um eine Kante detektieren zu können, ist der Nutzer deshalb sogar darauf angewiesen, den Kontakt zur Objektoberfläche zu verlieren. Aus diesem Grund ist es im Rahmen der virtuellen Objekterkennung auch sehr schwierig und aufwändig, Informationen über den Verlauf von Kanten zu sammeln. Außerdem besteht die Gefahr, dass nach einem Kontaktverlust der Explorationsprozess unbewusst und ungewollt an einer anderen Stelle auf der Oberfläche fortgesetzt und somit ein effektives Explorieren erschwert wird.

7.2 Entwicklung von Lösungsansätzen

7.2.1 Vorbetrachtungen

Im Folgenden werden die zur Lösung der Problemstellung entwickelten Lösungsansätze beschrieben. Mit diesen Ansätzen wird das Ziel verfolgt, dem Nutzer eines Kraftwiedergabegeräts das sichere Erkennen der Kanten eines virtuellen Objekts zu ermöglichen, damit dessen Oberfläche ohne Kontaktverlust möglichst lang und intensiv betastet werden kann. Je länger Kontakt zur Oberfläche besteht, desto mehr Informationen lassen sich auch über diese sammeln. Desweiteren soll es dem Nutzer ermöglicht werden, entlang von Kanten zu tasten, um somit auf die genaue Form einer explorierten Fläche schließen zu können. Umsetzen lassen sich diese Ziele, indem das vom Kraftwiedergabegerät bereitgestellte kinästhetische Feedback adäquat erweitert wird. In [DL06] und [KCF+09] sind zwei Lösungen zur taktilen Erweiterung beschrieben. Durch die Verwendung von Pin-Arrays sollen hierbei bestimmte Hautbereiche der Fingerkuppe in Abhängigkeit von der aktuellen Position der Kante stimuliert und somit zusätzliche Informationen übermittelt werden. Dieser Ansatz ist *Being There* zuzuordnen, da durch das auf diese Weise erzeugte, räumlich verteilte taktile Feedback der natürliche Abtastvorgang nachgebildet wird. In der vorliegenden Arbeit stehen jedoch die *Beyond Being There* zuzuordnenden Ansätze im Vordergrund, um zu untersuchen, inwieweit dem Nutzer zusätzliches Feedback bereitgestellt werden kann, das anders und vielleicht sogar besser ist als jenes, das beim Betasten eines realen Objekts zur Verfügung steht. Zum einen wird diesbezüglich versucht, das kinästhetische Feedback in adäquater Weise taktil zu erweitern. Zum anderen wird alternativ eine auditive Erweiterung entwickelt. Durch das taktile und auditive Feedback soll dabei die exakt gleiche Informationsmenge übermittelt werden, sodass sich im Rahmen der experimentellen Evaluation herausfinden lässt, über welche Sinnesmodalität die Nutzer die Informationen prinzipiell bevorzugt aufnehmen und mit welchem Feedback eine höhere Leistungsfähigkeit zu erzielen ist. Diese Fragestellung wird abschließend im Abschnitt 7.3 bei der Evaluation der Lösungsansätze betrachtet. Außerdem erfolgt in diesem Zusammenhang auch eine Gegenüberstellung der entwickelten Lösungen mit den zuvor erwähnten Ansätzen aus der Literatur.

7.2.2 Erzeugung von taktilem und auditivem Feedback

In diesem Abschnitt ist beschrieben, auf welche Weise das vom Kraftwiedergabegerät bereitgestellte kinästhetische Feedback taktil und auditiv erweitert wird. Dabei liegt der

Fokus zunächst auf der verwendeten sowie entwickelten Hardware und anschließend auf den entwickelten Softwarealgorithmen.

7.2.2.1 Hardware

Taktiles Feedback Zur Bereitstellung von taktilem Feedback werden Vibrationen erzeugende Gleichstrommotoren (Betriebsspannung: 1 V bis 3 V, maximale Stromaufnahme: 40 mA) verwendet. Konkret handelt es sich hierbei um Unwuchtmotoren, die u. a. auch in Mobiltelefonen zum Einsatz kommen und sich daher nicht nur kostengünstig herstellen lassen, sondern sich auch durch ihre sehr geringe Größe (Länge: 16 mm, Breite: 5 mm, Höhe: 6 mm) und ihr geringes Gewicht (3 g) auszeichnen. Die Ansteuerung der Motoren soll über eine Soundkarte (M-Audio Fast Track Pro) erfolgen, sodass auf übliche Hardware zurückgegriffen werden kann. Sinnvoll erscheint in diesem Zusammenhang, dass eine Veränderung der Frequenz eines von der Soundkarte ausgegebenen Sinussignals eine Veränderung der Drehfrequenz des Motors bewirkt. Um dies realisieren zu können, wurde eine Schaltung zur Frequenz-Spannungswandlung unter Verwendung des Schaltkreises LM2907 von National Semiconductor entwickelt. Diese Schaltung ist in Abbildung 7.3 dargestellt.

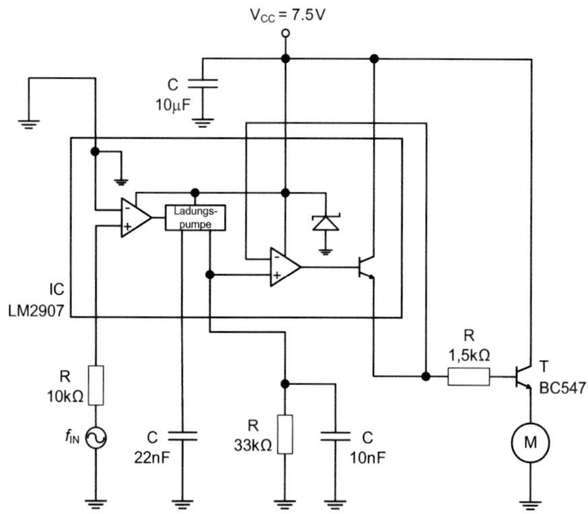

Abbildung 7.3: Schaltung zur Frequenz-Spannungswandlung unter Verwendung des Schaltkreises LM2907 von National Semiconductor (adaptiert von [Nat08]).

Die Schaltung wird eingangsseitig durch ein handelsübliches Netzteil mit einer Gleichspannung von 7.5 V versorgt. Außerdem wird am Eingang der Schaltung das von der Soundkarte ausgegebene Sinussignal angelegt. In Abhängigkeit von der Frequenz dieses Signals lässt sich am Ausgang nun eine Gleichspannung von bis zu 4 V zur Ansteuerung des Unwuchtmotors erzeugen. Das verwendete Gehäuse der Schaltung, die beiden Eingänge in Form einer Hohlstecker- und Klinkenbuchse sowie der am Ausgang angeschlossene Unwuchtmotor sind in Abbildung 7.4a dargestellt. Zu berücksichtigen ist, dass die erzeugten Vibrationen direkt auf den Finger übertragen werden sollen. Da die rotierende Unwuchtmasse des Motors bei direktem Kontakt zum Finger jedoch sofort zum Stillstand kommt, werden die in Abbildung 7.4b dargestellten Hohlzylinder aus Aluminium mit einem Innendurchmesser von knapp 7 mm zur Verkleidung genutzt. Somit lässt sich einerseits eine fortwährende Rotation gewährleisten und andererseits eine geeignete Kontaktfläche zur Übertragung der Vibrationen auf den Finger schaffen.

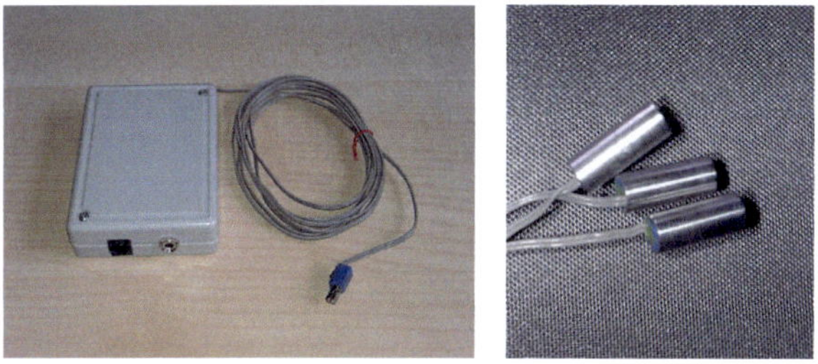

(a) (b)

Abbildung 7.4: (a) Die Schaltung zur Frequenz-Spannungswandlung wurde in einem Gehäuse verbaut. Zu erkennen sind die beiden Eingänge in Form einer Hohlstecker- und Klinkenbuchse sowie der am Ausgang angeschlossene Unwuchtmotor. (b) Die Motoren wurden durch Hohlzylinder verkleidet, damit die rotierenden Unwuchtmassen nicht blockiert und die erzeugten Vibrationen somit direkt auf den Finger übertragen werden können.

Vereinfachend sei nun angenommen, dass sich die Kante einer virtuellen Oberfläche während eines Explorationsvorgangs links oder rechts vom IHIP sowie vor oder hinter diesem befinden kann. Um die einzelnen Richtungen separat signalisieren zu können, sind demnach vier Motoren erforderlich. Diese werden, wie in Abbildung 7.5a zu erkennen, links und rechts neben sowie vorn und hinten unter dem Zeigefinger vom Nutzer des Kraftwiedergabegeräts platziert. Auf diese Weise lässt sich durch das Lokalisieren der Vibrationen direkt auf die Position der jeweiligen Kante schließen. Die Stimulierung des Zeigefingers erscheint naheliegend, da durch das Kraftwiedergabegerät die Abtaststrategie der Konturenverfolgung nachgebildet wird. Es stellt sich nun jedoch die Frage, auf welche Weise die Kopplung zwischen den Motoren und dem Finger realisiert werden soll. Berücksichtigt sei hierbei, dass eine zu starre Kopplung problematisch ist, da in diesem Fall bereits ein vibrierender Motor den gesamten Finger zum Schwingen anregen kann. Die Vibrationen könnten in der Folge dann nicht mehr lokal begrenzt wahrgenommen und somit nicht mehr zur Lokalisation einer Kante genutzt werden. Andererseits ist aber auch zu berücksichtigen, dass die Kopplung nicht zu schwach sein darf, weil die Vibrationen sich dann möglicherweise gar nicht oder nur schlecht wahrnehmen lassen. Aus diesem Grund wurde eine Kompromisslösung gesucht und gefunden, die anhand von Abbildung 7.5b erklärt wird. Für die Kopplung als geeignet erwiesen hat sich die Verwendung von Schaumstoff.

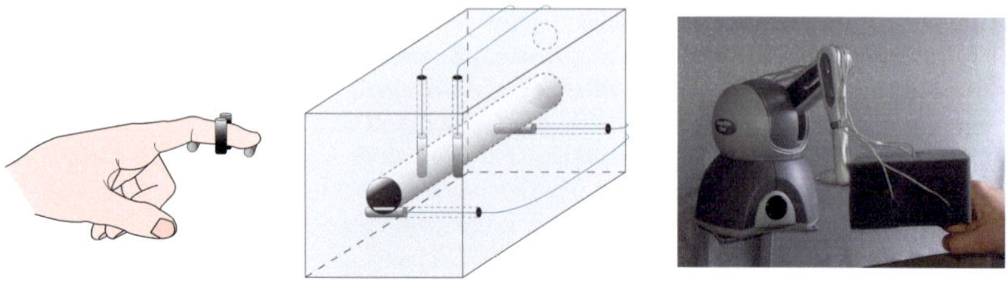

(a) (b) (c)

Abbildung 7.5: (a) Die Motoren sollen links und rechts neben sowie vorn und hinten direkt unter dem Zeigefinger positioniert werden. (b) Um eine geeignete Kopplung zwischen Zeigefinger und Motoren zu gewährleisten, wird ein quaderförmiger Schaumstoffblock eingesetzt. In diesen wurden zahlreiche Kanäle gefräst, um den Zeigefinger sowie die einzelnen Motoren an die vorgesehenen Positionen platzieren zu können. (c) Der Schaumstoffblock kann direkt auf den Stylus des PHANToM aufgesteckt werden.

In einen quaderförmig verschnittenen Schaumstoffblock wurden mehrere Kanäle gefräst. Der größte zu erkennende Kanal ist vorgesehen, um den Zeigefinger durchstecken zu können. Die kleineren Kanäle dienen dazu, die Motoren auf die zuvor beschriebene Weise zu positionieren, d. h. links und rechts sowie an der Spitze und in Richtung des Ansatzes vom Zeigefinger. Ein letzter gefräster Kanal dient schließlich dazu, den Schaumstoffblock auf dem Stylus des PHANToM zu fixieren. Das ist in Abbildung 7.5c dargestellt. Mittels dieser Lösung ist es möglich, deutlich spürbare und doch lokal getrennt wahrnehmbare Vibrationen auf den Finger zu übertragen.

Auditives Feedback Durch das auditive Feedback sollen, wie bereits zuvor erwähnt, exakt die gleichen Informationen übermittelt werden wie durch das taktile Feedback. Dies ist Voraussetzung, um untersuchen zu können, mit welcher Sinnesmodalität die Nutzer von Kraftwiedergabegeräten bevorzugt Informationen über die Position von Kanten aufnehmen und mit welchem Feedback eine höhere Leistungsfähigkeit hinsichtlich der Kantenerkennung möglich ist. Da durch das taktile Feedback Richtungsinformationen übermittelt werden, soll dies demzufolge auch über das auditive Feedback möglich sein. Zu diesem Zweck kommt die bereits im Abschnitt 6.2.2.1 näher erläuterte, auf VBAP ausgerichtete Wiedergabevorrichtung mit der Soundkarte RME Hammerfall DSP Multiface II, den Verstärkern Renkforce SAP-702 sowie den Lautsprechern Visaton FR 8 zum Einsatz. Im vorliegenden Fall werden für die akustische Wiedergabe statt der acht allerdings nur die in Abbildung 7.6 dargestellten zwei Lautsprecher benötigt, da diese genügen, um die Richtungen links, rechts, vorn und hinten signalisieren zu können. So lässt sich die Position einer links vom IHIP befindlichen Kante durch ein vom linken Lautsprecher (–30° Azimut) und die Position einer rechts vom IHIP befindlichen Kante durch ein vom rechten Lautsprecher (+30° Azimut) wiedergegebenes Signal anzeigen. Bei diesem Signal handelt es sich um ein breitbandiges Rauschen (Rosa Rauschen), das sich aufgrund des breiten Spektrums bevorzugt zur auditiven Lokalisation eignet. Der Schalldruckpegel des

Rauschens beträgt 60 dB(A). Wenn sich eine Kante nun jedoch direkt vor oder hinter dem IHIP befindet, sind beide Lautsprecher aktiv, damit das Rauschen in deren Mitte (0° Azimut) wahrgenommen werden kann. Der Schalldruckpegel wird bei einer vor dem IHIP liegenden Kante außerdem auf 67 dB(A) erhöht und bei einer hinter diesem liegenden auf 53 dB(A) abgesenkt.

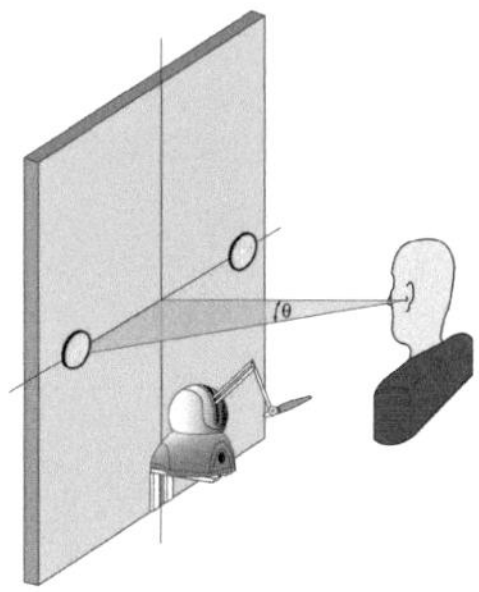

Abbildung 7.6: Zur akustischen Wiedergabe kommen zwei Lautsprecher zum Einsatz, sodass die Position einer sich links, rechts, vor oder hinter dem IHIP befindenden Kante signalisiert werden kann. Der Basiswinkel zwischen beiden Lautsprechern beträgt $2\theta = 60°$.

7.2.2.2 Software

Damit die Motoren oder Lautsprecher dem Nutzer eines Kraftwiedergabegeräts während eines Abtastvorgangs stets zum richtigen Zeitpunkt das zur Kantenerkennung benötigte taktile oder auditive Feedback bereitstellen, wurden im Rahmen der vorliegenden Arbeit verschiedene Softwarealgorithmen entwickelt. Diese werden nachfolgend betrachtet, ohne dabei allerdings jedes Detail der Implementierung zu beschreiben. Zunächst wird auf einen Algorithmus eingegangen, mit dem alle Kanten eines beliebigen virtuellen Objekts automatisiert erkannt werden können. Im nächsten Schritt wird ein Algorithmus erläutert, mit dem die sich in unmittelbarer Umgebung zum IHIP befindenden Kanten identifizieren lassen. Abschließend ist dann beschrieben, wie die zur Ansteuerung der Motoren und die zur Wiedergabe über die Lautsprecher benötigten Signale, unter Berücksichtigung der aktuellen Distanz des IHIP zu diesen Kanten und unter Berücksichtigung der Abtastrichtung sowie -geschwindigkeit, erzeugt werden.

Algorithmus zur Erkennung der Kanten von virtuellen Objekten Voraussetzung für die Anwendung des Algorithmus zur automatisierten Erkennung der Objektkanten eines dreidimensionalen, aus einem Dreiecksnetz bestehenden virtuellen Objekts ist das Vorliegen einer Datei, in der die Geometrieinformationen des Dreicksnetzes abgespeichert sind. Weitverbreitet zur Bereitstellung dieser Informationen sind Dateien im OBJ-Format. Zu berücksichtigen ist hierbei jedoch, dass in solchen Dateien nicht die Koordinaten der einzelnen Objektkanten abgelegt werden, sondern u. a. die Koordinaten der Eckpunkte (engl. *Vertices*) der Dreiecke des Netzes und eine Liste zur Definition der Dreiecksflächen (engl. *Faces*). Im Folgenden wird nun am Beispiel der in Abbildung 7.1 dargestellten und in OBJ-Dateien definierten virtuellen Brücken erläutert, wie sich anhand der genannten Informationen die Objektkanten erkennen lassen.

1. *Implementierung eines Interpreters zum Auslesen der Koordinaten aller Eckpunkte und der Definition der Dreiecksflächen*

2. *Identifizierung der Halbkanten*

   Unter Anwendung eines Iterationsprozesses werden für jedes Dreieck im Netz die drei begrenzenden Halbkanten, d. h. die Verbindungslinien zwischen den Eckpunkten, ermittelt. Jede dieser Halbkanten wird zusammen mit der Normale des jeweiligen Dreiecks abgespeichert. Für ein Dreieck d_1 erfolgt die Berechnung von dessen Normale $\vec{n}_{\mathrm{d}_1}$ unter Berücksichtigung von dessen Eckpunkten P_{11}, P_{12} und P_{13} sowie Halbkanten $\vec{h}_{11}$, $\vec{h}_{12}$ und $\vec{h}_{13}$ nach folgenden Gleichungen:

$$\vec{h}_{11} = P_{12} - P_{11}\,, \quad \vec{h}_{12} = P_{13} - P_{12}\,, \tag{7.1}$$

$$\rightarrow \vec{n}_{\mathrm{d}_1} = \frac{\vec{h}_{11} \times \vec{h}_{12}}{|\vec{h}_{11} \times \vec{h}_{12}|}\,. \tag{7.2}$$

3. *Identifizierung der Objektkanten*

   Da die Dreiecke im Dreiecksnetz direkt aneinander grenzen, überlagern sich immer zwei der zuvor identifizierten Halbkanten. Durch eine Iteration über diese können die entsprechenden *Paare* ermittelt werden. Beispielhaft angenommen sei nun, dass sich die Halbkanten $\vec{h}_{11}$ und $\vec{h}_{21}$ überlagern. Mit $\vec{n}_{\mathrm{d}_1}$ und $\vec{n}_{\mathrm{d}_2}$ können dann die bereits zuvor, nach Gleichung 7.2 bestimmten Normalen der an die Halbkanten angrenzenden Dreiecke d_1 und d_2 bezeichnet werden. Ziel ist es, den Winkel α zwischen diesen Normalen zu berechnen:

$$\vec{n}_{\mathrm{d}_1} \cdot \vec{n}_{\mathrm{d}_2} = |\vec{n}_{\mathrm{d}_1}|\,|\vec{n}_{\mathrm{d}_2}| \cos\sphericalangle(\vec{n}_{\mathrm{d}_1}, \vec{n}_{\mathrm{d}_2}) = |\vec{n}_{\mathrm{d}_1}|\,|\vec{n}_{\mathrm{d}_2}| \cos(\alpha)\,, \tag{7.3}$$

$$\rightarrow \alpha = \arccos\left(\frac{\vec{n}_{\mathrm{d}_1} \cdot \vec{n}_{\mathrm{d}_2}}{|\vec{n}_{\mathrm{d}_1}|\,|\vec{n}_{\mathrm{d}_2}|}\right)\,. \tag{7.4}$$

   Wenn der berechnete Winkel $|\alpha| = 90°$ beträgt, dann befinden sich die beiden aneinander grenzenden Dreiecke in einem rechten Winkel zueinander. Es wurde demnach eine Objektkante der virtuellen Brücke identifiziert, die sich durch die Begrenzungspunkte der beiden Halbkanten $\vec{h}_{11}$ und $\vec{h}_{21}$ angeben lässt. Der beispielhaft beschriebene Ablauf wird nun für alle übereinanderliegenden Halbkanten durchgeführt, um somit sämtliche Objektkanten zu identifizieren.

Algorithmus zur Erkennung nahegelegener Kanten Während eines Abtastvorgangs muss feststellbar sein, welche Objektkanten sich in unmittelbarer Umgebung zum IHIP befinden. Das ist Voraussetzung, um die Signale zur Ansteuerung der einzelnen Motoren oder für die Wiedergabe über Lautsprecher erzeugen und somit die Position der jeweiligen Kanten signalisieren zu können. Theoretisch wäre es nun möglich, die Distanz des

IHIP zu jeder Kante des betasteten virtuellen Objekts im Rahmen des haptischen Renderings zu berechnen. Aus praktischer Sicht ist dies jedoch gerade hinsichtlich von Objekten mit einer größeren Anzahl von Kanten problematisch, da die Ausführung der anderen am Rendering beteiligten Prozesse, wie Kollisionsdetektion und Kraftberechnung, durch die zahlreichen zusätzlich durchzuführenden Operationen erheblich beeinträchtigt werden kann. Aus diesem Grund ist es notwendig, die Suche nach nahegelegenen Kanten lokal zu begrenzen, d. h. in Abhängigkeit von der aktuellen Position des IHIP auf einen bestimmten Bereich des Objekts zu fokussieren. Folglich müsste die Distanz des IHIP nicht zu allen, sondern nur zu ausgewählten Objektkanten berechnet werden. Nachfolgend wird nun eine Möglichkeit beschrieben, wie sich durch das Aufstellen eines sogenannten k-d-Baums [Ben75; FBF77] eine solche lokal begrenzte Suche realisieren lässt.

1. *Aufstellen eines k-d-Baums*

   (a) *Selektion der benötigten Kanten*

   Die Lösungsansätze zur Unterstützung der Kantenerkennung werden mittels des bereits im Abschnitt 7.1 beschriebenen Experiments evaluiert. In diesem Experiment betasten die Probanden die Oberseite von verschiedenen virtuellen Brücken. Aus diesem Grund werden in einem ersten Schritt und im Hinblick auf den weiteren Verarbeitungsprozess unter allen zuvor identifizierten Objektkanten nur diejenigen ausgewählt, die auf der Oberseite dieser Brücken liegen.

   (b) *Definition von AABBs*

   Im nächsten Schritt wird zunächst um jede der sich auf einer Oberseite befindlichen Kanten eine zweidimensionale AABB, d. h. eine rechteckige Fläche, gelegt. Darauf basierend kann dann die Größe von derjenigen zweidimensionalen AABB ermittelt werden, die die gesamte Oberseite der jeweiligen virtuellen Brücke umschließt.

   (c) *Einsortieren der Kanten*

   Ziel ist es nun, die AABB der Oberseite mittels eines k-d-Baums räumlich zu unterteilen und die AABBs der Kanten in diesen Baum einzuordnen. Zu berücksichtigen ist hierbei, dass im vorliegenden Fall $k = 2$ gilt, da die AABB der Oberseite zweidimensional ausgedehnt ist. Das Prinzip der räumlichen Unterteilung mittels eines 2-d-Baums und der Einordnung der Kanten in diesen lässt sich anhand von Abbildung 7.7 an einem vereinfachten Beispiel erläutern. Zunächst wird die AABB der Oberseite vom dargestellten Objekt unter Zuhilfenahme einer parallel zur y-Achse und durch $x = 0$ verlaufenden Gerade geteilt. Wenn die AABB einer Kante nun links von der Trennachse liegt, wird sie in den linken Teilbaum eingeordnet. Wenn sie rechts von der Trennachse liegt, wird sie in den rechten Teilbaum einsortiert. Eine Einordnung in beide Teilbäume ist vorgesehen, wenn die AABB einer Kante durch die Trennachse verläuft oder sich genau auf dieser befindet. Im nächsten Schritt erfolgt dann mittels einer parallel zur x-Achse und durch $y = 0$ verlaufenden Gerade eine weitere räumliche Unterteilung der AABB der Oberseite. Liegt die AABB einer Kante hinter dieser Trennachse, wird sie in den linken Teilbaum einsortiert. Wenn sie vor der Trennachse liegt, erfolgt die Einordnung in den rechten Teilbaum. Eine Einordnung in beide Teilbäume ist wiederum vorgesehen, wenn die

AABB einer Kante durch die Trennachse verläuft oder sich genau auf dieser befindet. In Abhängigkeit von der zuvor zu definierenden maximalen Tiefe des Baums und der Blattknotengröße wiederholt sich der beschriebene Ablauf nun fortwährend bis alle Kanten in entsprechenden Blattknoten einsortiert sind.

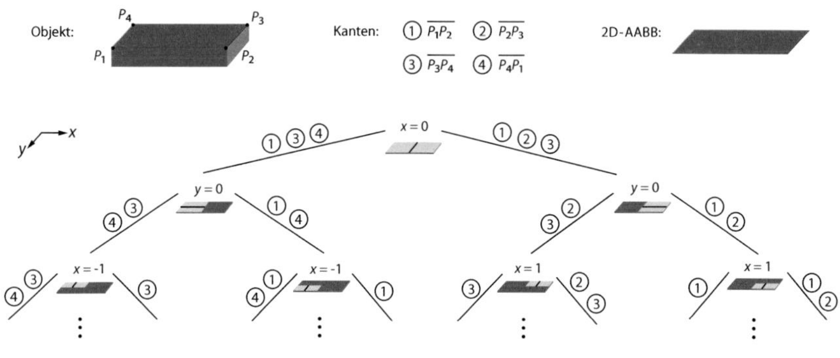

Abbildung 7.7: Illustration vom Funktionsprinzip des eingesetzten k-d-Baums ($k = 2$). Es sei angemerkt, dass es sich hier lediglich um ein vereinfachendes Demonstrationsbeispiel handelt. Aufgrund der geringen Anzahl von Kanten würde im dargestellten Fall normalerweise kein Baum aufgestellt werden.

2. *Erkennung der nahegelegenen Kanten*

   (a) *Auslesen der aktuellen Position des IHIP*

   (b) *Traversieren des 2-d-Baums bis zu den Blattknoten*

   Zunächst wird geprüft, wo sich der IHIP in Bezug zur ersten Trennachse befindet. Im Beispiel aus Abbildung 7.7 verläuft diese durch $x = 0$ und parallel zur y-Achse. Liegt der IHIP auf der linken Seite oder direkt auf der Trennachse, wird der linke Teilbaum traversiert. Liegt der IHIP auf der rechten Seite, wird der rechte Teilbaum traversiert. Anschließend ist zu prüfen, wo sich der IHIP in Bezug zur zweiten Trennachse befindet. Diese verläuft durch $y = 0$ und parallel zur x-Achse. Liegt der IHIP hinter oder auf der Trennachse, wird der linke Teilbaum passiert. Liegt der IHIP vor der Trennachse, wird der rechte Teilbaum passiert. Der beschriebene Vorgang setzt sich nun fort bis der gesamte Baum durchlaufen und somit ein Blattknoten erreicht ist. Aus diesem können die zum IHIP nahegelegenen Kanten ausgelesen und deren kürzester Abstand zu diesem mittels der Lot-Fußpunkt-Methode berechnet werden. Die in den Experimenten zur Evaluation der Lösungsansätze zum Einsatz kommenden 2-d-Bäume wurden so konzipiert, dass sich in den Blattknoten zumindest vier Kanten befinden. Die vier Kanten mit der geringsten Distanz zum IHIP werden schließlich in einer Liste abgelegt.

(c) *Kontrolldurchlauf*

Es besteht die Möglichkeit, dass eine Kante in einem anderen, nicht durchlaufenen Teilbaum einsortiert wurde, die eine geringere Distanz zum IHIP als eine bereits in der Liste enthaltene aufweist. Aus diesem Grund wird der Baum nochmals vom Blattknoten ausgehend aufwärts, nach der in [FBF77] definierten Vorgehensweise, durchlaufen. Somit lässt sich die Liste im Bedarfsfall vor der Ausgabe korrigieren.

Es sei angemerkt, dass verschiedenste Typen von k-d-Bäumen existieren, da in Abhängigkeit vom Einsatzzweck unterschiedliche Anforderungen an die Baumstruktur und den Suchalgorithmus gestellt werden. Auf entsprechende Details wird hier nicht eingegangen, da sie an dieser Stelle nicht relevant sind. Unabhängig von möglichen Optimierungen hängt die zum Suchen benötigte Laufzeit in einem k-d-Baum aber im Allgemeinen logarithmisch von der Anzahl der enthaltenen Elemente ab [FBF77].

Hingewiesen sei auch auf eine andere Möglichkeit zur Erkennung von zum IHIP nahegelegenen Kanten, die auf dem Einsatz eines die Fingerkuppe nachbildenden virtuellen Kugelgitters basiert. Nähere Erläuterungen hierzu sind in [KCF+09] nachzulesen.

Signalisierung der nahegelegenen Kanten Die Positionen der vier nahegelegenen Kanten sollen dem Nutzer eines Kraftwiedergabegeräts unter Berücksichtigung der Distanz des IHIP zu diesen Kanten und unter Berücksichtigung der Abtastrichtung sowie Abtastgeschwindigkeit durch taktiles oder auditives Feedback angezeigt werden. Aus diesem Grund sind entsprechende Signale zur Ansteuerung der eingesetzten Unwuchtmotoren oder für die Wiedergabe über die Lautsprecher zu erzeugen. Nachfolgend ist nun beschrieben, auf welche Weise dabei vorgegangen wird.

1. *Berechnen der Distanz des IHIP zu einer links, rechts, vor bzw. hinter diesem befindlichen Kante*

   Zunächst werden ausgehend von der aktuellen Abtastposition, d. h. der Position des IHIP P_{IHIP}, vier Strahlen erzeugt. Diese verlaufen, wie in Abbildung 7.8a zur Illustration dargestellt, in positiver und negativer x-Richtung sowie in positiver und negativer y-Richtung. Die vier Strahlen $\vec{s}_{\text{l}}$, $\vec{s}_{\text{r}}$, $\vec{s}_{\text{v}}$ und $\vec{s}_{\text{h}}$ lassen sich demnach wie folgt angeben:

$$\vec{s}_{\text{l}} = P_{\text{IHIP}} + t_{\text{l}}\,(-\vec{e}_{\text{x}}) \quad \text{mit} \quad -\vec{e}_{\text{x}} = \begin{pmatrix} -1 \\ 0 \\ 0 \end{pmatrix} \quad \text{und} \quad t_{\text{l}} \in \mathbb{R} \mid t_{\text{l}} \geq 0\,, \tag{7.5}$$

$$\vec{s}_{\text{r}} = P_{\text{IHIP}} + t_{\text{r}}\,\vec{e}_{\text{x}} \quad \text{mit} \quad \vec{e}_{\text{x}} = \begin{pmatrix} 1 \\ 0 \\ 0 \end{pmatrix} \quad \text{und} \quad t_{\text{r}} \in \mathbb{R} \mid t_{\text{r}} \geq 0\,, \tag{7.6}$$

$$\vec{s}_{\text{v}} = P_{\text{IHIP}} + t_{\text{v}}\,(-\vec{e}_{\text{y}}) \quad \text{mit} \quad -\vec{e}_{\text{y}} = \begin{pmatrix} 0 \\ -1 \\ 0 \end{pmatrix} \quad \text{und} \quad t_{\text{v}} \in \mathbb{R} \mid t_{\text{v}} \geq 0\,, \tag{7.7}$$

$$\vec{s}_{\text{h}} = P_{\text{IHIP}} + t_{\text{h}}\,\vec{e}_{\text{y}} \quad \text{mit} \quad \vec{e}_{\text{y}} = \begin{pmatrix} 0 \\ 1 \\ 0 \end{pmatrix} \quad \text{und} \quad t_{\text{h}} \in \mathbb{R} \mid t_{\text{h}} \geq 0\,. \tag{7.8}$$

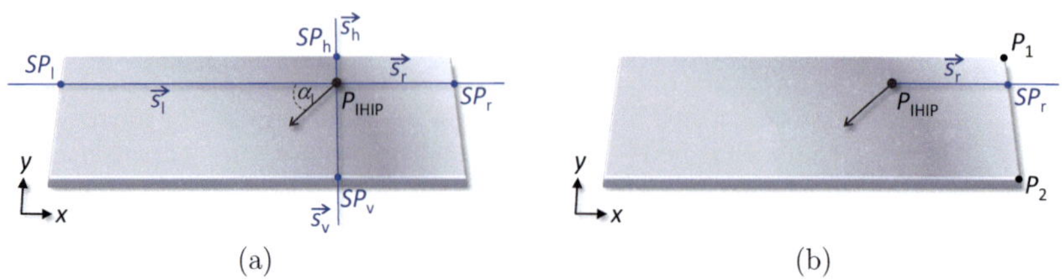

Abbildung 7.8: (a) Um prüfen zu können, welche Distanz zwischen IHIP und einer links, rechts, vor bzw. hinter dem IHIP befindlichen nahegelegenen Kante besteht, werden vier in die genannten Richtungen verlaufende Strahlen erzeugt. In Abhängigkeit vom Verlauf der Kanten ergibt sich somit eine bestimmte Anzahl von Schnittpunkten zwischen den Strahlen und den Kanten. (b) Der Punkt SP_r ergibt sich aus dem Schnitt des vom IHIP aus in positiver x-Richtung verlaufenden Strahls $\vec{s}_r$ und der Geraden, die in Richtung der durch die Punkte P_1 und P_2 begrenzten Kante verläuft.

In Abhängigkeit vom Verlauf der zum IHIP nahegelegenen vier Kanten des jeweiligen betasteten virtuellen Objekts ergibt sich nun eine bestimmte Anzahl von Schnittpunkten zwischen diesen Kanten und den zuvor aufgestellten Strahlen. Anhand der Schnittpunkte kann festgestellt werden, ob sich eine der Kanten direkt links, rechts, vor oder hinter dem IHIP befindet und welche Distanz die jeweilige Kante zu diesem aufweist. Im Hinblick auf das in Abbildung 7.8a beispielhaft dargestellte Oberflächensegment ergeben sich durch das Aufstellen der Strahlen genau vier Schnittpunkte. Anhand der nebenstehenden Abbildung 7.8b kann nun erklärt werden, wie sich ein solcher Schnittpunkt und dessen Distanz zum IHIP ermitteln lässt. Angenommen sei, dass die rechte Kante durch die Punkte P_1 und P_2 begrenzt wird. In einem ersten Schritt ist zunächst zu prüfen, in welcher Lagebeziehung der abgebildete Strahl $\vec{s}_r$ und die in Kantenrichtung verlaufende Gerade zueinander stehen. Zu Beginn kann schließlich nicht einfach davon ausgegangen werden, dass ein Schnittpunkt existiert. Aus diesem Grund wird geprüft, ob die Richtungsvektoren vom Strahl und der Gerade linear voneinander abhängig sind:

$$\vec{e}_x = a\,(P_2 - P_1) \quad \rightarrow \quad \begin{pmatrix}1\\0\\0\end{pmatrix} = a \begin{pmatrix}P_{2_x} - P_{1_x}\\ P_{2_y} - P_{1_y}\\ P_{2_z} - P_{1_z}\end{pmatrix}. \tag{7.9}$$

Existiert nun eine Zahl $a \in \mathbb{R}$, welche die oben aufgeführten Gleichungen erfüllt, dann sind die Richtungsvektoren vom Strahl $\vec{s}_r$ und der in Kantenrichtung verlaufenden Gerade linear abhängig voneinander. Der Strahl und die Gerade verlaufen demnach entweder parallel oder sie liegen aufeinander. Um dies nachprüfen zu können, wird der Punkt P_{IHIP} zunächst in die in Kantenrichtung verlaufende Gerade eingesetzt:

$$\begin{pmatrix}P_{\text{IHIP}_x}\\ P_{\text{IHIP}_y}\\ P_{\text{IHIP}_z}\end{pmatrix} = \begin{pmatrix}P_{1_x}\\ P_{1_y}\\ P_{1_z}\end{pmatrix} + u \begin{pmatrix}P_{2_x} - P_{1_x}\\ P_{2_y} - P_{1_y}\\ P_{2_z} - P_{1_z}\end{pmatrix} \quad \text{mit} \quad u \in \mathbb{R}\,. \tag{7.10}$$

Nun kann nach dem Laufparameter u umgestellt werden. Existiert kein u, das die obigen Gleichungen erfüllt, dann verlaufen Strahl und Gerade parallel zueinander. Es liegt somit kein Schnittpunkt vor. Wenn ein u existiert, das die Gleichungen erfüllt, verlaufen Strahl und Gerade aufeinander. Entspricht u dabei einem Wert im Intervall zwischen 0 und 1, befindet sich der IHIP direkt auf der Kante. Die resultierende Distanz ist 0. Wenn $u < 0$ ist, dann ergibt sich die Distanz vom IHIP zur Kante durch folgende Gleichung:

$$d_{\mathrm{r}} = \overline{P_{\mathrm{IHIP}} P_1} = \sqrt{(P_{1_\mathrm{x}} - P_{\mathrm{IHIP}_\mathrm{x}})^2 + (P_{1_\mathrm{y}} - P_{\mathrm{IHIP}_\mathrm{y}})^2 + (P_{1_\mathrm{z}} - P_{\mathrm{IHIP}_\mathrm{z}})^2}\,. \tag{7.11}$$

Wenn $u > 1$ ist, dann berechnet sich die Distanz vom IHIP zur Kante wie folgt:

$$d_{\mathrm{r}} = \overline{P_{\mathrm{IHIP}} P_2} = \sqrt{(P_{2_\mathrm{x}} - P_{\mathrm{IHIP}_\mathrm{x}})^2 + (P_{2_\mathrm{y}} - P_{\mathrm{IHIP}_\mathrm{y}})^2 + (P_{2_\mathrm{z}} - P_{\mathrm{IHIP}_\mathrm{z}})^2}\,. \tag{7.12}$$

In der Mehrzahl der Fälle wird jedoch keine Zahl a existieren, die die Gleichung 7.9 erfüllt, sodass keine lineare Abhängigkeit zwischen dem Richtungsvektor des Strahls und dem der Gerade vorliegt. Da die Richtungsvektoren sich in einer Ebene befinden, können Strahl und Gerade auch nicht windschief zueinander liegen. Es muss demnach ein Schnittpunkt existieren. Durch Gleichsetzen des Strahls $\vec{s}_\mathrm{r}$ und der in Kantenrichtung verlaufenden Gerade ergibt sich:

$$\begin{pmatrix} P_{\mathrm{IHIP}_\mathrm{x}} \\ P_{\mathrm{IHIP}_\mathrm{y}} \\ P_{\mathrm{IHIP}_\mathrm{z}} \end{pmatrix} + t_\mathrm{r} \begin{pmatrix} 1 \\ 0 \\ 0 \end{pmatrix} = \begin{pmatrix} P_{1_\mathrm{x}} \\ P_{1_\mathrm{y}} \\ P_{1_\mathrm{z}} \end{pmatrix} + u \begin{pmatrix} P_{2_\mathrm{x}} - P_{1_\mathrm{x}} \\ P_{2_\mathrm{y}} - P_{1_\mathrm{y}} \\ P_{2_\mathrm{z}} - P_{1_\mathrm{z}} \end{pmatrix} \quad \text{mit} \quad t_\mathrm{r}, u \in \mathbb{R} \quad \text{und} \quad t_\mathrm{r} \geq 0\,. \tag{7.13}$$

Durch Lösen des Gleichungssystems lassen sich die Laufparameter t_r und u bestimmen. Wird nun der ermittelte Laufparameter t_r in den Strahl $\vec{s}_\mathrm{r}$ eingesetzt, so ergibt sich der gesuchte Schnittpunkt SP_r. Im nächsten Schritt ist dann zu prüfen, ob dieser Schnittpunkt tatsächlich auf der durch die Punkte P_1 und P_2 begrenzten Kante liegt. Dazu wird der zuvor ermittelte Laufparameter u herangezogen. Entspricht u einem Wert im Intervall zwischen 0 und 1, d. h. $u \in [0; 1]$, dann liegt der Schnittpunkt auf der Kante. Somit kann abschließend die Distanz d_r zwischen den Punkten P_{IHIP} und SP_r berechnet werden:

$$d_{\mathrm{r}} = \overline{P_{\mathrm{IHIP}} SP_\mathrm{r}} = \sqrt{(P_{\mathrm{r}_\mathrm{x}} - P_{\mathrm{IHIP}_\mathrm{x}})^2 + (P_{\mathrm{r}_\mathrm{y}} - P_{\mathrm{IHIP}_\mathrm{y}})^2 + (P_{\mathrm{r}_\mathrm{z}} - P_{\mathrm{IHIP}_\mathrm{z}})^2}\,. \tag{7.14}$$

Wenn u nicht im angegebenen Intervall liegt, wird der ermittelte Schnittpunkt verworfen. Im weiteren Verlauf ist nun zu prüfen, ob einer der anderen vom IHIP ausgehenden Strahlen einen Schnittpunkt mit der bisher betrachteten Kante aufweist. Das wäre insbesondere dann möglich, wenn die Kante schräg verlaufen würde. Der beschriebene Ablauf wird nun in gleicher Weise auch für die anderen nahegelegenen Kanten durchgeführt.

2. *Bestimmen der Abtastrichtung und -geschwindigkeit*

   Die Signale zur Ansteuerung der eingesetzten Unwuchtmotoren bzw. für die Wiedergabe über die Lautsprecher sollen unter Berücksichtigung der Abtastrichtung sowie der Abtastgeschwindigkeit erzeugt werden. Deshalb sind die genannten Größen gemäß der nachfolgenden Beschreibungen zu bestimmen. Zunächst ist die Richtung $\vec{h}(t_{\mathrm{n}})$ von derjenigen Hilfsgeraden zu ermitteln, die durch die beiden Punkte $P_{\mathrm{IHIP}}(t_{\mathrm{n}})$ und $P_{\mathrm{IHIP}}(t_{\mathrm{n-1}})$ verläuft. Diese Punkte beschreiben die aktuelle Abtastposition zur Zeit t_{n} sowie die vorherige Abtastposition zur Zeit $t_{\mathrm{n-1}}$. Die Richtung $\vec{h}(t_{\mathrm{n}})$ ergibt sich durch:

$$\vec{h}(t_{\mathrm{n}}) = P_{\mathrm{IHIP}}(t_{\mathrm{n}}) - P_{\mathrm{IHIP}}(t_{\mathrm{n-1}}) = \begin{pmatrix} P_{\mathrm{IHIP_x}}(t_{\mathrm{n}}) \\ P_{\mathrm{IHIP_y}}(t_{\mathrm{n}}) \\ P_{\mathrm{IHIP_z}}(t_{\mathrm{n}}) \end{pmatrix} - \begin{pmatrix} P_{\mathrm{IHIP_x}}(t_{\mathrm{n-1}}) \\ P_{\mathrm{IHIP_y}}(t_{\mathrm{n-1}}) \\ P_{\mathrm{IHIP_z}}(t_{\mathrm{n-1}}) \end{pmatrix} . \tag{7.15}$$

Da bereits durch geringes Zittern vom Nutzer des Kraftwiedergabegeräts große Schwankungen auftreten können, wird die aktuelle Abtastrichtung $\vec{r}$ durch Mittelung der letzten zehn Geradenrichtungen berechnet und auf diese Weise stabilisiert:

$$\vec{r} = \frac{1}{10} \sum_{i=0}^{9} \vec{h}(t_{\mathrm{n-i}}) = \frac{1}{10} \sum_{i=0}^{9} P_{\mathrm{IHIP}}(t_{\mathrm{n-i}}) - P_{\mathrm{IHIP}}(t_{\mathrm{n-1-i}}) . \tag{7.16}$$

In einem folgenden Schritt wird nun der Winkel zwischen der Abtastrichtung $\vec{r}$ und den vom IHIP ausgehenden, die Kanten schneidenden Strahlen bestimmt. Beispielhaft lässt sich dies anhand von der in Abbildung 7.8a dargestellten Konstellation erläutern. Der Winkel α_{l} zwischen dem Strahl $\vec{s}_{\mathrm{l}}$ und der Bewegungsrichtung $\vec{r}$ wird wie folgt berechnet:

$$\vec{r} \cdot (-\vec{e}_{\mathrm{x}}) = |\vec{r}|\,|\vec{e}_{\mathrm{x}}| \cos\sphericalangle(\vec{r}, -\vec{e}_{\mathrm{x}}) = |\vec{r}|\,|\vec{e}_{\mathrm{x}}| \cos(\alpha_{\mathrm{l}}) , \tag{7.17}$$

$$\rightarrow \quad \alpha_{\mathrm{l}} = \arccos\left(\frac{\vec{r} \cdot (-\vec{e}_{\mathrm{x}})}{|\vec{r}|\,|\vec{e}_{\mathrm{x}}|}\right) . \tag{7.18}$$

Wenn nun der Betrag von einem der auf diese Weise berechneten Winkel α_{l}, α_{r}, α_{v} oder α_{h} einem Wert von $\leq 30°$ entspricht, bewegt sich der IHIP annähernd direkt auf eine Kante zu. In der Folge wird dann im Rahmen des haptischen Renderings die aktuelle Abtastgeschwindigkeit $|\vec{v}_{\mathrm{xyz}}|$ aus den Geschwindigkeitskomponenten in x-, y- und z-Richtung bestimmt:

$$|\vec{v}_{\mathrm{xyz}}| = \sqrt{v_{\mathrm{x}}^2 + v_{\mathrm{y}}^2 + v_{\mathrm{z}}^2} . \tag{7.19}$$

3. *Erzeugen von Signalen zur Ansteuerung der Motoren oder Lautsprecher*

   Sinnvoll erscheint es, die Position einer nahegelegenen Kante durch das taktile oder auditive Feedback möglichst dann zu signalisieren, wenn die Distanz des IHIP zu dieser Kante einen gewissen Schwellenwert unterschreitet. Im Rahmen der vorliegenden Arbeit wurden zwei solcher Schwellen definiert. Beim Unterschreiten des ersten Schwellenwerts d_{S1} wird signalisiert, dass der IHIP sich in der Nähe zur Kante befindet. Die Unwuchtmotoren oder Lautsprecher werden dazu mit der in Abbildung 7.9a dargestellten Frequenz ein- und ausgeschalten, sodass gepulste Vibrationen oder ein gepulstes Rauschsignal erzeugt wird. Beim Unterschreiten des zweiten Schwellenwerts d_{S2} wird signalisiert, dass der IHIP sich kurz vor oder direkt auf der Kante befindet und bei einer weiteren Bewegung in die entsprechende Richtung der Kontakt zum betasteten Objekt verloren geht. Die Unwuchtmotoren oder Lautsprecher werden nun mit der in Abbildung 7.9b dargestellten Frequenz angesteuert. Die Schaltfrequenz ist doppelt so hoch wie bei Erreichen der ersten Schwelle.

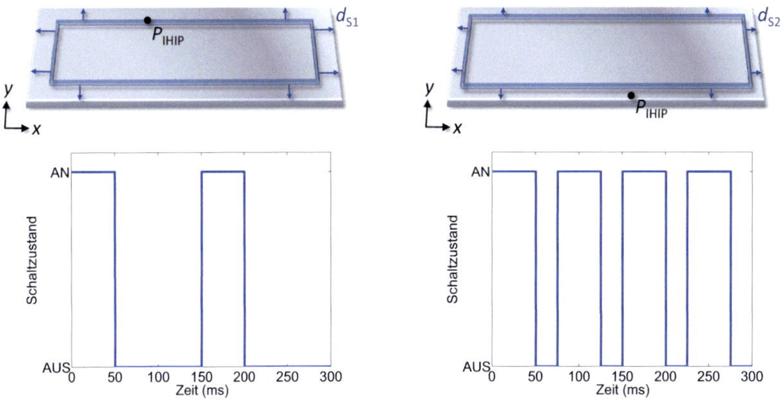

(a) (b)

Abbildung 7.9: (a) Erste Schwelle. Der IHIP befindet sich in der Nähe zu einer Kante. Die Unwuchtmotoren oder Lautsprecher werden kontinuierlich ein- und ausgeschalten, sodass gepulste Vibrationen oder gepulstes Rauschen generiert wird. (b) Zweite Schwelle. Der IHIP befindet sich kurz vor oder direkt auf einer Kante. Die zur Erzeugung der Vibrationen oder des Rauschens genutzte Schaltfrequenz ist doppelt so hoch wie bei Erreichen der ersten Schwelle.

Die Größe des ersten und zweiten Schwellenwerts wird in Abhängigkeit von der aktuellen Abtastgeschwindigkeit gewählt. Erfolgt das Abtasten mit gemäßigter Geschwindigkeit von $|\vec{v}_{\mathrm{xyz}}| \leq 3.5\,\mathrm{cm/s}$, betragen die Schwellenwerte unabhängig von der Abtastrichtung $d_{\mathrm{S1}} = 1\,\mathrm{cm}$ und $d_{\mathrm{S2}} = 0.5\,\mathrm{cm}$. Wenn die Abtastgeschwindigkeit allerdings $|\vec{v}_{\mathrm{xyz}}| > 3.5\,\mathrm{cm/s}$ ist und der IHIP annähernd direkt auf eine Kante zubewegt wird, d. h. $\alpha_{\mathrm{l,r,v,h}} \leq 30°$, werden die Schwellenwerte mit einem Aufschlag belegt. Sie betragen dann $d_{\mathrm{S1}} = 3\,\mathrm{cm}$ und $d_{\mathrm{S2}} = 2.5\,\mathrm{cm}$. Grund für diesen Aufschlag ist die zu berücksichtigende Anlaufzeit der Motoren. So vergehen von der Initiierung des Befehls zur Ansteuerung eines Motors, über die Signalausgabe durch die Soundkarte M-Audio Fast Track Pro bis zur Erzeugung wahrnehmbarer Vibrationen ca. 90 ms. Wenn der IHIP direkt und schnell auf eine Kante zubewegt wird, müssen die Motoren deshalb eher angesteuert werden, um rechtzeitig Vibrationen zur Signalisierung der Kantennähe erzeugen zu können. Zum Bereitstellen von auditivem Feedback, d. h. von der Initiierung des Befehls zur Wiedergabe bis zur Erzeugung wahrnehmbarer akustischer Signale, wird natürlich weniger Zeit benötigt. Aus diesem Grund ist die Signalausgabe der Soundkarte künstlich zu verzögern, sodass kein Vorteil bei der Nutzung von akustischen Signalen gegenüber Vibrationen in Bezug auf die Kantenerkennung entsteht. Nur so lässt sich sicherstellen, dass im Rahmen der experimentellen Evaluation der Lösungsansätze aufgedeckt werden kann, über welche Sinnesmodalität der Nutzer eines Kraftwiedergabegeräts die Informationen präferiert aufnimmt und mit welchem Feedback eine höhere Leistung erzielbar ist.

Tabelle 7.1: Definition der Schwellenwerte in Abhängigkeit von der Abtastgeschwindigkeit und -richtung.

Abtastgeschwindigkeit, Abtastrichtung	*Erste Schwelle*	*Zweite Schwelle*
$\lvert\vec{v}_{\mathrm{xyz}}\rvert \leq 3.5\,\mathrm{cm/s}$, $\alpha_{\mathrm{l,r,v,h}}$ beliebig	$d_{\mathrm{S1}} = 1.0\,\mathrm{cm}$	$d_{\mathrm{S2}} = 0.5\,\mathrm{cm}$
$\lvert\vec{v}_{\mathrm{xyz}}\rvert > 3.5\,\mathrm{cm/s}$, $\alpha_{\mathrm{l,r,v,h}} \leq 30°$	$d_{\mathrm{S1}} = 3.0\,\mathrm{cm}$	$d_{\mathrm{S2}} = 2.5\,\mathrm{cm}$

Abschließend sei auf die Ansteuerung der Motoren und die Wiedergabe über die Lautsprecher eingegangen. In Abhängigkeit von der aktuellen Abtastgeschwindigkeit und Abtastrichtung gelten die zuvor definierten und in Tabelle 7.1 zur Übersicht aufgeführten Schwellenwerte. Wenn nun beispielsweise die Distanz zwischen IHIP und einer links von diesem befindlichen Kante kleiner als einer der Schwellenwerte ist, d. h. $d_{\mathrm{l}} < d_{\mathrm{S1,2}}$, dann wird zur Bereitstellung von taktilem Feedback über Pure Data entsprechend der in Abbildung 7.9 dargestellten Schaltfrequenzen ein Sinussignal erzeugt, über die Soundkarte zum Frequenz-Spannungswandler übertragen und schließlich der links am Finger positionierte Motor angesteuert. Dieser erzeugt Vibrationen, die eine Frequenz von etwa 150 Hz aufweisen. Wenn $d_{\mathrm{r}} < d_{\mathrm{S1,2}}$ gilt, wird der rechte Motor angesteuert. Gilt $d_{\mathrm{v}} < d_{\mathrm{S1,2}}$ oder $d_{\mathrm{h}} < d_{\mathrm{S1,2}}$, erfolgt die Ansteuerung des in der Nähe vom Ansatz des Zeigefingers positionierten Motors oder des Motors an der Fingerspitze. Hierbei sei angemerkt, dass in Abhängigkeit von der Position und dem Verlauf der Kanten die Schwellenwerte natürlich auch in mehr als einer Richtung unterschritten werden können und somit auch mehr als ein Motor aktiv sein kann. Wenn auditives Feedback bereitgestellt werden soll, dann wird über Pure Data entsprechend der in Abbildung 7.9 dargestellten Schaltfrequenzen ein breitbandiges Rauschen erzeugt, verzögert und schließlich über die Soundkarte an die Lautsprecher übertragen. Gilt $d_{\mathrm{l}} < d_{\mathrm{S1,2}}$ oder $d_{\mathrm{r}} < d_{\mathrm{S1,2}}$, erfolgt die Ausgabe des gepulsten Rauschsignals über den linken oder rechten Lautsprecher. Der Schalldruckpegel beträgt in diesem Fall 60 dB(A). Wenn $d_{\mathrm{v}} < d_{\mathrm{S1,2}}$ ist, werden beide Lautsprecher zur Wiedergabe genutzt, sodass das Rauschen mittig wahrgenommen werden kann. Der Schalldruckpegel wird auf 67 dB(A) erhöht. Wenn $d_{\mathrm{h}} < d_{\mathrm{S1,2}}$ ist, sind ebenfalls beide Lautsprecher aktiv. Der Schalldruckpegel wird allerdings auf 53 dB(A) gesenkt. Sollten die Schwellenwerte in mehr als einer Richtung unterschritten werden, ist gemäß der vorherigen Erläuterungen der entsprechende Lautsprecher auszuwählen und der Schalldruckpegel anzupassen.

Der zu Beginn dieses Abschnitts beschriebene Algorithmus zur Erkennung der Kanten von virtuellen Objekten kann bereits vor Beginn des Explorationsvorgangs ausgeführt werden. Die Algorithmen zur Erkennung und Signalisierung nahegelegener Kanten werden während des Explorationsvorgangs im Rahmen des haptischen Renderings stetig wiederholend durchgeführt. Zur Zusammenfassung ist in Abbildung 7.10 nun noch einmal der gesamte Ablauf des zur Unterstützung der Kantenerkennung entwickelten Verfahrens am Beispiel der Erzeugung von taktilem Feedback dargestellt.

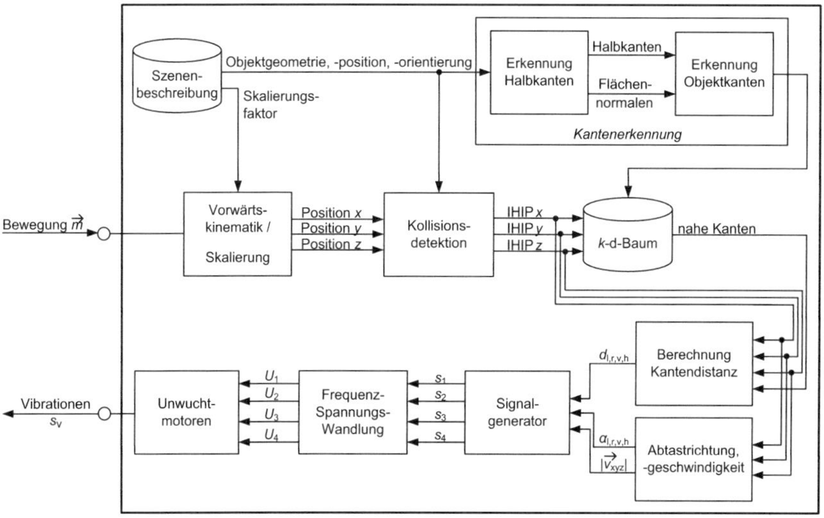

Abbildung 7.10: Erzeugung von taktilem Feedback zur Signalisierung von Kanten.

7.3 Evaluation der Lösungsansätze

Zu Beginn dieses Kapitels wurden im Abschnitt 7.1 die Schwierigkeiten vom Nutzer eines Kraftwiedergabegeräts beim Erkennen der Kanten eines virtuellen Objekts anhand von experimentell gewonnenen Daten verdeutlicht. Im Abschnitt 7.2 wurden dann die entwickelten Lösungsansätze vorgestellt, mit denen die Kantenerkennung durch Bereitstellung von zusätzlichem taktilen bzw. auditiven Feedback ermöglicht werden soll. In diesem Abschnitt erfolgt nun die Evaluation der Lösungsansätze. Diesbezüglich soll überprüft werden,

- inwieweit die Kantenerkennung durch das taktile oder auditive Feedback unterstützt werden kann,

- welches Feedback vom Nutzer präferiert und durch welches eine höhere Leistungsfähigkeit ermöglicht wird,
- ob durch das zusätzliche Feedback zwingend Richtungsinformationen, d. h. Informationen über die genaue Position nahegelegener Kanten relativ zum IHIP, übermittelt werden müssen.

7.3.1 Untersuchung zum Kontaktverlust

Die Lösungsansätze wurden im selben Experiment untersucht, durch das auch die quantitative Spezifizierung der Problemstellung erfolgte. Somit ist eine direkte Gegenüberstellung der entsprechenden Ergebnisse und folglich eine Bewertung der Leistungsfähigkeit der Lösungsansätze möglich. Die Aufgabe bestand für den Proband während der einzelnen Versuche des genannten Experiments darin, eine virtuelle Brücke mit dem PHANToM zu explorieren und dabei den IHIP über diese zu führen. Der Kontakt zur Oberfläche sollte möglichst nicht verloren werden. Die Anzahl der Kontaktverluste wurde gezählt und die benötigte Zeit für die Überquerung der Brücke gestoppt.

7.3.1.1 Prozedur

Der Ablauf des Experiments wurde bereits im Abschnitt 7.1.2.1 detailliert beschrieben. Damit kann an dieser Stelle auf eine erneute Erläuterung verzichtet werden.

Im Experiment erfolgte die Untersuchung von fünf Konditionen. Diese unterschieden sich hinsichtlich des Feedbacks, das dem Proband während der Exploration der in den Abbildungen 7.1a-e dargestellten virtuellen Brücken zur Verfügung stand. In der ersten Kondition konnte die Versuchsperson ausschließlich das vom Kraftwiedergabegerät bereitgestellte kinästhetische Feedback nutzen. Die Ergebnisse dienten der Spezifizierung der Problemstellung, wurden bereits im Abschnitt 7.1.2.4 präsentiert und werden im Folgenden zum Vergleich herangezogen. In der zweiten Kondition stand neben dem kinästhetischen zusätzliches taktiles Feedback zur Verfügung. Die zur Erzeugung des taktilen Feedbacks eingesetzten Unwuchtmotoren wurden allerdings nicht separat angesteuert. Sobald die Distanz zwischen IHIP und einer nahegelegenen Kante unterhalb der in Tabelle 7.1 definierten Schwellenwerte lag, vibrierten unabhängig von der Kantenposition alle Motoren. Es konnten somit keine Richtungsinformationen übermittelt werden. In der dritten Kondition stand ebenfalls zusätzliches taktiles Feedback bereit. Allerdings wurden die Motoren nun separat angesteuert, sodass Informationen über die Position der nahegelegenen Kanten, d. h. Richtungsinformationen, übermittelt werden konnten. In der vierten Kondition war neben dem kinästhetischen zusätzliches auditives Feedback verfügbar. Eine nahegelegene Kante wurde ohne Richtungsinformationen signalisiert, da stets beide Lautsprecher bei der Wiedergabe zum Einsatz kamen und der Schalldruckpegel des Rauschens keiner Variation unterlag. In der fünften Kondition stand ebenfalls zusätzliches auditives Feedback bereit, wobei nun jedoch auch Richtungsinformationen verfügbar waren. So wurde der Schalldruckpegel des Rauschens und der oder die zur Wiedergabe genutzten Lautsprecher in Abhängigkeit von der Kantenposition ausgewählt. Alle im Experiment untersuchten Konditionen sind zur Übersicht noch einmal in Tabelle 7.2 aufgeführt.

Tabelle 7.2: Übersicht über die im Rahmen des Experiments untersuchten fünf Konditionen.

Kondition	*Feedback*
1	kinästhetisches Feedback
2	kinästhetisches + *taktiles* Feedback (*ohne* Richtungsinformationen)
3	kinästhetisches + *taktiles* Feedback (*mit* Richtungsinformationen)
4	kinästhetisches + *auditives* Feedback (*ohne* Richtungsinformationen)
5	kinästhetisches + *auditives* Feedback (*mit* Richtungsinformationen)

7.3.1.2 Experimentierumgebung

Zur Untersuchung der zweiten bis fünften experimentellen Kondition musste das im Abschnitt 4.2 vorgestellte Hardware- und Software-Setup erweitert werden. So kamen zur Erzeugung vom taktilen Feedback, wie im Abschnitt 7.2.2.1 näher erläutert, zusätzlich die Soundkarte M-Audio Fast Track Pro, vier Frequenz-Spannungswandler sowie vier, in einem Schaumstoffblock positionierte Unwuchtmotoren zum Einsatz. Die Erzeugung vom auditiven Feedback erfolgte mittels der bereits zuvor genutzten Soundkarte RME Hammerfall DSP Multiface II, dem Verstärker Renkforce SAP-702 sowie den beiden Lautsprechern Visaton FR 8. Außerdem mussten zur Durchführung der Untersuchung die im Abschnitt 7.2.2.2 betrachteten, zur Erkennung und Signalisierung von nahegelegenen Kanten in C^{++} entwickelten Algorithmen (CHAI 3D) sowie die erstellten Pure Data-Patches in das bestehende Software-Setup integriert werden.

7.3.1.3 Versuchspersonen

Die Beschreibung der am Experiment teilnehmenden Probandengruppe erfolgte bereits im Abschnitt 7.1.2.3.

7.3.1.4 Ergebnisse

Die Ergebnisse des Experiments sind in den Abbildungen 7.11a und b anhand der dunklen Balken dargestellt. Wenn die Probanden ausschließlich das vom Kraftwiedergabegerät bereitgestellte kinästhetische Feedback nutzen konnten, verloren sie durchschnittlich 21mal den Kontakt zur Oberfläche und benötigten im Mittel 72 s für das Absolvieren der Aufgabe. Sobald zusätzliches Feedback zur Verfügung stand, ließ sich die Anzahl der Kontaktverluste statistisch signifikant verringern. Die Überprüfung auf statistische Signifikanz erfolgte mittels einer ANOVA für wiederholte Messungen und Bonferroni-Korrektur für paarweise Vergleiche. So traten auch ohne verfügbare Richtungsinformationen mit taktilem Feedback im Mittel nur 7 Kontaktverluste ($p < 0.01$) und mit auditivem Feedback im

Mittel 8 Kontaktverluste auf ($p < 0.01$). Allerdings erhöhte sich im Gegensatz dazu die benötigte Zeit auf durchschnittlich 101 s und 113 s. Wenn durch das zusätzliche taktile Feedback Richtungsinformationen übermittelt wurden, konnte die mittlere Anzahl der Kontaktverluste von etwa 7 auf etwa 2 nochmals signifikant gesenkt werden ($p < 0.001$). Das gleiche gilt für das auditive Feedback, da mit verfügbaren Richtungsinformationen statt durchschnittlich 8 nur 1 Kontaktverlust auftrat ($p < 0.001$). Die zur Bewältigung der Aufgabe benötigte Zeit betrug in den beiden letztgenannten Fällen im Mittel 47 s und 57 s.

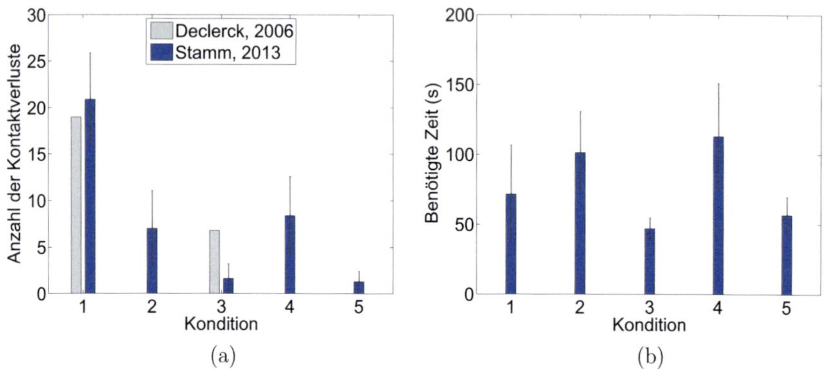

Abbildung 7.11: Ergebnisse des Experiments. (a) Anzahl der aufgetretenen Kontaktverluste. (b) Benötigte Zeit zur Bewältigung der Aufgabenstellung. Die dunklen Balken stellen die Ergebnisse der Untersuchung der vorliegenden Arbeit dar. Die hellen Balken werden zum Vergleich herangezogen und kennzeichnen die Ergebnisse des in [DL06] beschriebenen und in [KCF$^+$09] ausgewerteten Experiments. Dargestellt sind die Mittelwerte (± Standardabweichung) in Abhängigkeit von der experimentellen Kondition.

7.3.1.5 Diskussion

Wenn die entwickelten Lösungsansätze zur Anwendung kommen, nimmt die Versuchsperson während eines Abtastvorgangs neben den Kräften $s_{\mathrm{f}_0} \ldots s_{\mathrm{f}_\mathrm{n}}$ auch die Vibrationen $s_{\mathrm{v}_0} \ldots s_{\mathrm{v}_\mathrm{n}}$ oder die akustischen Signale $s_{\mathrm{a}_0} \ldots s_{\mathrm{a}_\mathrm{n}}$ wahr. Dies ist in Abbildung 7.12 am Beispiel der genannten Vibrationen dargestellt. Die entsprechenden Wahrnehmungsereignisse $e_0 \ldots e_\mathrm{n}$ werden im Gehirn gespeichert und über die Zeit integriert. In der Folge entsteht ein Wahrnehmungsobjekt o, d. h. eine Vorstellung über die Position nahegelegener Objektkanten. Anhand der Ergebnisse der Untersuchungen lässt sich nun Folgendes feststellen:

1. *Durch das zusätzliche Feedback, d. h. durch die Vibrationen und auch die akustischen Signale, wird es dem Nutzer ermöglicht, die Kanten eines virtuellen Objekts zu erkennen.*

   Durch die taktile und auditive Erweiterung des vom Kraftwiedergabegerät bereitgestellten kinästhetischen Feedbacks erhält der Nutzer die Fähigkeit zur Kantenerkennung. So lässt sich die Anzahl der Kontaktverluste, wie im vorherigen Abschnitt beschrieben, signifikant verringern. Außerdem konnte die Aufgabenstellung von den

Probanden in kürzerer Zeit bewältigt werden, wenn durch das zusätzliche Feedback Richtungsinformationen zur Verfügung gestellt wurden. Zu berücksichtigen ist hierbei, dass die Probanden bei ausschließlicher Verwendung von kinästhetischem Feedback durch den häufigen Kontaktverlust wiederholend Zeit zum Wiederfinden der jeweiligen zu betastenden virtuellen Brücke aufwenden mussten.

2. *Durch das Bereitstellen von Richtungsinformationen kann das Erkennen virtueller Objektkanten erheblich erleichtert werden.*

   Es stellte sich die Frage, ob es tatsächlich erforderlich ist, durch das zusätzliche taktile oder auditive Feedback Richtungsinformationen, d. h. Informationen über die Kantenposition, bereitzustellen. Möglicherweise wäre es auch ausreichend, durch das Feedback lediglich die Nähe zu einer Kante und nicht deren Position zu signalisieren, ohne dass dabei während des Abtastens die Leistungsfähigkeit hinsichtlich der Kantenerkennung eingeschränkt wird. Schließlich kennt der Nutzer vom Kraftwiedergabegerät die aktuelle Abtastrichtung und könnte somit auch indirekt auf die Position einer Kante schließen, sobald der IHIP in deren Nähe bewegt und die Nähe zur Kante durch das Feedback signalisiert wird. Der Vorteil, keine Richtungsinformationen bereitstellen zu müssen, bestände vor allem darin, dass der Hardwareaufwand und somit auch die Komplexität der Softwarealgorithmen deutlich reduziert werden könnten. Durch den im vorherigen Abschnitt vorgenommenen Vergleich der Ergebnisse für Kondition 2 und 3 sowie Kondition 4 und 5 lässt sich jedoch erkennen, dass ohne bereitgestellte Richtungsinformationen signifikant häufiger der Kontakt zur Oberfläche verloren wird. Außerdem steigt die für die Bewältigung der Aufgabenstellung benötigte Zeit um etwa das Doppelte an. Es gelang den Probanden demnach nicht ausreichend gut, die Kantenposition

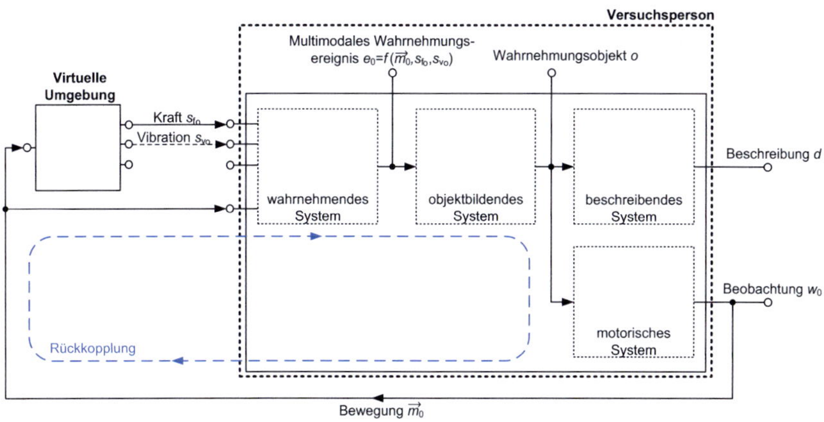

Abbildung 7.12: Während des Betastens eines virtuellen Objekts wirken auf den Nutzer eines Kraftwiedergabegeräts bei Umsetzung der Lösungsansätze neben Kräften auch zusätzliche Vibrationen oder hier nicht gekennzeichnete akustische Signale zur Unterstützung der Kantenerkennung ein.

nur anhand der eigenen Abtastrichtung zu erkennen. Zu berücksichtigen ist hierbei, dass bereits geringe Abweichungen der wahrgenommenen von der tatsächlichen Abtastrichtung zu Problemen führen. Angenommen sei beispielsweise, dass der Proband den IHIP nach links bewegen möchte, diesen gleichzeitig aber unbewusst und geringfügig nach vorn verschiebt. Wenn nun die Distanz zwischen IHIP und einer vor diesem befindlichen Kante den definierten Schwellenwert unterschreitet, würde dies durch das taktile oder auditive Feedback signalisiert werden. Der Proband vermutet nun aber, dass sich die nahe Kante links vom IHIP befindet und ein weiteres Abtasten in diese Richtung somit zum Kontaktverlust führt. Solche falschen Annahmen riefen Irritationen während des Abtastvorgangs hervor. Problematisch wurde es u. a. auch dann, wenn sich der IHIP in einer Ecke auf der Oberseite der jeweiligen betasteten Brücke, d. h. direkt zwischen zwei Kanten, befand. Eine solche Situation ließ sich nur schwer und unter Zeitverlust auflösen, da beispielsweise bei Bewegungen nach links, rechts, vorn und hinten weiterhin immer zumindest eine Kante in der Nähe zum IHIP lag und somit irritierenderweise dauerhaft Vibrationen oder akustische Signale wiedergegeben wurden. Aus den genannten Gründen sollten Richtungsinformationen während des Abtastens zur Verfügung gestellt werden.

3. *Das taktile und auditive Feedback lässt sich gleichermaßen effektiv zur Kantenerkennung nutzen.*

   Im Alltag werden Informationen über Objektkanten beim Betasten vorrangig taktil statt auditiv wahrgenommen. Es stellte sich nun die Frage, ob im Experiment deshalb das taktile Feedback präferiert eingesetzt wird, auch wenn durch die Vibrationen und die künstlich verzögerten akustischen Signale die exakt gleiche Informationsmenge verfügbar ist. Eine solche Präferenz lässt sich jedoch nicht feststellen. Einerseits wurde das taktile und auditive Feedback, wie in Abbildung 7.11 zu erkennen, gleichermaßen effektiv zur Kantenerkennung genutzt. Andererseits ergab auch eine Befragung unter den Probanden nach deren Präferenz ein ausgeglichenes Ergebnis. Bei Anwendung von *Beyond Being There* zuzuordnenden Ansätzen, d. h. beim Bereitstellen von Feedback, das anders ist als jenes, welches während des Abtastvorgangs eines realen Objekts wahrgenommen werden kann, scheint also vor allem die übermittelte Informationsmenge ausschlaggebend zu sein. Es ist dabei nicht von Bedeutung, zumindest im Hinblick auf die Kantendetektion, durch welche Modalität die Wahrnehmung der Informationen erfolgt. Großes Potential besteht deshalb in der Verwendung von auditivem Feedback, da durch dieses mit geringem technischen Aufwand sehr schnell eine Vielzahl an Informationen übertragen werden kann. So wäre es denkbar, dass sich die Erkennung von Objektkanten durch eine gezielte Entwicklung von solchem Feedback, d. h. durch ein gezieltes Design, weiter verbessern lässt. Eine mögliche Vorgehensweise im Hinblick auf die Entwicklung wurde bereits im Abschnitt 5.2.2 am Beispiel der Auralisation der Krümmung einer virtuellen Oberfläche beschrieben. Wenn auf die im genannten Abschnitt beschriebene Weise auch im vorliegenden Fall vorgegangen werden würde, wären somit in einem ersten Schritt die beim Betasten eines realen Objekts bei Kantenannäherung und -abrutschen entstehenden Geräusche aufzunehmen. Anschließend ließe sich dann analysieren, welche Signaleigenschaften im Zeit- und Frequenzbereich unabhängig vom Material des Objekts, von der Abtastgeschwindigkeit und der aufgewendeten Kraft auftreten und Informationen zur Kantenerkennung liefern. Diese Merkmale könnten dann im Hinblick auf die Auralisation von Kanten beim Betasten virtueller Objekte in abstrahierter Weise durch geeignete akustische Parameter nachgebildet werden. Vermutlich besteht aber auch eine Möglichkeit, das Erkennen virtueller Objektkanten mit dem in der vorliegenden Arbeit verwendeten auditiven Feedback weiter zu verbessern. Dazu müssten die akustischen Signale lediglich unverzögert ausgegeben werden. Die tatsächliche Latenz von der Initiierung der Wiedergabe bis zur Erzeugung akustischer Signale durch die Lautsprecher ist nur von der verwendeten Soundkarte abhängig und somit im Vergleich zur Erzeugung von Vibrationen sehr gering.

Zur Einordnung der Untersuchungsergebnisse im Hinblick auf bestehende Literaturdaten sind in Abbildung 7.11 die Ergebnisse der in [DL06] beschriebenen und in [KCF+09] ausgewerteten Studie durch die hellen Balken dargestellt. Für die an dieser Studie teilnehmenden Probanden bestand die Aufgabe ebenfalls darin, eine virtuelle Brücke möglichst ohne Kontaktverlust zu überqueren. Dazu verwendeten sie ein anderes Kraftwiedergabegerät der PHANToM-Serie. Im Abschnitt 7.1.2.4 wurde bereits erläutert und diskutiert, dass die Probanden im Mittel 19mal den Kontakt zu der in Abbildung 7.1f dargestellten Brücke verloren, wenn sie nur das vom Gerät bereitgestellte kinästhetische Feedback nutzten. Wenn gleichzeitig taktiles Feedback zur Verfügung stand, traten im Mittel 7 Kontaktverluste auf. Das taktile Feedback wurde mittels eines 4 x 4 Pin-Arrays erzeugt, sodass unter Berücksichtigung der aktuellen Position der jeweiligen Objektkante bestimmte Bereiche der Fingerkuppe angeregt werden konnten. Der verfolgte Ansatz ist daher *Being There* zuzuordnen, da mit dem auf diese Weise erzeugten taktilen Feedback der reale Abtastvorgang nachgebildet werden soll. In der vorliegenden Arbeit traten bei Anwendung der *Beyond Being There* zuzuordnenden Lösungsansätze im Mittel nur 1-2 Kontaktverluste auf, obwohl unterschiedliche und deutlich kompliziertere Brücken betastet wurden. Diese sind in den Abbildungen 7.1a-e dargestellt. Es liegt daher nahe, dass durch die in dieser Arbeit verfolgten Ansätze eine höhere Leistungsfähigkeit hinsichtlich der Kantenerkennung gewährleistet wird.

Abschließend sei auf eine weitere ähnliche, in [KCF+09] beschriebene Untersuchung verwiesen. In dieser kam ebenfalls ein Kraftwiedergabegerät zum Betasten einer virtuellen Brücke und ein Pin-Array zur Signalisierung von Objektkanten zum Einsatz. Allerdings konnte das 4 x 4 Pin-Array nicht mit dem verwendeten Kraftwiedergabegerät namens ERGOS kombiniert werden, sodass die Wahrnehmung der vom Array erzeugten Reize mit der einen Hand und die Wahrnehmung der vom ERGOS ausgegebenen Kräfte mit der anderen Hand erfolgte. Im Mittel traten 1-2 Kontaktverluste bei der Überquerung der virtuellen Brücke auf. Zu berücksichtigen ist hierbei, dass die an der Untersuchung teilnehmenden Probanden ein umfangreiches Training von knapp 40 Minuten absolvierten. Während des gesamten Trainings und auch während der Untersuchung wurde dabei stets dieselbe Brücke betastet. Die Brücke wies die in Abbildung 7.1f dargestellte Form auf und wurde schräg im Arbeitsbereich positioniert. Die Ausdehnung der Brücke war durch den verfügbaren Arbeitsbereich des verwendeten Kraftwiedergabegeräts stark begrenzt und betrug in lateraler Richtung sowie in Tiefenrichtung maximal 6 cm. In der vorliegenden Arbeit absolvierten die Versuchspersonen lediglich ein Training von knapp

15 Minuten. Außerdem kamen, wie oben beschrieben, insgesamt fünf unterschiedliche Brücken mit zahlreichen Verwinkelungen zum Einsatz. Die Ausdehnung der Brücken war deutlich größer und betrug in lateraler Richtung maximal 21 cm und in Tiefenrichtung maximal 11 cm. Anhand der aufgezeigten Unterschiede lässt sich daher vermuten, dass der Schwierigkeitsgrad der von den Probanden in der vorliegenden Arbeit zu bewältigenden Aufgabe höher war. Da wie in [KCF+09] im Mittel jedoch ebenso 1-2 Kontaktverluste gemessen wurden, sollte demzufolge auch die durch die verfolgten Ansätze ermöglichte Leistungsfähigkeit hinsichtlich der Kantenerkennung höher sein. Inwieweit sich diese Leistungsfähigkeit durch eine Kombination des taktilen und auditiven Feedbacks, d. h. durch eine simultane Wiedergabe von Vibrationen und akustischen Signalen zur Signalisierung von Objektkanten steigern lässt, könnte in zukünftigen Arbeiten untersucht werden.

Kapitel 8

Zusammenfassung und Ausblick

Um durch das haptische Explorieren eines virtuellen Objekts Informationen über dessen, für die Objekterkennung maßgeblichen geometrischen Eigenschaften sammeln zu können, muss dem Nutzer ein haptisches Gerät zur Verfügung stehen. An dieses wird zunächst primär die Anforderung gestellt, gleichzeitig als Eingabe- und Ausgabegerät zu fungieren, d. h. eine bidirektionale Schnittstelle zwischen Nutzer und virtuellem Objekt zu schaffen. Die genannte Anforderung wird durch dem Stand der Technik entsprechende Kraftwiedergabegeräte erfüllt. Zu berücksichtigen ist hierbei jedoch, dass diese Geräte der Bewegung des Nutzers beim Betasten eines virtuellen Objekts lediglich Kräfte entgegensetzen können, d. h. kinästhetisches Feedback bereitstellen. Es ist nicht ansatzweise möglich und das wird es in absehbarer Zukunft wegen der enormen technischen Komplexität auch nicht sein, die Vielzahl und Vielfalt an Reizen auf den Tastapperat des Nutzers zu übertragen, die während des Betastens eines realen Objekts wahrnehmbar ist. In der vorliegenden Arbeit sollten deshalb zunächst die Auswirkungen des von der Realität stark abstrahierten kinästhetischen Feedbacks auf die Erkennung von geometrischen Eigenschaften virtueller Objekte untersucht werden. Nach der Untersuchung des beschriebenen Zusammenhangs erfolgte dann die quantitative Spezifizierung der identifizierten Probleme. Im Anschluss daran wurden die entwickelten Lösungsansätze vorgestellt. Bei Anwendung dieser Lösungsansätze kann dem Nutzer eines Kraftwiedergabegeräts während eines Explorationsvorgangs gezielt zusätzliches taktiles bzw. auditives Feedback bereitgestellt und dadurch, wie experimentell nachgewiesen, den oben erwähnten Problemen entgegengewirkt werden.

Anschließend erfolgt nun eine Zusammenfassung der einzelnen bearbeiteten Teilschritte und der in diesem Kontext gesammelten Erkenntnisse der vorliegenden Arbeit.

1. *Entwicklung einer Formalisierung von Experimenten mit aktiv explorierenden Versuchspersonen*
   Es wird gezeigt, dass sich auch komplexe Evaluationsexperimente mit aktiv explorierenden Versuchspersonen aus dem Bereich der Mensch-Maschine-Interaktion mit einer systemtheoretischen Formalisierung beschreiben lassen. Die Entwicklung dieser, auf Blauert's systemtheoretischer Analyse des auditorischen Experiments basierender Beschreibungsform stellt eine Neuheit dar.

2. *Entwicklung einer Experimentierumgebung*
   Die im Rahmen dieser Arbeit stetig weiterentwickelte Experimentierumgebung ermöglicht das Durchführen von Experimenten mit aktiv explorierenden Versuchspersonen,

wobei diesen beim Betasten virtueller Objekte definiertes kinästhetisches, taktiles und auditives Feedback bereitgestellt werden kann. Die Experimentierumgebung hat sich für die Untersuchungen als geeignet erwiesen und lässt sich dementsprechend für den Einsatz in zukünftigen Forschungsarbeiten weiterempfehlen.

3. *Evaluation von kinästhetischem Feedback*
   Um überprüfen zu können, ob der Nutzer eines dem Stand der Technik entsprechenden Kraftwiedergabegeräts geometrische Eigenschaften virtueller Objekte nur unter Verwendung des auf Basis eines Einpunkt-Kontakts generierten kinästhetischen Feedbacks erkennen kann, wurden Evaluationsexperimente durchgeführt. Die im Rahmen dieser Experimente gesammelten Daten zeigen, dass es prinzipiell möglich ist. Jedoch treten unterschiedliche Probleme auf, die sich erheblich auf den Explorations- und Erkennungsprozess auswirken können. Dabei handelt es sich um Probleme hinsichtlich der Krümmungsdiskrimination, der Orientierung in der virtuellen Szene sowie der Kantenerkennung.

   Da in der vorliegenden Arbeit eine sehr große Auswahl an virtuellen Objekten und auch der Einfluss von deren Orientierung untersucht wurde, konnten im Hinblick auf Erkennungsraten und Explorationszeiten zahlreiche neue Erkenntnisse gesammelt werden. Darüber hinaus ließen sich in der Literatur beschriebene Ergebnisse in Bezug auf die Erkennung geometrischer Primitive sowie Beobachtungen hinsichtlich des beim Abtasten auftretenden Kontaktverlusts zur Objektoberfläche verifizieren.

4. *Einführung der Begriffe „Being There" und „Beyond Being There"*
   Die in den Evaluationsexperimenten identifizierten Probleme können gelöst werden, indem das von Kraftwiedergabegeräten bereitgestellte, unzureichende kinästhetische Feedback adäquat erweitert wird. Zur einfachen Kategorisierung aller diesbezüglich vorstellbaren Möglichkeiten wurde ein aus dem Forschungsbereich der Telekommunikation bekanntes Konzept adaptiert. In diesem Zusammenhang erfolgte die Einführung der Begriffe *Being There* und *Beyond Being There*.

5. *Quantitative Spezifizierung der Krümmungsdiskrimination*
   Anhand der in psychophysikalischen Experimenten ermittelten JNDCs und JNVCs ließ sich feststellen, dass die Fähigkeit zur Unterscheidung zwischen zwei konstanten Krümmungsgraden sowie zur Unterscheidung zwischen konstantem und kontinuierlich variierendem Krümmungsverlauf bei Nutzung des von einem Kraftwiedergabegerät bereitgestellten kinästhetischen Feedbacks unzureichend ist. So liegen die ermittelten JNDCs beispielsweise deutlich über jenen, die bei der Unterscheidung von Krümmungen mit dem Zeigefinger gemessen werden. Desweiteren wurde experimentell nachgewiesen, dass die Wahrnehmung der Krümmung einer betasteten virtuellen Oberfläche von deren Orientierung abhängt. Mittels der durchgeführten Experimente ließen sich neue Erkenntnisse sammeln und bestehende Daten aus der Literatur erweitern.

6. *Bestimmung präferierter akustischer Parameter zur Krümmungsauralisation*
   Um die Fähigkeit zur Krümmungsdiskrimination in virtuellen Umgebungen verbessern zu können, wurde der Ansatz verfolgt, dem Nutzer eines Kraftwiedergabegeräts hilfreiches auditives Feedback zur Verfügung zu stellen. Ziel war es dabei konkret, die

Krümmung der Oberfläche des jeweiligen betasteten virtuellen Objekts zu auralisieren. Zur Umsetzung dieses Ansatzes werden geeignete akustische Parameter benötigt, die Informationen über die Krümmung übermitteln und somit als Informationsträger fungieren. Um solche Parameter identifizieren zu können, wurden im schallreflexionsarmen Raum Geräusche aufgenommen, durch die die geometrische Eigenschaft der Krümmung im Alltag für den Menschen hörbar wird. Hierbei handelte es sich um die charakteristischen Geräusche von Kugeln, die unterschiedlich stark gekrümmte Oberflächen entlang rollen. Die akustischen Aufnahmen wurden anschließend mit dem Ziel analysiert, jene zeitlichen und spektralen Signaleigenschaften zu identifizieren, die stets unabhängig vom Material und Durchmesser der rollenden Kugel sowie vom Material der Oberfläche auftreten und über die Ausprägung der Oberflächenkrümmung informieren. Im nächsten Schritt erfolgte die Auswahl verschiedener akustischer Parameter, durch die die identifizierten krümmungsspezifischen Signaleigenschaften bei der Auralisation der Krümmung einer beliebigen virtuellen Oberfläche in vereinfachter Weise nachgebildet werden sollen. Abschließend wurde dann in einem Experiment untersucht, welche der für die Auralisation ausgewählten Parameter vom Nutzer sicher und konsistent zur Krümmungsunterscheidung genutzt werden können. Es stellte sich heraus, dass insbesondere die Signalfrequenz und die Amplitudenmodulationsfrequenz bei Verwendung eines sinusoidalen Grundsignals geeignet sind. Deren Werte sollten bei einer Erhöhung des Krümmungsgrads vergrößert und bei einer Verringerung des Krümmungsgrads verkleinert werden.

7. *Entwicklung eines Algorithmus zur Berechnung und Auralisation der Krümmung einer virtuellen Oberfläche*
   Durch eine Gegenüberstellung verschiedener Auralisationsverfahren wurde gezeigt, dass es am sinnvollsten ist, den Wert der zur Auralisation genutzten Signalfrequenz in Abhängigkeit von der in Abtastrichtung auftretenden Krümmung der Objektoberfläche zu variieren. Aus diesem Grund war ein Softwarealgorithmus zu entwickeln, mit dem die Oberflächenkrümmung in Abtastrichtung in Echtzeit berechnet werden kann. Durch diesen Algorithmus wird zunächst die jeweilige Oberfläche um den IHIP herum und entlang der errechneten Bewegungsrichtung abgetastet. Die aus dem Abtasten resultierenden einzelnen Punkte werden dann zum Aufstellen einer die Punkte interpolierenden Funktionsgleichung genutzt. Im Anschluss daran wird die Krümmung dieser Funktion und folglich die gesuchte Krümmung der Objektoberfläche berechnet. Mit Hilfe einer entworfenen, psychoakustisch motivierten Abbildungsfunktion ist es schließlich möglich, aus dem berechneten Krümmungswert den für die Auralisation benötigten Wert der Signalfrequenz zu ermitteln. Das entwickelte Verfahren zur Krümmungsauralisation stellt eine Neuheit dar.

8. *Evaluation des entwickelten Lösungsansatzes zur Krümmungsauralisation*
   Durch die in psychophysikalischen Experimenten gemessenen JNDCs und JNVCs konnte nachgewiesen werden, dass sich die Fähigkeit zur Krümmungsdiskrimination durch den entwickelten Lösungsansatz deutlich verbessern lässt. Demzufolge können durch das zusätzliche auditive Feedback verlässliche Informationen über die Krümmung übermittelt und somit das vom Kraftwiedergabegerät bereitgestellte kinästhetische Feed-

back wirksam ergänzt werden. Das Verfahren zur Krümmungsauralisation ist als *Beyond Being There*-Lösungsansatz deutlich leistungsfähiger als die in anderen Forschungsarbeiten entwickelten *Being There*-Lösungen zur taktilen Erweiterung des kinästhetischen Feedbacks. So können die in diesen Arbeiten ermittelten Unterschiedsschwellen unterboten werden, ohne dabei technische Änderungen am Gerät vornehmen zu müssen, durch die dessen flexible Nutzung möglicherweise eingeschränkt wird. Gemäß der Ziele von *Beyond Being There* gelingt es durch die Auralisation zudem, die bei der Unterscheidung von Krümmungen mit dem Finger auftretenden Unterschiedsschwellen zu unterbieten.

9. *Quantitative Spezifizierung des Orientierungs- bzw. Lokalisationsvermögens*
   Um untersuchen zu können, wie genau der Nutzer eines Kraftwiedergabegeräts die aktuelle Position sowie die Bewegungen des HIP und demzufolge die aktuelle Position sowie die Bewegungen des Hand-Arm-Komplexes kinästhetisch wahrnehmen kann, wurde ein neuartiges Experiment konzipiert. Durch die experimentellen Untersuchungen konnte gezeigt werden, dass die kinästhetischen Lokalisationsfehler bereits in kleineren haptischen Arbeitsbereichen, wie dem des PHANToM, Größen aufweisen, die die Orientierung erheblich erschweren können. Desweiteren wurde festgestellt, dass das kinästhetische Lokalisationsvermögen in solchen Arbeitsbereichen keine Richtungsabhängigkeit aufweist. Es hängt vielmehr davon ab, welche Distanzen durch die Armbewegungen überwunden werden müssen, d. h. wie intensiv der gesamte Arm bewegt wird. Mittels der durchgeführten Experimente ließen sich neue Erkenntnisse sammeln und zudem in anderen Forschungsarbeiten beschriebene Abhängigkeiten der kinästhetischen Wahrnehmung verifizieren.

10. *Entwicklung von Lösungsansätzen zur Bereitstellung von zusätzlichem, als Orientierungshilfe nutzbarem auditiven Feedback*
    Um das Orientierungs- bzw. Lokalisationsvermögen vom Nutzer eines Kraftwiedergabegeräts verbessern zu können, wurden zwei Ansätze verfolgt. Zum einen sollte verhindert werden, dass der Nutzer in Kontakt mit den irritierenden, unregelmäßig verlaufenden mechanischen Arbeitsbereichsgrenzen des Kraftwiedergabegeräts gerät. Das ließ sich durch die Definition eines quaderförmigen virtuellen Arbeitsbereichs umsetzen, dessen Begrenzungsflächen innerhalb des mechanischen Arbeitsbereichs liegen. Dem Nutzer des Geräts wird dabei durch auditives Feedback signalisiert, sobald der von ihm kontrollierte HIP an die virtuellen Begrenzungsflächen gelangt. Somit können diese, im Gegensatz zu den mechanischen Arbeitsbereichsgrenzen, tatsächlich als Orientierungshilfe genutzt werden. Um dem Nutzer jedoch auch innerhalb des virtuellen Arbeitsbereichs fortwährend zur Orientierung nutzbares auditives Feedback zur Verfügung zu stellen, wurde die SIH-Technik entwickelt. Zur Umsetzung dieser wird mit einer auf VBAP ausgerichteten Lautsprecheranordnung oder unter Verwendung von HRTFs für die Kopfhörerwiedergabe eine virtuelle Schallquelle erzeugt. Die Verschiebung der Schallquelle erfolgt durch die mit dem Kraftwiedergabegerät interagierende Hand des Nutzers und somit in Abhängigkeit von der Bewegung des HIP nach dem im Rahmen der Arbeit näher erläuterten Prinzip der *akustischen Streckung*. Auf diese Weise soll die auditive Lokalisation des HIP ermöglicht werden. Die SIH-Technik stellt eine Neuheit dar.

11. *Evaluation der zur Verbesserung des Orientierungs- bzw. Lokalisationsvermögens entwickelten Lösungsansätze*
Im Rahmen experimenteller Untersuchungen ließ sich in einem ersten Schritt feststellen, dass der Nutzer des Kraftwiedergabegeräts durch das die virtuellen Begrenzungsflächen signalisierende auditive Feedback nicht mehr in Kontakt mit den mechanischen Arbeitsbereichsgrenzen gerät und wegen des dort spürbaren Widerstands ein virtuelles Objekt zu betasten glaubt. Die Lokalisationsgenauigkeit konnte durch das auditive Feedback geringfügig gesteigert werden. Anschließend wurde dann anhand der Ergebnisse von Hörversuchen gezeigt, dass die Lokalisationsgenauigkeit bei Anwendung der SIH-Technik in Tiefenrichtung und zum Teil auch signifikant in lateraler Richtung weiter verbessert werden könnte. Allerdings muss dabei die akustische Wiedergabe unter Verwendung von HRTFs über Kopfhörer erfolgen. Im letzten Schritt konnte schließlich nachgewiesen werden, dass der Nutzer eines Kraftwiedergabegeräts vom praktischen Einsatz der *Beyond Being There* zuzuordnenden SIH-Technik, wie durch die Hörversuchsergebnisse vorhergesagt, tatsächlich profitieren kann. Bei Anwendung der entwickelten Lösungsansätze lässt sich der resultierende Lokalisationsfehler im dreidimensionalen Arbeitsbereich um insgesamt etwa 30% senken. Abschließend wurden alle gesammelten Erkenntnisse herangezogen, um wichtige Richtlinien zur Verbesserung der Orientierungsfähigkeit in virtuellen Szenen aufzustellen.

12. *Quantitative Spezifizierung der Problemstellung hinsichtlich der Kantenerkennung*
Mittels experimenteller Ergebnisse wurde gezeigt, dass der Nutzer beim Betasten bestimmter virtueller Objekte mit einem dem Stand der Technik entsprechenden Kraftwiedergabegerät sehr oft ungewollt, aber unvermeidlich den Kontakt zur Objektoberfläche verliert. Es ist ihm nicht möglich, die Kanten eines virtuellen Objekts ohne Kontaktverlust zu erkennen. Anhand der experimentellen Ergebnisse konnte das Ausmaß des Problems quantitativ spezifiziert werden. Außerdem wurden Literaturdaten verifiziert und somit demonstriert, dass dieses Problem unabhängig vom eingesetzten Kraftwiedergabegerät besteht. Das von den Geräten bereitgestellte kinästhetische Feedback ist demnach unzureichend.

13. *Entwicklung von Lösungsansätzen zur Signalisierung der Kanten eines virtuellen Objekts*
Um dem Nutzer während der Exploration eines virtuellen Objekts das sichere Erkennen von Kanten und das Abtasten entlang von diesen zu ermöglichen, sollte das vom Kraftwiedergabegerät bereitgestellte kinästhetische Feedback taktil und auditiv erweitert werden. Zur Bereitstellung des taktilen Feedbacks wurde ein neuartiger Ansatz verfolgt. So können über vier, an unterschiedlichen Bereichen des Zeigefingers angebrachte Unwuchtmotoren Vibrationen erzeugt werden, um die Position von links, rechts, vor oder hinter dem IHIP befindlichen Kanten zu signalisieren. Die Ansteuerung eines Motors erfolgt dabei über eine Soundkarte, die ein Sinussignal bestimmter Frequenz auf eine zur Frequenz-Spannungswandlung konzipierte Schaltung ausgibt. Demzufolge würde eine Änderung der Frequenz des Sinussignals eine Änderung der Drehfrequenz des Motors auslösen. Zur Bereitstellung des auditiven Feedbacks kommen zwei Lautsprecher zum Einsatz, wobei der Basiswinkel, wie in klassischen Stereo-Setups, 60°

beträgt. Damit die Position von links, rechts, vor oder hinter dem IHIP befindlichen Kanten signalisiert werden kann, wird für die akustische Wiedergabe entweder der linke oder der rechte oder beide Lautsprecher ausgewählt und der Schalldruckpegel des ausgegebenen Breitbandrauschens angepasst. Um dem Nutzer das zur Kantenerkennung vorgesehene taktile oder auditive Feedback während eines Abtastvorgangs bereitstellen zu können, wurden zudem unterschiedliche Softwarealgorithmen zur automatisierten Identifizierung aller Kanten eines beliebigen virtuellen Objekts sowie zur Identifizierung und Signalisierung von zum IHIP nahegelegenen Kanten entwickelt.

14. *Evaluation der zur Verbesserung der Kantenerkennung entwickelten Lösungsansätze*
Durch die experimentelle Evaluation der entwickelten Lösungsansätze wurde deutlich, dass mit dem zusätzlichen taktilen bzw. auditiven Feedback ein sicheres Erkennen von Objektkanten möglich wird. Für die Probanden war es dabei unerheblich, ob die Übermittlung der Informationen über nahegelegene Kanten mittels Vibrationen oder akustischer Signale erfolgte. Wichtig zu beachten ist jedoch, dass das zusätzliche Feedback Informationen über die Position nahegelegener Kanten, d. h. Richtungsinformationen, übermitteln sollte. Es führt zu einer erheblichen Einschränkung der Leistungsfähigkeit, wenn lediglich signalisiert wird, dass sich der IHIP in Kantennähe befindet. Auf Basis einer Gegenüberstellung der experimentellen Ergebnisse mit bestehenden Literaturdaten wurde abschließend erläutert, weshalb die im Rahmen der vorliegenden Arbeit entwickelten und *Beyond Being There* zuzuordnenden Lösungsansätze denen in der Literatur beschriebenen *Being There*-Ansätzen überlegen sein müssten.

Anhand der zusammengefassten Beiträge und Leistungen wird deutlich, dass zur Beantwortung der in dieser Arbeit untersuchten Fragestellungen interdisziplinär geforscht werden musste. Diesbezüglich wurden nicht nur Kenntnisse über haptische Geräte, haptisches Rendering und die haptische Wahrnehmung, sondern u. a. auch über computergrafische Methoden, Interpolations- und Krümmungsberechnungsverfahren, akustische Wiedergabeverfahren, Psychoakustik, Geräteentwicklung, Softwareentwicklung und das Design von Experimenten zur Untersuchung der Mensch-Maschine-Interaktion genutzt. Durch den interdisziplinären Ansatz konnten im Rahmen der vorliegenden Arbeit die identifizierten Problemstellungen sehr genau erforscht, verschiedene neue Lösungen zur Verbesserung der Krümmungsdiskrimination, der Orientierung in einer virtuellen Szene und der Kantenerkennung entwickelt sowie deren Leistungsfähigkeit evaluiert werden. Die sich für den Nutzer durch die Evaluation als hilfreich erwiesenen Lösungsansätze sind zur Übersicht noch einmal in Abbildung 8.1 gemeinsam dargestellt. Die entwickelten Lösungen sind nicht nur aufgrund ihrer nachgewiesenen Leistungsfähigkeit vielversprechend, sondern auch, weil Nutzer unterschiedlichster Geräte von diesen profitieren können. Nachfolgend wird nun ein Ausblick über verschiedene Einsatzszenarien gegeben:

- *Interaktion mit dem Stand der Technik entsprechenden Geräten, die Einpunkt-Kontakt ermöglichen.*
  Wenn dem Stand der Technik entsprechende Kraftwiedergabegeräte genutzt werden, um virtuelle Objekte zu betasten und deren geometrischen Eigenschaften zu identifizieren, treten die zuvor zusammengefassten Probleme auf. Es wurde jedoch nachgewiesen,

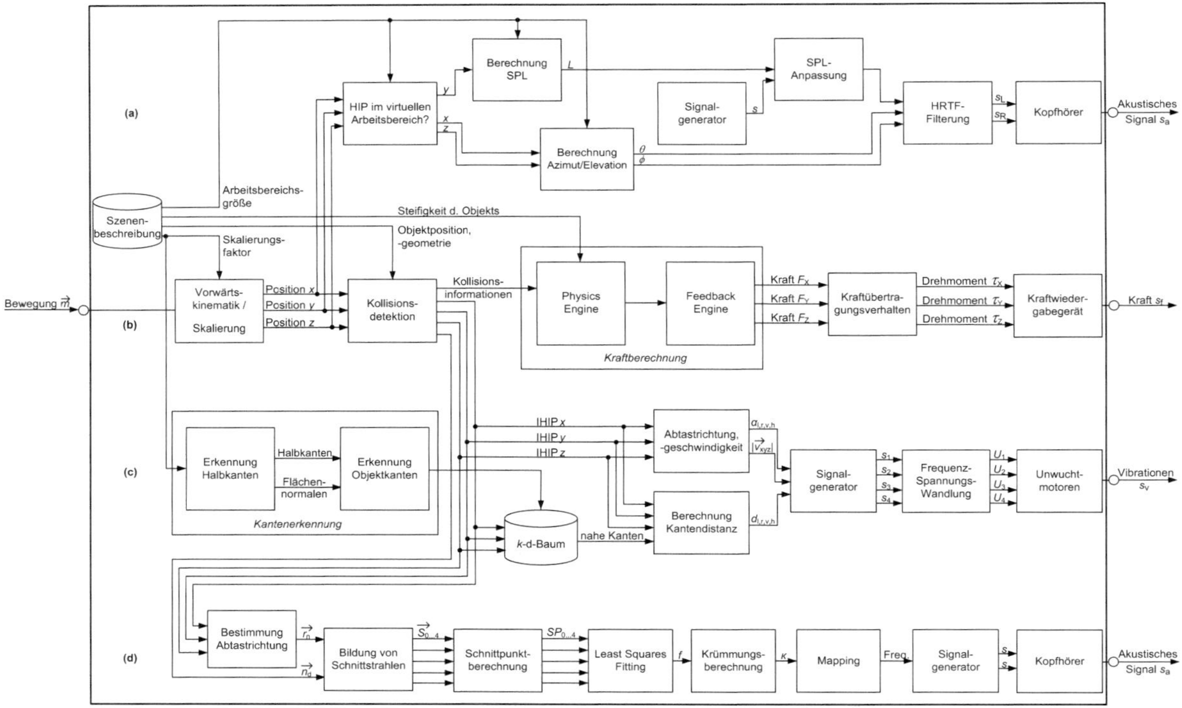

Abbildung 8.1: Kombination der entwickelten Ansätze zur auditiven und taktilen Erweiterung von kinästhetischem Feedback. (a) Umsetzung der SIH-Technik durch Verwendung von HRTFs zur Verbesserung der Orientierung in einer virtuellen Szene. (b) Erzeugung von kinästhetischem Feedback nach dem Stand der Technik. (c) Signalisierung von Objektkanten am Beispiel der Erzeugung von taktilem Feedback. (d) Erzeugung von auditivem Feedback zur Auralisierung der Krümmung einer virtuellen Oberfläche. Es sind nur diejenigen Blöcke dargestellt, die zum Nachvollziehen des Funktionsprinzips der Ansätze benötigt werden.

dass der Nutzer eines solchen Geräts von den im Rahmen dieser Arbeit entwickelten Lösungsansätzen erheblich profitieren kann und die auftretenden Probleme somit vermindert bzw. gelöst werden.

- *Interaktion mit zukünftigen Generationen von Geräten, die Mehrpunkt-Kontakt ermöglichen.*
  Selbst wenn durch technisch ausgereiftere, zukünftige Generationen von Mehrpunkt-Kontakt ermöglichenden Kraftwiedergabegeräten die im Abschnitt 3.2 beschriebenen, z. B. während eines Explorationsvorgangs mit dem CyberGrasp auftretenden Probleme gelöst werden könnten, bestände wie auch beim PHANToM weiterhin die Einschränkung, dass nur von der Realität stark abstrahiertes kinästhetisches Feedback verfügbar wäre. Aufgrund des resultierenden sensorischen Informationsmangels würden sich daher beispielsweise wiederum Schwierigkeiten hinsichtlich der Krümmungsdiskrimination ergeben. Zur Kompensation des Informationsmangels und zur Lösung der daraus entstehenden Probleme könnte jedoch mit dem den Zeigefinger repräsentierenden Kontaktpunkt die EP der Konturenverfolgung nachgebildet und auf Basis der ausgeführten Bewegungen, wie in Abbildung 8.1 dargestellt, zusätzliches auditives oder taktiles Feedback erzeugt werden. Auf diese Weise ließen sich auch bei Verwendung eines solchen Mehrpunkt-Kontakt ermöglichenden Geräts die Vorteile der entwickelten Ansätze nutzen.

- *Interaktion mit Geräten, durch die der Abtastvorgang von realen Objekten ideal nachgebildet werden kann.*
  Angenommen sei, dass ein haptisches Gerät existiert, welches die Finger und die Hand beim Betasten eines virtuellen Objekts genauso anregen kann, wie es beim Betasten eines realen Objekts geschieht. Dies scheint der bestmöglichen Lösung zu entsprechen. Zu berücksichtigen ist jedoch, dass durch die in der vorliegenden Arbeit entwickelten Verfahren, gerade im Hinblick auf die Krümmungsdiskrimination und die Orientierung in einer virtuellen Szene, Feedback bereitgestellt werden kann, das sogar besser ist als jenes, welches während des Explorationsvorgangs eines realen Objekts zur Verfügung steht. Demzufolge könnte selbst der Nutzer eines solchen idealen Geräts von denen in Abbildung 8.1 dargestellten Lösungsansätzen profitieren.

Im Rahmen zukünftiger Forschungsarbeiten sollte nun genauer untersucht werden, welche Kombinationseffekte sich bei einer gleichzeitigen Nutzung der entwickelten Verfahren ergeben und ob diesbezüglich weitere Anpassungen vorzunehmen sind.

Abkürzungsverzeichnis

AABB	engl. axis-aligned bounding box dt. *an kartesischen Achsen ausgerichteter Hüllkörper*
AFC	engl. alternative forced-choice dt. *erzwungene Entscheidung zwischen Antwortalternativen*
AM	Amplitudenmodulation
ANOVA	engl. analysis of variance dt. *Varianzanalyse*
BA	Brodmann-Areal
CSG	engl. Constructive Solid Geometry dt. *Konstruktive Festkörpergeometrie*
DOF	engl. degree of freedom dt. *Freiheitsgrad*
EP	engl. exploratory procedure dt. *Explorationsstrategie*
FA	engl. fast adapting dt. *schnell adaptierend*
FM	Frequenzmodulation
GUI	engl. graphical user interface dt. *grafische Benutzeroberfläche*
HIP	engl. haptic interaction point dt. *haptischer Interaktionspunkt*
HRIR	engl. head-related impulse response dt. *kopfbezogene Impulsantwort*
HRTF	engl. head-related transfer function dt. *kopfbezogene Übertragungsfunktion*
HVT	Horizontal-Vertikal-Täuschung
IHIP	engl. ideal haptic interaction point dt. *idealer haptischer Interaktionspunkt*

ILD	engl. interaural level difference dt. *interaurale Pegeldifferenz*
JNDC	engl. just-noticeable difference in curvature dt. *gerade noch wahrnehmbare Änderung des Krümmungsgrads*
JNDF	engl. just-noticeable difference in frequency dt. *gerade noch wahrnehmbare Änderung der Frequenz*
JNVC	engl. just-noticeable variation in curvature dt. *gerade noch wahrnehmbare Variation des Krümmungsgrads*
JNVF	engl. just-noticeable variation in frequency dt. *gerade noch wahrnehmbare Variation der Frequenz*
MI	primär-motorischer Kortex
MII	sekundär-motorischer Kortex
OSC	Open Sound Control
PHANToM	engl. Personal Haptic Interface Mechanism dt. *personenbezogenes haptisches Interface*
PM	prä-motorischer Kortex
SA	engl. slowly adapting dt. *langsam adaptierend*
SAT	engl. Separating Axis Test dt. *Test auf Vorliegen einer separierenden Achse*
SI	primär-somatosensorischer Kortex
SIH	engl. sound source-in-hand interaction dt. *durch die Bewegung der Hand gesteuerte virtuelle Schallquelle*
SII	sekundär-somatosensorischer Kortex
VBAP	engl. vector base amplitude panning dt. *Vektorbasiertes Amplituden-Panning*

Literaturverzeichnis

[AAD10] Aumüller, G.; Aust, G.; Doll, A.: *Duale Reihe Anatomie.* Thieme, 2010

[AB04] Alais, D.; Burr, D.: The ventriloquist effect results from near-optimal bimodal integration. In: *Current Biology* 14 (2004), Nr. 3, S. 257–262

[Alt06] Altinsoy, M. E.: *Auditory-Tactile Interaction in Virtual Environments,* Ruhr-Universität Bochum, Diss., 2006

[Ans11] Ansari, M. Y.: *Game Development Tools.* Taylor & Francis Group, 2011

[AT12] Amitrano, R. J.; Tortora, G. J.: *Anatomy and Physiology Laboratory Manual: Update.* Cengage Learning, 2012

[Aut] *Autodesk Website.* `http://www.autodesk.de/3dsmax`. – Letzter Zugriff am 06.03.2013

[BC03] Burdea, G. C.; Coiffet, P.: *Virtual Reality Technology.* John Wiley & Sons, 2003

[BC10] Banich, M. T.; Compton, R. J.: *Cognitive Neuroscience.* Cengage Learning, 2010

[Ben75] Bentley, J. L.: Multidimensional binary search trees used for associative searching. In: *Communications of the ACM* 18 (1975), Nr. 9, S. 509–517

[Bla97] Blauert, J.: *Spatial Hearing: The Psychophysics of Human Sound Localization.* The MIT Press, 1997

[BNG89] Brown, M. L.; Newsome, S. L.; Glinert, E. P.: An experiment into the use of auditory cues to reduce visual workload. In: Bice, K. (Hrsg.); Lewis, C. H. (Hrsg.): *Proceedings of the ACM CHI Conference on Human Factors in Computing Systems.* Austin, USA, 1989, S. 339–346

[BP00] Brandenburg, K.; Popp, H.: An introduction to MPEG Layer-3. In: *EBU Technical Review* (2000), Nr. 283, S. 1–15

[Bre97] Brewster, S. A.: Using non-speech sound to overcome information overload. In: *Displays, Special issue on multimedia displays* 17 (1997), Nr. 3, S. 179–189

[Bro90] BROOKS, T. L.: Telerobotic response requirements. In: *Proceedings of the IEEE International Conference on Systems, Man and Cybernetics.* Los Angeles, USA, 1990, S. 113 –120

[BS02] BASDOGAN, C.; SRINIVASAN, M.: Haptic rendering in virtual environments. In: STANNEY, K. M. (Hrsg.): *Handbook of Virtual Environments: Design, Implementation, and Applications.* Taylor & Francis Group, 2002, S. 117–134

[BVV93] BERKHOUT, A. J.; VRIES, D. de; VOGEL, P.: Acoustic control by wave field synthesis. In: *Journal of the Audio Engineering Society* 93 (1993), Nr. 5, S. 2764–2778

[BWH02] BEERS, R. J.; WOLPERT, D. M.; HAGGARD, P.: When feeling is more important than seeing in sensorimotor adaptation. In: *Current Biology* 12 (2002), Nr. 10, S. 834 – 837

[Cam] *CamStudio Website.* `http://www.camstudio.org`. – Letzter Zugriff am 06.03.2013

[CGSS93] COLGATE, J. E.; GRAFING, P. E.; STANLEY, M. C.; SCHENKEL, G.: Implementation of stiff virtual walls in force-reflecting interfaces. In: *Proceedings of the IEEE Virtual Reality Annual International Symposium.* Seattle, USA, 1993, S. 202–208

[CH86] CLARK, F. J.; HORCH, K. W.: Kinesthesia. In: BOFF, K. R. (Hrsg.); KAUFMAN, L. (Hrsg.); THOMAS, J. (Hrsg.): *Handbook of Perception and Human Performance.* Willey-Interscience, 1986, S. 13:1–13:62

[Cha] *CHAI 3D Website.* `http://www.chai3d.org`. – Letzter Zugriff am 06.03.2013

[Cla92] CLARK, F. J.: How accurately can we perceive the position of our limbs? In: *Behavioral Brain Science* 15 (1992), Nr. 4, S. 725–726

[Cla05] CLARK, R. K.: *Anatomy And Physiology: Understanding The Human Body.* Jones and Bartlett Publishers, 2005

[Cos06] COSTANZO, L. S.: *Physiology - with online access.* Saunders Elsevier, 2006

[CP96] COLLINS, D. F.; PROCHAZKA, A.: Movement illusions evoked by ensemble cutaneous input from the dorsum of the human hand. In: *Journal of Physiology* 496 (1996), Nr. 3, S. 857–871

[CPK98] COLWELL, C.; PETRIE, H.; KORNBROT, D.: Use of a haptic device by blind and sighted people: perception of virtual textures and objects. In: PLACENCIA, I. B. (Hrsg.); PORRERO, E. (Hrsg.): *Improving the Quality of Life for the European Citizen: Technology for Inclusive Design and Equality.* IOS Press, 1998, S. 243–247

[CW01] CHRISTOU, C.; WING, A.: Friction and curvature judgement. In: BABER, C. (Hrsg.); FAINT, M. (Hrsg.); WALL, S. (Hrsg.); M., Wing A. (Hrsg.): *Proceedings of Eurohaptics*. Birmingham, UK, 2001, S. 36–40

[DL06] DECLERCK, G.; LENAY, C.: The role of tactile augmentation of a PHANToM FFD studied on a task of goal-directed displacement. In: *Proceedings of the Enactive Worskop*. Montreal, Kanada, 2006

[DM95] DURLACH, N. I.; MAVOR, A. S.: *Virtual Reality: Scientific and Technological Challenges*. The National Academies Press, 1995

[DMW+98] DURBECK, L. J.; MACIAS, N. J.; WEINSTEIN, D. M.; JOHNSON, C. R.; HOLLERBACH, J. M.: SCIRun haptic display for scientific visualization. In: SALISBURY, J. K. (Hrsg.); SRINIVASAN, M. A. (Hrsg.): *Proceedings of the Phantom User's Group Workshop*. Cambridge, USA, 1998, S. 71–75

[EB02] ERNST, M. O.; BANKS, M. S.: Humans integrate visual and haptic information in a statistically optimal fashion. In: *Nature* 415 (2002), Nr. 6870, S. 429–433

[Edi92] EDIN, B. B.: Quantitative analysis of static strain sensitivity in human mechanoreceptors from hairy skin. In: *Journal of Neurophysiology* 67 (1992), Nr. 5, S. 1105–1113

[Et08] ET, L. N.: *Computer Aided Design And Manufacturing*. Prentice-Hall Of India Pvt. Limited, 2008

[FBF77] FRIEDMAN, J. H.; BENTLEY, J. L.; FINKEL, R. A.: An algorithm for finding best matches in logarithmic expected time. In: *ACM Transactions on Mathematical Software* 3 (1977), Nr. 3, S. 209–226

[FHKMI00] FASSE, E. D.; HOGAN, N.; KAY, B. A.; MUSSA-IVALDI, F. A.: Haptic interaction with virtual objects. Spatial perception and motor control. In: *Biological Cybernetics* 82 (2000), Nr. 1, S. 69–83

[FOH08] FAETH, A.; OREN, M.; HARDING, C.: Combining 3-D geovisualization with force feedback driven user interaction. In: AREF, W. G. (Hrsg.); MOKBEL, M. F. (Hrsg.); SCHNEIDER, M. (Hrsg.): *Proceedings of the ACM SIGSPATIAL International Conference on Advances in Geographic information Systems*. Irvine, USA, 2008, S. 1–9

[FSSB08] FRISOLI, A.; SOLAZZI, M.; SALSEDO, F.; BERGAMASCO, M.: A fingertip haptic display for improving curvature discrimination. In: *Presence: Teleoperators and Virtual Environments* 17 (2008), Nr. 6, S. 550–561

[FZ07] FASTL, H.; ZWICKER, E.: *Psychoacoustics: Facts and Models*. Springer, 2007

[GB03] GEPSHTEIN, S.; BANKS, M. S.: Viewing geometry determines how vision and haptics combine in size perception. In: *Current Biology* 13 (2003), Nr. 6, S. 483–488

[GFL97] GRAAFF, K. M. Van De; FOX, S. I.; LAFLEUR, K. M.: *Synopsis Human Anatomy and Physiology.* McGraw-Hill Education, 1997

[Gib62] GIBSON, J. J.: Observations on active touch. In: *Psychological Review* 69 (1962), Nr. 6, S. 477–491

[GM94] GARDNER, B.; MARTIN, K.: HRTF measurements of a KEMAR dummy-head microphone. In: *MIT Media Lab Perceptual Computing* (1994), Nr. 280, S. 1–7

[Gol09] GOLDSTEIN, E. B.: *Encyclopedia of Perception.* SAGE Publications, 2009

[GP99] GIARD, M. H.; PERONNET, F.: Auditory-visual integration during multimodal object recognition in humans: a behavioral and electrophysiological study. In: *J. Cognitive Neuroscience* 11 (1999), Nr. 5, S. 473–490

[Han06] HANSEN, M.: Lehre und Ausbildung in Psychoakustik mit Psylab: freie Software für psychoakustische Experimente. In: LANGER, Sabine (Hrsg.); SCHOLL, Werner (Hrsg.); WITTSTOCK, Volker (Hrsg.): *Proceedings of the German Annual Conference on Acoustics.* Braunschweig, Deutschland, 2006, S. 591–592

[HCBG97] HELLER, M. A.; CALCATERRA, J. A.; BURSON, L. L.; GREEN, S. L.: The tactual horizontal-vertical illusion depends on radial motion of the entire arm. In: *Perception & Psychophysics* 59 (1997), S. 1297–1311

[Her62] HERSHENSON, M.: Reaction time as a measure of intersensory facilitation. In: *Journal of Experimental Psychology* 63 (1962), Nr. 3, S. 289–293

[HK08] HORST, B. J. Van Der; KAPPERS, A. M.: Haptic curvature comparison of convex and concave shapes. In: *Perception* 37 (2008), Nr. 8, S. 1137–1151

[HM83] HALL, L. A.; MCCLOSKEY, D. I.: Detections of movements imposed on finger, elbow and shoulder joints. In: *The Journal of Physiology* 335 (1983), S. 519–533

[Hou02] HOUBEN, M.: *The Sound of Rolling Objects: Perception of Size and Speed*, Technische Universiteit Eindhoven, Diss., 2002

[HS92] HOLLAN, J.; STORNETTA, S.: Beyond being there. In: BAUERSFELD, P. (Hrsg.); BENNETT, J. (Hrsg.); LYNCH, G. (Hrsg.): *Proceedings of the SIGCHI Conference on Human Factors in Computing Systems.* New York, USA, 1992, S. 119–125

[HS03] HENRIQUES, D. Y.; SOECHTING, J. F.: Bias and sensitivity in the haptic perception of geometry. In: *Experimental Brain Research* 150 (2003), Nr. 1, S. 95–108

[HSB11] HAIDEGGER, T.; SÁNDOR, J.; BENYÓ, Z.: Surgery in space: the future of robotic telesurgery. In: *Surgical Endoscopy* 25 (2011), Nr. 3, S. 681–690

[Hul84] HULLIGER, M.: The mammalian muscle spindle and its central control. In: *Reviews of Physiology, Biochemistry and Pharmacology* 101 (1984), S. 1–110

[HWM04] HERON, J.; WHITAKER, D.; MCGRAW, P. V.: Sensory uncertainty governs the extent of audio-visual interaction. In: *Vision Research* 44 (2004), Nr. 25, S. 2875–2884

[HWS+10] HELLER, M. A.; WALK, A. D.; SCHNARR, R.; KIBBLE, S.; LITWILLER, B.; AMBUEHL, C.: Attenuating the haptic horizontal-vertical curvature illusion. In: *Attention, Perception, & Psychophysics* 72 (2010), Nr. 6, S. 1626–1641

[Jam92] JAMI, L.: Golgi tendon organs in mammalian skeletal muscle: functional properties and central actions. In: *Physiological Reviews* 72 (1992), Nr. 3, S. 623–666

[Jan00] JANSSON, G.: Basic issues concerning visually impaired people's use of haptic displays. In: SHARKEY, P. (Hrsg.); CESARANI, A. (Hrsg.); PUGNATTI, L. (Hrsg.); RIZZO, A. (Hrsg.): *Proceedings of the International Conference on Disabilities.* Alghero, Italien, 2000, S. 33–38

[JBF03] JANSSON, G.; BERGAMASCO, M.; FRISOLI, A.: A new option for the visually impaired to experience 3D art at museums: manual exploration of virtual copies. In: *Visual Impairment Research* 5 (2003), Nr. 1, S. 1–12

[Jeo05] JEONG, W.: Multimodal trivariate thematic maps with auditory and haptic display. In: GROVE, A. (Hrsg.): *Proceedings of the American Society for Information Science and Technology.* Charlotte, USA, 2005, S. 1–12

[JH92] JONES, L. A.; HUNTER, I. W.: Differential thresholds for limb movement measured using adaptive techniques. In: *Perception & Psychophysics* 52 (1992), Nr. 5, S. 529–535

[JMT+06] JONES, M. G.; MINOGUE, J.; TRETTER, T. R.; NEGISHI, A.; TAYLOR, R.: Haptic augmentation of science instruction: Does touch matter? In: *Science Education* 90 (2006), Nr. 1, S. 111–123

[Jon00] JONES, L. A.: Kinesthetic sensing. In: CUTKOSKY, M. (Hrsg.); HOWE, R. (Hrsg.); SALISBURY, K. (Hrsg.); SRINIVASAN, M. (Hrsg.): *Human and Machine Haptics.* MIT Press, 2000, S. 1–12

[KCF+09] KHATCHATOUROV, A.; CASTET, J.; FLORENS, J.; LUCIANI, A.; LENAY, C.: Integrating tactile and force feedback for highly dynamic tasks: technological, experimental and epistemological aspects. In: *Interacting with Computers* 21 (2009), Nr. 1-2, S. 26–37

[KD01] KIRKPATRICK, A. E.; DOUGLAS, S. A.: A shape recognition benchmark for evaluating usability of a haptic environment. In: BREWSTER, S. (Hrsg.); MURRAY-SMITH, R. (Hrsg.): *Proceedings of the International Workshop on Haptic Human-Computer Interaction*. London, UK, 2001, S. 151–156

[Ker09] KERN, T.A.: *Engineering Haptic Devices: A Beginner's Guide for Engineers*. Springer, 2009

[KL09] KEEHNER, M.; LOWE, R. K.: Seeing with the hands and with the eyes: the contributions of haptic cues to anatomical shape recognition in surgery. In: BERTEL, S. (Hrsg.); BARKOWSKY, T. (Hrsg.); HÖLSCHER, C. (Hrsg.); SHIPLEY, T. F. (Hrsg.): *Cognitive Shape Processing*, 2009, S. 8–14

[KLL+93] KLATZKY, R. L.; LOOMIS, J. M.; LEDERMAN, S. J.; WAKE, H.; FUJITA, N.: Haptic identification of objects and their depictions. In: *Perception & Psychophysics* 54 (1993), Nr. 2, S. 170–178

[Kno06] KNOBLICH, G.: *Human Body Perception From The Inside Out*. Oxford University Press, 2006

[LGM+94] LIPSHITS, M. I.; GURFINKEL, E. V.; MCINTYRE, J.; DROULEZ, J.; GURFINKEL, V. S.; BERTHOZ, A.: Influence of weightlessness on haptic perception. In: OSER, H. (Hrsg.); GUYENNE, T. D. (Hrsg.): *Proceedings of the European Symposium on Life Sciences Research in Space*. Arcachon, Frankreich, 1994, S. 367–371

[LK87] LEDERMAN, S. J.; KLATZKY, R. L.: Hand movements: a window into haptic object recognition. In: *Cognitive Psychology* 19 (1987), Nr. 3, S. 342–368

[LK04] LEDERMAN, S. J.; KLATZKY, R. L.: Haptic identification of common objects: effects of constraining the manual exploration process. In: *Perception & Psychophysics* 66 (2004), Nr. 4, S. 618–628

[LK09] LEDERMAN, S. J.; KLATZKY, R. L.: Haptic perception: a tutorial. In: *Attention, Perception, & Psychophysics* 71 (2009), Nr. 7, S. 1439–1459

[LM05] LEHMANN, S.; MURRAY, M. M.: The role of multisensory memories in unisensory object discrimination. In: *Cognitive Brain Research* 24 (2005), Nr. 2, S. 326 – 334

[LO08] LIN, M. C.; OTADUY, M. A.: *Haptic Rendering: Foundations, Algorithms, and Applications*. Taylor & Francis Group, 2008

[MHH08] MÖLLER, T.; HAINES, E.; HOFFMAN, N.: *Real-Time Rendering*. CRC Press, 2008

[Mil82] MILLER, J.: Divided attention: evidence for coactivation with redundant signals. In: *Cognitive Psychology* 14 (1982), Nr. 2, S. 247–279

[Møl92] MØLLER, H.: Fundamentals of binaural technology. In: *Applied Acoustics* 36 (1992), Nr. 3/4, S. 171–218

[MLB+08] MILLET, G.; LÉCUYER, A.; BURKHARDT, J.; HALIYO, D.; RÉGNIER, S.: Improving perception and understanding of nanoscale phenomena using haptics and visual analogy. In: FERRE, M. (Hrsg.): *Proceedings of the International Conference on Haptics: Perception, Devices and Scenarios*. Madrid, Spanien, 2008, S. 847–856

[MLG+01] MARESCAUX, J.; LEROY, J.; GAGNER, M.; RUBINO, F.; MUTTER, D.; VIX, M.; BUTNER, S.; SMITH, M.: Transatlantic robot-assisted telesurgery. In: *Nature* 413 (2001), Nr. 6854, S. 379–380

[MM95] MALHAM, D.G.; MYATT, A.: 3D sound spatialization using ambisonic techniques. In: *Computer Music Journal* 19 (1995), Nr. 4, S. 58–70

[MRG05a] MAGNUSSON, C.; RASSMUS-GROHN, K.: Audio haptic tools for navigation in non visual environments. In: *Proceedings of the International Conference on Enactive Interfaces*. Genua, Italien, 2005, S. 17–18

[MRG05b] MAGNUSSON, C.; RASSMUS-GROHN, K.: A virtual traffic environment for people with visual impairment. In: *Visual Impairment Research* 7 (2005), Nr. 1, S. 1–12

[MS94] MASSIE, T. H.; SALISBURY, K. J.: PHANToM haptic interface: a device for probing virtual objects. In: RADCLIFFE, C. J. (Hrsg.): *Proceedings of the Symposium on Haptic Interfaces for Virtual Environment and Teleoperator Systems*. Chicago, USA, 1994, S. 295–299

[MSB+04] MACIEL, A.; SARNI, S.; BUCHWALDER, O.; BOULIC, R.; THALMANN, D.: Multi-finger haptic rendering of deformable objects. In: COQUILLART, S. (Hrsg.); GÖBEL, M. (Hrsg.): *Proceedings of the Eurographics Conference on Virtual Environments*. Grenoble, Frankreich, 2004, S. 105–111

[Nat08] NATIONAL SEMICONDUCTOR CORPORATION: LM2907/LM2917 frequency to voltage converter. 2008. – Datenblatt

[OG02] O'MALLEY, M.; GOLDFARB, M.: The effect of force saturation on the haptic perception of detail. In: *IEEE/ASME Transactions on Mechatronics* 7 (2002), Nr. 3, S. 280–288

[OMBG00] OAKLEY, I.; MCGEE, M. R.; BREWSTER, S.; GRAY, P.: Putting the feel in 'look and feel'. In: *Proceedings of the SIGCHI Conference on Human Factors in Computing Systems*. Den Haag, Niederlande, 2000, S. 415–422

[Ovi03] OVIATT, S.: Multimodal interfaces. In: JACKO, J. A. (Hrsg.); SEARS, A. (Hrsg.): *The Human-Computer Interaction Handbook*. Lawrence Erlbaum Associates Inc., 2003, S. 286–304

[PA98] PRITCHARD, T. C.; ALLOWAY, K. D.: *Medical Neuroscience*. John Wiley & Sons, 1998

[PCKN05] PROVANCHER, W. R.; CUTKOSKY, M. R.; KUCHENBECKER, K. J.; NIEMEYER, G.: Contact location display for haptic perception of curvature and object motion. In: *The International Journal of Robotics Research* 24 (2005), Nr. 9, S. 691–702

[PK01] PULKKI, V.; KARJALAINEN, M.: Localization of amplitude-panned virtual sources I: stereophonic panning. In: *Journal of the Audio Engineering Society* 49 (2001), Nr. 9, S. 739–752

[PKK99] PONT, S. C.; KAPPERS, A. M.; KOENDERINK, J. J.: Similar mechanisms underlie curvature comparison by static and dynamic touch. In: *Perception & Psychophysics* 61 (1999), Nr. 5, S. 874–894

[Pou05] POULSEN, T.: *Psychoacoustic Measuring Methods*. Technical University of Denmark, Department of Acoustic Technology, 2005

[Pro96] PROCHAZKA, A.: Proprioceptive feedback and movement regulation. In: ROWELL, L. (Hrsg.); SHEPHERD, J. T. (Hrsg.): *Handbook of Physiology. Exercise: Regulation and Integration of Multiple Systems*. American Physiological Society, 1996, S. 89–127

[Pul97] PULKKI, V.: Virtual sound source positioning using vector base amplitude panning. In: *Journal of the Audio Engineering Society* 45 (1997), Nr. 6, S. 456–466

[Pul01] PULKKI, V.: Localization of amplitude-panned virtual sources II: two- and three-dimensional panning. In: *Journal of the Audio Engineering Society* 49 (2001), Nr. 9, S. 753–767

[Pur] *Pure Data Website*. `http://www.puredata.info`. – Letzter Zugriff am 06.03.2013

[RL05] ROMAN-LIU, D.: Upper limb load as a function of repetitive task parameters: part 1–a model of upper limb load. In: *International Journal of Occupational Safety and Ergonomics* 11 (2005), Nr. 1, S. 93–102

[SA13] STAMM, M.; ALTINSOY, M. E.: Assessment of binaural–proprioceptive interaction in human-machine interfaces. In: BLAUERT, J. (Hrsg.): *The Technology of Binaural Listening*. Springer, 2013, Kapitel 17

[Sad07] SADDIK, A. E.: The potential of haptics technologies. In: *IEEE Instrumentation Measurement Magazine* 10 (2007), Nr. 1, S. 10–17

[SAH+09] SHELLEY, S.; ALONSO, M.; HOLLOWOOD, J.; PETTITT, M.; SHARPLES, S.; HERMES, D. J.; KOHLRAUSCH, A.: Interactive sonification of curve shape and curvature data. In: ALTINSOY, M. E. (Hrsg.); JEKOSCH, U. (Hrsg.); BREWSTER, S. (Hrsg.): *Haptic and Audio Interaction Design*. Dresden, Deutschland, 2009, S. 51–60

[SAM10] STAMM, M.; ALTINSOY, M. E.; MERCHEL, S.: Identification accuracy and efficiency of haptic virtual objects using force-feedback. In: *Proceedings of the International Workshop on Perceptual Quality of Systems*. Bautzen, Deutschland, 2010, S. 1–6

[SAM11a] STAMM, M.; ALTINSOY, M. E.; MERCHEL, S.: Einfluss der Hörereignisrichtung auf die Schätzung virtueller Längen. In: *Proceedings of the German Annual Conference on Acoustics*. Düsseldorf, Deutschland, 2011

[SAM11b] STAMM, M.; ALTINSOY, M. E.; MERCHEL, S.: Influence of the auditory localization direction on the haptic estimation of virtual length. In: COOPER, E. (Hrsg.); BREWSTER, S. (Hrsg.); OGAWA, H. (Hrsg.); KRYSSANOV, V. K. (Hrsg.): *Proceedings of the International Workshop on Haptic and Audio Interaction Design*. Kusatsu, Japan, 2011, S. 101–109

[SAM11c] STAMM, M.; ALTINSOY, M. E.; MERCHEL, S.: Influence of the orientation of virtual curved surfaces on curvature perception. In: KŌGAKKAI, N. S. (Hrsg.); GAKKAI, N. O. (Hrsg.): *Proceedings of Inter-noise*. Osaka, Japan, 2011

[SAMR11] STAMM, M.; ALTINSOY, M. E.; MERCHEL, S.; ROSENKRANZ, R.: Evaluating kinesthetic feedback and its audio-tactile extension for virtual shape and object identification. In: *Proceedings of the Open Seminar on Acoustics*. Jurata, Polen, 2011, S. 2:281–2:290

[SAMR12] STAMM, M.; ALTINSOY, M. E.; MERCHEL, S.; ROSENKRANZ, R.: Lokalisation in virtuellen Arbeitsbereichen. In: *Proceedings of the German Annual Conference on Acoustics*. Darmstadt, Deutschland, 2012

[Sar02] SARTER, N. B.: Multimodal information presentation in support of human-automation communication and coordination. In: SALAS, E. (Hrsg.): *Advances in Human Performance and Cognitive Engineering Research*. Emerald Group Publishing Limited, 2002, S. 13–35

[SB97] SRINIVASAN, M. A.; BASDOGAN, C.: Haptics in virtual environments: taxonomy, research status, and challenges. In: *Computers & Graphics* 21 (1997), Nr. 4, S. 393–404

[SCB04] SALISBURY, K.; CONTI, F.; BARBAGLI, F.: Haptic rendering: introductory concepts. In: *IEEE Computer Graphics and Applications* 24 (2004), Nr. 2, S. 24–32

[Sch06] SCHERFGEN, D.: *3D-Spiele-Programmierung.* Hanser, 2006

[Sch09] SCHUBERT, A.: *Das Körperbild: Die Körperskulptur als modulare Methodik in Diagnostik und Therapie.* Klett-Cotta, 2009

[SCPVDR08] SEPULVEDA-CERVANTES, G.; PARRA-VEGA, V.; DOMINGUEZ-RAMIREZ, O.: Haptic cues for effective learning in 3D maze navigation. In: *Proceedings of the IEEE International Workshop on Haptic Audio Visual Environments and Games.* Ottawa, Kanada, 2008, S. 93–98

[SCW06] SHUMWAY-COOK, A.; WOOLLACOTT, M. H.: *Motor Control: Translating Research Into Clinical Practice.* Lippincott Williams & Wilkins, 2006

[Sen08] SENSABLE TECHNOLOGIES: *PHANToM Omni Technical Specifications.* `http://www.sensable.com/documents/documents/PHANTOM_Omni_Spec.pdf`. Version: 2008. – Letzter Zugriff am 09.11.2012

[SFL03] STERGIOPOULOS, P.; FUCHS, P.; LAURGEAU, C.: Design of a 2-finger hand exoskeleton for VR grasping simulation. In: OAKLEY, I. (Hrsg.); O'MODHRAIN, S. (Hrsg.); NEWELL, F. (Hrsg.): *EuroHaptics.* Dublin, Irland, 2003

[SK08] SICILIANO, B.; KHATIB, O.: *Handbook of Robotics.* Springer, 2008

[SLT05] SCHMIDT, R. F.; LANG, F.; THEWS, G.: *Physiologie des Menschen: Mit Pathophysiologie.* Springer, 2005

[SOEC11] SADDIK, A. E.; OROZCO, M.; EID, M.; CHA, J.: *Haptics Technologies: Bringing Touch to Multimedia.* Springer, 2011

[SS08] SHAMS, L.; SEITZ, A. R.: Benefits of multisensory learning. In: *Trends in Cognitive Sciences* 12 (2008), Nr. 11, S. 411–417

[Sti02] STIRLING, J.: *Introducing Neuropsychology.* Taylor & Francis, 2002

[Sto07] STOELINGA, C. N.: *A Psychomechanical Study of Rolling Sounds*, Technische Universiteit Eindhoven, Diss., 2007

[Str06] STRENG, A.: *Haptische Repräsentation realer und virtueller histologischer Schnittpräparate zum Einsatz in einer interaktiven Lernumgebung für Blinde oder hochgradig Sehbehinderte*, Technische Universität Dortmund, Diplomarbeit, 2006

[Szy08] SZYMKIEWICZ, K.: *Navigating with Ears in Hand - Multimodal Interaction and Avatar Control in a 3D Haptic Game Environment*, Lund University, Diplomarbeit, 2008

[Tri11] TRIPATHI, Y.: *Concise Textbook Of Physiology For Dental Students*. Elsevier India, 2011

[TSEC94] TAN, H. Z.; SRINIVASAN, M. A.; EBERMAN, B.; CHENG, B.: Human factors for the design of force-reflecting haptic interfaces. In: *Control* 55 (1994), Nr. 1, S. 353–359

[Tur01] TURNER, M. L.: *Programming Dexterous Manipulation by Demonstration*, Stanford University, Diss., 2001

[Vba] *VBAP Website*. `http://www.acoustics.hut.fi/research/cat/vbap`. – Letzter Zugriff am 06.03.2013

[VKDR01] VAN SCOY, F. L.; KAWAI, T.; DARRAH, M.; RASH, C.: Haptic display of mathematical functions for teaching mathematics to students with vision disabilities: design and proof of concept. In: BREWSTER, S. (Hrsg.); MURRAY-SMITH, R. (Hrsg.): *Proceedings of the International Workshop on Haptic Human Computer Interaction*. Glasgow, UK, 2001, S. 31–40

[VSCD99] VERSCHUEREN, S. M.; SWINNEN, S. P.; CORDO, P. J.; DOUNSKAIA, N. V.: Proprioceptive control of multijoint movement: unimanual circle drawing. In: *Experimental Brain Research* 127 (1999), Nr. 2, S. 171–181

[WSKH08] WIJNTJES, M. W.; SATO, A.; KAPPERS, A. M.; HAYWARD, V.: Haptic perception of real and virtual curvature. In: FERRE, M. (Hrsg.): *Proceedings of the International Conference on Haptics: Perception, Devices and Scenarios*. Madrid, Spanien, 2008, S. 361–366

[XCP05] XIANG, P.; CAMARGO, D.; PUCKETTE, M.: Experiments on spatial gestures in binaural sound display. In: *Proceedings of the International Conference on Auditory Display*. Limerick, Irland, 2005, S. 1–5